하루 3시간
엄마 냄새

하루 3시간 엄마 냄새: 개정증보판

1판 1쇄 발행 2013. 1. 18.
1판 33쇄 발행 2019. 3. 26.

개정증보판 1쇄 발행 2019. 5. 7.
개정증보판 4쇄 발행 2024. 3. 4.

지은이 이현수

발행인 박강휘
편집 이혜민 | **디자인** 지은혜
발행처 김영사
등록 1979년 5월 17일(제406-2003-036호)
주소 경기도 파주시 문발로 197(문발동) 우편번호 10881
전화 마케팅부 031)955-3100, 편집부 031)955-3200 | **팩스** 031)955-3111

값은 뒤표지에 있습니다.
ISBN 978-89-349-9546-3 13590

홈페이지 www.gimmyoung.com   블로그 blog.naver.com/gybook
인스타그램 instagram.com/gimmyoung   이메일 bestbook@gimmyoung.com

좋은 독자가 좋은 책을 만듭니다.
김영사는 독자 여러분의 의견에 항상 귀 기울이고 있습니다.

하루 3시간
엄마 냄새

세상 모든 엄마가 가진 놀라운 비밀

이현수

김영사

차례

어린 시절 10년이
평생을 행복하게 합니다

《하루 3시간 엄마 냄새》가 독자들의 사랑을 받고 개정판까지 나오게 되다니 정말 생각지도 못했던 일입니다. 사실, 이 책이 세상에 나온 것 자체가 아직도 믿기지 않습니다. 이 책의 주제는 무려 8년이나 마음속에만 있었기 때문입니다.

임상심리 전문가 자격증을 딴 후 정신건강의학과에서 근무하기 시작할 때만 해도 저는 경력을 심화할 일만 남았다고 생각했습니다. 어떤 환자에게 어떤 치료가 맞을지 뇌 과학적 측면에서 깊이 연구해보겠다는 구체적인 계획도 세웠습니다. 하지만 그로부터 4년이 지나 첫아이를 낳자 이런 학문적 주제보다 더 시급히 전념해야 할 일이 생겼습니다. 바로 '육아'입니다. 다른 전공도 아니고 심리학 전공자로서 당연히 알고 있어야 할 일이었고, 전공을 떠나 나 자신이 엄마로서 당연히 해내야 할 일이기도 한데 그 일에 대해 1도 모른다는 느낌이었다면 독자들이 이해하실까요. 정말이지, 육아는 이론이 아니었습니다. 다른 공부를 할 때처럼 책도 많이 읽어봤지만 아주 훌륭한 양육 이론과 원칙에 고개를 끄덕이면서도 무언가 핵심을 놓치고 있다는 의문만 커졌습니다. 저는 그 핵심을 찾기 위해 아이들의 행동을 유심히 관찰하기 시작했고 특히 병원에 오는 어린 환자들과 부모들을 예전보다 더 관심 있게 지켜봤습니다.

그렇게 하여 나름대로 답을 찾았을 때도 책으로 낼 생각을 못했던 것은 찾았던 답이 정말 너무 평범했기 때문입니다. 제가 찾은 답은 '아이는 부모가 옆에 있어주면 문제없이 자란다'는 것입니다. 수많은 양육서들은 부모가 특정한 행동이나 프로그램을 실시해야 한다고 말합니다. 하지만 제 결론은, 부모는 무얼 굳이 하지 않아도 그저 옆에 있어주면 된다는 것입니다. 물론 훌륭한 언행과 교육적인 프로그램까지 제공된다면 더 좋겠지만 설사 그런 것을 주지 못한다 해도 아이 옆에 있어주기만 하면 부모의 기본적인 역할로 이미 충분하다는 것입니다. 그렇다고, 아이를 학대해도 옆에 있어주는 게 좋다는 말은 절대 아닙니다.

아이의 발달을 탄생부터 다시 들여다봅시다. 발달이 시작되는 임신 기간 중에 우리는 배 속의 아이에게 "지금은 심장을 만들어야 하니 모차르트 음악을 들어야 해. 지금은 뇌를 튼튼하게 해야 하니까 엄마가 읽어주는 동화책을 열심히 들어야 해"라고 명령한 적이 없습니다. 당연히 잘 자랄 것으로 믿고 엄마는 그저 잘 먹고 잘 자며 스트레스받지 않도록 신경만 쓰면서 열 달을 보냅니다. 가끔 태교를 하긴 하지만 어디까지나 엄마 마음의 안정을 위해서입니다. 이렇게 할 수 있는 이유는 아이가 알아서 발달하게끔 선천적으로 정해져 있기 때문입니다. 그런데 아이가 태어나면 갑자기 스스로는 아무것도 할 수 없는 양 부모는 이것저것 들이대며 이걸 하라, 저걸 하라며 명령을 내립니다. 아이는 부모가 지켜봐주는 안전한 환경에 있으면 저절로 자라는데 말이죠. 사랑으로 가득한 집 안에 책이 하나 있다고 쳐봅시다. 부모가 책을 읽으라고 명령하지 않아도 아이가 그것을 읽을까요? 물론입니다. 인간은 지적 호기심도 선천적으로 갖고 태어나기 때문입니다. 저는 아이의 놀랄 만한 자생력을 근거로 제가 찾은 답이 맞다는 확신이 들었습니다. 자생력을 잘 발휘할 수 있도록 필요한 건 외부의 인위적인 지적 자극이 절대로 아닙니다. 아이가 배 속에 있을 때는 그 아이를 담고 있는 엄마가 몸과 마음이 편하도록 신경 쓴 게 다였듯, 아이가 태어난 후에는 안심하고 발달하도록 안전하게 지켜주고 사랑을 주는 게 다입니다.

그럼에도, 어떻게 보면 기존 양육서들과 배치되는 듯한 결론이기도 하고 앞서 말했듯이 너무 흔한 이야기라 가까운 지인들에게만 알려주던 차에 상담실에서 한 아이를 만나게 되었습니다. 이 책의 첫 사례에 나오는 아이입니다. 이 아이는 제가 일하던 병원이 아닌 다른 병원에서 자폐증 진단을 받았는데 충격을 받은 그 부모가 지인의 친구인 저에게 아이 상태를 한 번 더 확인하고 싶다며 데려왔습니다. 하지만 아이는 첫눈에 보기에도 자폐 증상이 뚜렷해 '혹시라도 아니지 않을까' 했던 부모는 또 한 번 낙심할 수밖에 없었습니다. 그런데 저는 아이가 자폐 증상을 보이게 된 원인을 찾다가 매우 당황했습니다. 알려진 정신의학적 원인 중에서 일치하는 게 없었기 때문입니다. 가장 불일치하는 부분은 아이가 26개월까지 정상적인 발달을 보였다는 것입니다. 비록 예민한 아이이긴 했지만 할머니가 아이를 봐주시는 동안에는 특별한 문제가 없었는데, 이후 야간 어린이집에 가면서부터 문제가 서서히 나타났고 자폐 증상으로 볼 만한 증상은 30개월 이후에 나타났습니다. 게다가 그 부모의 모습을 보고 한 번 더 당황했습니다. 그 당시 이미 병원에서 8년 동안이나 환자를 봐왔음에도 저 또한 정신과에 내원하는 아이들의 부모는 원래 문제가 많은 사람들이라는 고정관념에서 자유롭지 못했습니다. 하지만 그 아이의 부모는 주변에서도 보기 힘들 정도로 점잖고 온유하고 착한 분들이었습니다. 그저 자식을 위해서 돈을 열심히 벌었고 그러다 보니 아이와 충분히 같이 있어주지 못했을 뿐입니다.

부모는 훌륭하고 최선을 다하는데 아이에게 문제가 생긴다? 이처럼 가슴 아프고 억울한 일도 없을 것입니다. 부모가 아무리 '사랑을 주어도' 아이가 '사랑받는다'고 느끼지 않는 한, 부모의 모든 수고는 헛된 것으로 끝나게 될 수도 있습니다. 이런 우려가 현실이 되는 걸 보면서 적어도 이런 일은 발생하면 안 된다는 생각이 들었습니다. 비로소 8년간 마음속에 담아두었던 이야기를 좀 더 많은 부모님들께 알려야겠다고 마음먹게 되었습니다.

이 이야기의 키워드는 제목 그대로 두 가지입니다. 첫 번째는 '엄마 냄새'입니다. 엄마 냄새는 부모의 사랑을 가리키는 상징이기도 하지만 정말로 주어야 하는 실체이기도 합니다. 아이는 뇌가 불완전하여 말 한 마디, 편지 한 줄, 영상 한 편으로 전하는 사랑을 전혀 인식하지 못하고 오직 동물처럼 품에 안아 냄새로 전하는 사랑만을 느낄 수 있기 때문입니다. 즉, 아이는 부모의 품과 냄새를 충분히 만끽해야 비로소 자신이 사랑받는다고 느낍니다. 두 번째는 '하루 3시간'입니다. 저는 아이가 사랑을 느끼려면 시간이 필수적으로 수반되어야 함을 알게 되었습니다. 이 또한 불완전한 아이의 뇌 때문입니다. 어린아이일수록 잠깐 안아주는 것만으로 사랑을 전할 수 없습니다. 어린아이일수록 엄마를 직접 아주 충분히 봐야하고 만져야 하고 냄새를 맡아야 비로소 자신이 사랑받는다고 느낄 수 있습니다. 따라서 엄마를 직접 접하는 '시간'이 들 수밖에 없다는 결론이 나옵니다. 이렇듯 시간이 필수적이라면, 부모가 하루 종일 아이 옆에 있어주는 것이 맞겠지요. 하지만 부모는 일도 해야하고 돈도 벌어야 하니, 하는 수 없이 다시 '하루에 주어야 하는 부모 냄새의 최소 시간은 얼마일까?'를 고민하다가 '하루 최소 3시간'의 결론에 이르렀습니다.

상담실에서 만난 수만 명의 아이 모두 축복 속에서 태어났습니다. 다만 어느 시점에서 길을 잘못 들어선 것뿐이었습니다. 그런데 아이들의 인생이 한순간 틀어지는 지점에는 놀랍게도 모두 부모가 있었습니다. 게다가 이 부모들이 모두 아이를 사랑하지 않았던 것도 아닙니다. 단지 사랑을 잘못 전했을 뿐입니다. 병원을 찾았던 아이들이나 내 아이나 잘못 자랄 가능성은 똑같이 가지고 있었습니다. 중요한 시점에 부모가 올바르게 양육한다면 건강하고 행복한 삶을 누리게 된다는 평범한 진리를 확인하며, 현실적인 방법을 찾기 시작했고 그 결과를 1장(태어나서 3년, 출산은 계속된다)과 2장(하루에 최소 3시간, 엄마 냄새가 필요하다)에 담았습니다. 1장에서 중요한 메시지는 '아기의 뇌는 태어난 후 완성된다' '부모는 돈이 필요하고 아이는 시간이 필요하다' '아이는 냄새로 엄마를 각인한다' '엄마 냄새는 행복 호르몬을 부른다'입니다. 2장에서 중요한 내용은 '양육의 333 법칙' '매직타임 3시간의 놀라운 효과' '누구도 부모의 사랑을 대신해주진 못한다' '안전하다고 느껴야 상위 단계의 뇌 발달이 이루어진다' '하루 3시간 놀아주기' 등으로 압축됩니다.

한국에서 '행복한 양육'을 목표로 책을 쓴다고 할 때 공부 이야기를 안 할 수가 없습니다. 우리나라 부모들이 아이의 자생력을 가장 믿지 못하는 영역이 공부이기 때문입니다. 자식에게 관심이 많든 적든, 부모가 온정적이든 아니든 대부분의 집에서 공부가 상당히 강압적인 분위기 속에서 이루어지고 있습니다. 하지만 자생력을 무시한 강요는 행복과 거리가 먼 결과를 낳고 말았습니다. 언젠가부터 한국 아동과 청소년의 불행감 지수가 세계 1위라는, 믿을 수도 없고 믿기도 싫은, 하지만 특단의 조치가 필요한 통계 지표가 계속 발표되고 있습니다. 저는 정신과에서 20여 년 동안 심리 상담을 하면서 이 땅의 아이들 삶이 와르르 무너지는 원인 두 가지를 깨달았습니다. 첫 번째는 행복한 아이가 아니라 실패하지 않는 아이로 키우기 때문입니다. 두 번째는 뇌의 특성을 무시한 마구잡이식 교육 때문입니다. 실패하지 않는 아이로 키우려다 보니 걷기 시작하고 말문이 터지면 바로 교육 현장에 내보냅니다. 하지만 태어나서 10년까지는 무엇보다도 부모의 온기를 접해 정서를 안정적으로 만들어야 하는 시기입니다.

인간의 뇌는 3층 구조로 이루어져 있습니다. 호흡, 체온 등 생명 유지를 담당하는 원시 뇌가 1층에, 희로애락의 감정과 욕구를 담당하는 정서 뇌가 2층에, 마지막으로 3층에는 생각하고 판단하며 충동을 조절하는 지성 뇌가 있습니다. 어미 몸에서 나오기 전에 생명의 1층을 지은 아이는 15~20년 동안 감정의 2층을 짓습니다. 1층과 2층이 튼튼하게 지어진 다음에야 지성의 3층이 견고하게 올라갈 수 있습니다. 1층과 2층을 부실하게 짓거나 아예 짓지도 않고 성급하게 3층만 거대하게 쌓으려고 하니, 어느 순간 집이 무너진 아이들이 '행복하지 않다'고 아우성치는 것입니다. 정서적으로 안정되지 않은 상태에서 지적 자극을 들이붓는 것은 플라스틱 골조 위에 집을 세우는 것과 같습니다. 여러분은 그런 집에 살고 싶은가요? 그런데 우리 부모들이 바로 그런 집을 짓고 있습니다. 비록 알지 못해서 그랬다 해도 교육을 빙자해 사랑하는 우리 아이들을 바닥 없는 집으로 만들고 있습니다.

내 아이가 100세까지 행복하려면 정서의 기둥을 튼튼하게 세워야 하는 어린 시절 10년을 정말 잘 보내야 합니다. '시작이 반'이라는 속담이 있지만 이 경우는 시작이 90퍼센트입니다. 어린 시절 10년이 이후 90년의 성공과 행복을 좌우합니다. 여기서 10년을 잘 보낸다는 것은 절대로 지적 자극 이야기가 아닙니다. 정서적 안정이 최우선입니다. 아니, 정서적 안정이 전부입니다. 열 살까지는 스스로 책을 읽고 싶게 해주는 환경을 만드는 것 외에 공부를 지나치게 시킬 필요가 없습니다.

아이에게 어린 시절을 돌려주어 행복감을 느끼도록 해주세요. 어린 시절을 돌려준다고 대학 입학이 보장되느냐고 묻는다면, 분명코 '그렇다'고 대답하겠습니다. 행복감을 느끼며 안정적으로 자란 아이는 자연스럽게 성취 욕구, 자아실현 욕구를 느낍니다. 미국의 심리학자 매슬로는 자아실현 욕구가 먹고 자고 입고 사랑받는 것만큼이나 인간의 선천적인 욕구라고 했습니다. 단, 수준 높은 욕구이기 때문에 낮은 단계의 욕구, 즉 생명과 안전과 사랑의 욕구가 충족되지 않으면 발현되지 못합니다. 생명과 안전과 사랑의 단계가 어느 정도 충족되어 자연스럽게 자아실현 욕구를 느끼는 아이에게는 공부를 해야겠다는 마음이 생겨납니다. 이것이 자연스러운 순서입니다. 때로는 공부를 아주 많이 하고 싶어 합니다. 이는 강요된 동기가 아니므로 즐거움과 호기심, 창의력까지 동반합니다. 아이를 믿으세요. 아이도 다 생각이 있습니다.

아이가 스스로 행복이라는 감정을 지각하는 것은 약 3세부터입니다. 하지만 대한민국의 부모들은 3세라는 나이를 본격적으로 교육 현장에 내보내라는 신호탄으로 받아들입니다. 부모의 온전한 보살핌을 받아야 하는 어린 시절이 사라진 아이는 천국의 맛을 모릅니다. 지금 이 순간 행복하지도 않고 행복이라는 감정이 무엇인지조차 모르는 아이에게는 자발적으로 미래를 준비할 마음이 생기지 않습니다. 그래서 계속 허우적대며 부모 속을 썩이는 것입니다. 그래도 대학만 붙으면 행복해진다는 말을 들으며 참았지만 대학에 입학한 뒤에도 계속되는 경쟁과 치열한 취업 전쟁에 시달립니다. 그들에게 행복은 언제 올까요. 바쁜 부모 때문에 어린 시절에도 도무지 행복감을 느껴보지 못했고, 언제 올지 알 수 없는 미래의 행복은 모호하기만 합니다. 점수와 성과로만 평가하는 사회에서 제대로 숨 쉬지 못하는 아이들은 반항과 폭력, 가상 세계 중독으로 내면의 우울감을 표출하고 있습니다. 우울한 아이는 우울한 어른이 되어 불안한 결혼을 하고 또 불안하게 자녀를 키웁니다.

이 연결 고리를 끊어줄 사람은 우리 부모밖에 없습니다. 그 방법을 모색하여 4장(작은 것을 얻기 위해 잃어버린 커다란 것들)에서 '조기 유학, 절대로 보내지 마라' '일찍 시작한 공부가 아이를 망친다' '많이 걷고 뛰어놀아야 공부를 잘한다' '문자 학습 최적의 시기는 언제인가' 등을 제안하며 조기교육보다 적기교육이 중요함을 강조했습니다. 또한, 만에 하나 이미 아이에게 문제가 생겼다면 어떻게 풀어나갈지에 대해 5장(우리는 지금 잘하고 있을까)에 '사랑은 절대로 뒤늦은 법이 없다' '지금 그곳에서 다시 시작하라' '사랑의 물꼬가 터지면 기적이 일어난다'의 내용으로 담았습니다. 마지막으로 6장(그래도 엄마가 답이다)에서는 세상 소중한 엄마의 존재를 다시금 새기며 엄마에게도 아이가 답임을 알아 엄마의 성장을 완성시키자는 메시지를 담았습니다.

개정판에서 가장 크게 달라진 내용은 '아빠 냄새도 필요해'가 추가된 것입니다(3장). 핵심 내용은 '육아하는 아빠가 세련되어 보인다' '아빠의 소중함' '아빠 양육법'입니다. 또한 '아들과 3시간 놀기'를 추가했습니다(2장). 마지막으로 부록에 '실천을 위한 체크리스트'를 제시했고 '15분 욕구지연훈련법' '골드 스탠더드 만들기 설명서' '내 마음 알기 글짓기' 그리고 '하루 3시간 엄마 냄새'를 주기 위한 과정에서 독자들이 어렵게 느꼈거나 의문이 들었던 점 등에 대한 Q&A를 실었습니다.

아이들이 가장 행복해할 때는 언제일까요? 저는 상담실에서 만난 수많은 아이들을 통해 이 답을 알고 있습니다. 바로 '엄마 아빠와 같이 신나게 웃을 때'입니다. 이 책을 통해 행복한 아이로 키우기 위해 부모들이 무엇을 가장 유념해야 하는지 실마리를 찾을 수 있을 거라고 생각합니다. 특히 3세 이하의 첫아이를 가진 부모님과 예비 부모님들께 이 책의 메시지는 정말 중요하며 육아의 시행착오를 줄여줄 것입니다.

태어나서 3년,
출산은 계속된다

첫아이를 임신한 후, 아이가 태어나면 누구에게 맡길지 고민하던 중에 텔레비전 프로그램 〈동물의 왕국〉에서 기린이 어미 배 속에서 나오자마자 걷는 모습을 보았다. 나는 충격에 가까운 놀라움을 느꼈다. 아니, 기린도 저러한데 하물며 만물의 영장인 인간은 왜 저렇게 못할까? 그러면 곧장 어린이집에 맡길 수 있을 텐데.

놀라움은 거기서 끝나지 않았다.

막상 아이를 낳아보니 아이에 대해 갖고 있던 모든 환상이 와르르 무너지는 황당함에 정신을 차릴 수가 없었다. 임신하면 행복 끝 고생 시작이라더니, 애를 낳아놓고 보니 고생 끝 지옥 시작이었다. 산후조리 기간 동안 몸조리는커녕 2시간에 한 번꼴로 깨어 우는 아이 때문에 잠도 제대로 못 자고 밥도 제대로 못 먹어 까칠하게 말라가는 바람에 도우미 아주머니가 퇴근하는 밤이 두려울 정도였다. 낮밤이 바뀐 아이 때문에 낮에는 행복하고 밤에는 슬프고 고단한, 급성 조울증 증세가 나타났다. 나를 보지도 듣지도 못하고 코만 벌름대는 아이에게, 밤마다 "왜 이래. 넌 지구 최고의 지성체라고. 제발 정신 좀 차려. 내가 태교를 얼마나 열심히 했는데 그게 다 어디로 갔니?"라고 따지고 하소연하곤 했다. 그깟 잠 좀 못 잔다고 핏덩어리에게 하소연한 것은 아니었다. 뜻대로 통제되지 않는 아이 때문에 내 인생이 엉망이 될 것 같은 두려움에, 어쩌다 주제 파악을 하지 못하고 이런 무한책임이 요구되는 일을 벌였나 하는 자조의 푸념이었다.

그 당시 나는 아기의 발달에 대해 무지했다. 인간 아기가 기린과 달리 태어나자마자 걷지도 못하고 1년에 걸쳐 그저 먹고 자고 누워 있다가 앉고, 또 겨우 일어서는 것은 기린보다 몇천 배 복잡한 뇌를 발달시켜야 하기 때문이다. 하지만 이 사실을 알기까지는, 그리고 이것이 육아의 현실에서 어떤 의미를 함축하는지를 정확하게 깨닫기까지는 심리학과 뇌 과학의 지식이 있는 나조차도 오랜 시간이 걸렸다. 기린은 태어나서 걷고 뛰고 높은 곳에 있는 먹이를 먹는 기능까지만 발달하면 되지만(물론 이 말을 들으면 진화학자들은 나보고 무식하다고 할 것이다) 인간은 말하고 도구를 사용하며 사회적 관계를 형성하는 기능까지 개발해야 한다. 이토록 엄청나게 중요한 뇌를 완성하기까지 뇌를 보호하기 위해 걷지도 뛰지도 못하고 오랫동안 누워 있는 것이다.

그러니 정확히 말하면 출산 기간은 아기가 태어나서부터 3년간이다. 이 사실을 알려주려고 아기가 나를 힘들게 했던 것이다. 3년 뒤 기가 막히게 멋진 모습이 될 테니 엄마는 딴생각하지 말고 나를 안전하게 지켜달라고 미리 준비시키려 한 것이다. 말로 하면 알아들었을 텐데 엄마 아빠가 쓰는 말을 정확히 할 수 있는 뇌가 아직 열리지 않았기 때문에 울음으로 알렸던 것이다.

이제 엄마한테 미움받을 각오를 하고 온몸으로 알리고자 했던 아기의 말을 해독해 모든 부모님에게 알리려고 한다. 아기가 하는 말을 모르면 아무리 태교를 열심히 해도 소용없으니 꼭 귀 기울여 들어주시기 바란다.

1

모든 아이들은
다이아몬드이다

아기의 뇌는 태어난 후 완성된다

아이는 보석 중에서도 가장 값비싼 다이아몬드 같은 존재이다. 하지만 갓 태어난 아기는 오히려 흑연에 가깝다. 다이아몬드가 될 조건을 다 갖추고 태어났지만 아기는 엄마의 공정에 따라 다이아몬드가 될 수도, 흑연에 머무를 수도 있다. 그야말로 아기의 운명은 엄마한테 달려 있다.

인간의 뇌에는 1,000억 개의 뉴런(신경세포)이 있다. 그리고 뉴런에 영양을 공급하는 글리아gliacyte라는 보조 세포 1조 개가 주변을 둘러싸고 있다. 이들을 합치면 1,000조 개의 접속 지점이 생기는데, 이는 은하계에 있는 별과 행성을 모두 합한 것보다 많은 수이다. 아이의 뇌에 담겨 있는 엄청난 정보를 외부 용기에 저장하려면 100만 페타바이트라는 공간이 필요하다고 한다. 1페타바이트는 6기가바이트짜리 DVD 영화 17만 4,000편을 담을 수 있는 분량이라니 얼마나 큰 그릇인지 짐작하기도 어렵다. 아이의 가치를 돈으로 환산할 수는 없지만 이해를 돕기 위해 뉴런 하나당 1원이라고 쳐보면 이미 1,000억 원이 훌쩍 넘어간다.

당신이 만약 1,000억 원이 넘는 눈부신 다이아몬드 반지를 갖고 있다면 어떨까? 외출 한번 제대로 하기 어려울 것이다. 삼중 금고 속에 집어넣고 애지중지하며 어쩌다 한번 외출했다 돌아와도 금고부터 열어 다이아몬드가 안녕하신지 확인하지 않을까? 1,000억 원짜리 다이아몬드가 아니라 몇백만 원짜리 명품 백 하나에도 얼룩이 생길까 봐 쩔쩔매면서 명품 백보다 몇만 배나 비싼 아이에게 우리는 어떻게 하고 있는가?

우리 몸에서 나온 살아 있는 다이아몬드의 공정 과정을 살펴보자.

- 출산휴가가 끝나면 다른 사람에게 맡기고 돈 벌러 나가서 밤 9시가 넘어서야 아이를 만난다.
- 걷기 시작하면 놀이방이나 어린이집에 보낸다.
- 두 살이 되면 한글 공부를 시킨다.
- 네 살이 되면 영어 공부를 시킨다.
- 일곱 살이 되면 특목고에 보낼 스펙 쌓기를 시작한다.

- 열 살이 되면 조기유학을 보낸다.
- 열두 살이 되면 이후 6년 동안 해가 떠도 달이 떠도 오직 공부만 하게 한다.
- 당장 오늘 아침만 해도 1,000억 원이 넘는 다이아몬드 같은 아이에게 콘플레이크 한 그릇 달랑 먹여서 학원 늦으면 죽는다고 협박하며 출근했다.

아이의 인생이 엄마한테 달렸다는 것은 알고 있지만 많은 엄마들은 아이의 등을 떠밀어 교육 현장으로 보내기만 한다. 이 공정에 문제는 없을까? 과연 다이아몬드가 되긴 할까? 그렇게 해서 다이아몬드가 되었다면 왜 어떤 명문대 학생들은 여전히 행복하지 않다고 말하며 심지어 스스로 목숨을 끊기까지 할까? 어디에서 무엇이 잘못된 것일까?

우리는 사실 잘못이 시작된 순간 바로 알아차릴 수 있다. 다만 별거 아니라고 생각하며 모르는 척, 바쁜 척 지나칠 뿐이다. 아이가 한창 한글을 배울 때 어머니를 '어마니'라고 쓴 적이 있다. 아이들은 한 번쯤 어머니를 '어마니'라고 쓸 때가 있다. 이때 부모가 관심을 갖고 천천히 다시 가르치면 아이는 반드시 '어머니'라고 바로 쓴다. 하지만 그때 관심을 보이지 않거나 다른 아이들과 비교하면서 호되게 야단치거나 벼룩 잡는다고 초가삼간 태우듯 과도한 학습으로 떠밀면 아이는 정말로 잘못되어간다. 이럴 때 아이가 보이는 대표 증상이 흥미 상실, 반항하기, 욕하기, 때리기, 컴퓨터 중독

등이다. 어떤 아이는 아토피, 천식, 탈모와 같은 신체적 증상을 보이기도 한다. 이런 증상을 계속 방치하면 소위 문제아가 된다. 병원에 올 정도로 심각한 문제 행동을 보인다면 이미 몇 년 전부터 낌새가 있었던 것이다. 처음 낌새가 있을 때 재빨리 개입하면 아이의 문제 행동은 대부분 해결할 수 있다. 가장 좋은 대처는 그런 조짐이 생겨나지 않도록 부모가 올바른 방향으로 아이를 이끌어주는 것, 그리고 나이에 따라 1개월에 한 번, 3개월에 한 번, 6개월에 한 번, 1년에 한 번 정도씩 관심을 기울여 아이를 진지하게 지켜보는 것이다.

적절한 관심과 개입으로 100억 유산보다 아이를 더 행복하게 해줄 수 있다. 일시불로 한꺼번에 주지 않아도 되고 20년 무이자 할부도 할 수 있다. 한때 잠시 부모 역할을 잘못했더라도 다음에 회복할 수도 있다. 다만, 1년 잘못하면 회복하는 데 2년이 걸리고, 2년에는 4년, 3년에는 8년 식으로 갈수록 많은 시간이 걸릴 뿐이다.

살아 있는 다이아몬드의 공정 과정은 장기 복리 투자 형식에 가깝다. 월 50만 원씩 30년 동안 저축한다고 가정할 때 연 10퍼센트대 단리로 계산하면 1억 9,800만 원이지만 복리로 계산하면 13억 원, 10년을 더 묵혔다가 찾으면 32억 원이라는 엄청난 금액으로 불어난다. 그야말로 돈이 주인을 위해 일하는 셈이다. 이처럼 놀라운 결과를 알면서도 많은 사람들이 투자하지 못하는 이유는 월급에서 50만 원씩, 그것도 30년 동안이나 따로 떼어내기가 쉽지 않기 때문이다. 마음을 다지고 온갖 유혹을 이기며 30년을 버텨야 한다. 양육도 마찬가지이다. 세상의 유혹을 견뎌내고 애간장을 태우며 아이가 클 때까지 버텨야 한다. 양육이나 저축이나 똑같이 힘들지만 아이를 키우는 것은 돈이 아니라 시간을 저축한다는 점이 다르다. 장기 복리 투자한 돈이 주인을 위해 스스로 이자를 벌어들이듯, 사랑의 시간을 투자받은 아이들은 스스로 인생을 살게 된다. 돈으로 받은 유산은 아이를 몇 년 동안만 지켜주겠지만 시간과 마음으로 받은 유산은 평생 스스로 행복을 찾게 만든다.

앞에서 설명했듯이 아기의 뇌는 태어난 후 완성된다. 왜 아기는 엄마 배 속에서 뇌를 완성해서 태어나지 않을까. 완전한 상태로 태어나려면 뇌가 너무 커져서 엄마의 자궁을 빠져나오기 힘들기 때문이다. 생명 유지에 필수적인 구조와 기능만 갖추어 태어난 아기의 뇌는 태어난 후 환경에 맞게 재정렬하면서 급성장한다. 제주도에서 감귤 농장을 하는 고씨 집안에서 태어났느냐, 강원도에서 스키장을 운영하는 황씨 집안에서 태어났느냐에 따라 말투도 행동도 다르게 해야 하며, 태어나자마자 피치 못할 사정으로 양부모에게 입양된다면 그 부모에게 자신을 맞추어야 한다. 강원도 아이가 엄마 배 속에 있을 때 제주도 여행을 갔던 기억이 너무 좋아 태어난 후 제주도 방언을 쓴다면 '내 자식 맞냐'며 아빠의 의심을 받아 밥도 못 얻어먹기 십상이다. 아기가 태어난 후 뇌를 다시 정렬하며 환경에 적응하는 것은 소름 끼치도록 절묘한, 생존을 위한 필사적인 전략이다.

모든 아기, 즉 모든 인간은 비슷한 뇌 구조(하드웨어)를 갖고 태어나지만 부모가 어떤 사람인지, 믿을 만한 사람인지, 무엇을 좋아하고 싫어하는지 알아내 그 집에 맞는 소프트웨어를 만든다. 엄마를 엄마로 알고 아빠를 아빠라 부르며 자기가 어떤 집안의 사람으로 태어났는지 1차 정체감을 갖기까지 최소 3년의 시간이 걸린다.

그렇기에 다른 동물과 달리 인간의 탄생은 아기가 엄마 배 속에서 나온 것에서 끝나지 않는다. 아기는 엄마의 좁은 산도를 뚫고 나오기 위해 태어날 때는 뇌가 작다. 다시 말해 미완의 상태로 태어난다. 반은 엄마 배 속에서, 나머지 반은 세상에 태어난 뒤 완성해간다. 출생 후 3년의 시간이 중요한 이유이다.

태어나서 3년, 출산은 계속된다

이 시기에 아기가 부모와 세상에 뇌를 맞추기 위해서는 자신만을 위하고 보호해주는 대상이 필요하다. 따라서 어린이집 같은 공동 양육 기관에 3세 이전 아이를 너무 오래 두어서는 안 된다. 공동 양육 기관은 한 아이에게만 사랑을 주는 곳이 아니라 모든 아이들의 안전을 가장 중요시하며, 따라서 그 아이들에게 골고루 주의를 기울여야 하는 곳이기 때문이다.

세계적인 아동심리학자 스티브 비덜프Steve Biddulph는 《3살까지는 엄마가 키워라》에서 영국과 같은 선진국에서조차 "아동교육

기관의 교사들이 하루에 한 명의 아이에게 주의를 기울이는 시간은 8분 정도에 불과하다"라는 충격적인 연구 결과를 발표했다. 그리고 2004년 영국 BBC에서 방영된 〈보육 시설 비밀 취재〉라는 프로그램을 소개한다. 어린이집의 일상을 찍은 비디오를 보던 부모들은 처음 10분 정도는 간간이 웃기도 하지만 이후로는 망연자실해진다. 너무도 단조롭고 기계적인 생활, 자신의 아이에게 하루를 통틀어 10분 이상 붙어 있지 않는 보육 교사 등 시설의 열악한 환경에 놀랐기 때문이다.

아이가 9시부터 5시까지 480분 동안 어린이집에 있는데 보육교사가 내 아이에게 주의를 기울이는 시간은 고작 8분이라니. 즉 472분 동안 아이는 혼자이다. 혼자 있는 시간에 아이는 무엇을 할까? 집에서 엄마와 같이 있었다면 실제로는 훨씬 더 자주 보겠지만 10분에 한 번씩만 아이를 들여다본다고 가정해도 아이는 하루에만 50번이나 세상과 조우할 터인데, 하루에 한두 번 세상과 만나는 아이는 아무 문제없이 자랄 수 있을까?

흔히 정부에서 친양육정책이라고 홍보하는 24시간 어린이집 같은 곳은 경제적인 논리로 보면 친절한 제안이지만 인간의 진정한 행복을 생각한다면 독약이 든 성배와 같다. 밤 늦게까지 시설에 맡겨진 3세 이하 아이는 천천히 병에 걸리고 있다고 봐야 한다. 아이는 그렇게 늦은 시간까지 버텨내지 못한다. 그러니 대부분 잠든 채 집에 오고 다음 날 아침 일찍 부모의 얼굴도 보지 못하고 다시 시설로 간다. 이런 날이 되풀이된다면 아이는 마음을 붙일 대상을 찾지 못한다. 그러면 말로는 표현하지 못하는 심리적 긴장을 몸의 병으로 나타내거나 심지어 스스로 마음의 문을 닫기도 한다.

　3세가 되기 전부터 어린이집에 방치된 결과 자폐증상이 나타난 안타까운 아이가 있었다. 아이가 막 돌이 지났을 때 아버지는 벤처기업을 세웠다. 가진 돈을 거의 다 쏟아부은 사업은 다행히 성공을 거두었고 아버지는 사업을 확장하며 자금을 아끼고자 직원을 두는 대신 아내에게 일을 맡겼다. 낮에는 할머니가 아이를 봐주었고 밤늦게 퇴근한 엄마는 밥 차리랴, 청소하랴, 네 살짜리 누나를 돌보랴 눈코 뜰 새 없이 바빠 아이에게 관심을 기울이지 못했다. 아이는 회사 일을 마치고 늦게 들어온 엄마에게 놀아달라고 매달렸지만 몸과 마음이 지친 엄마는 아이를 뿌리치고 잠자라고 소리 지르며 화를 냈다. 설상가상으로 1년 만에 할머니가 아이를 돌보지 못하게 되자 부모는 이제 26개월이 된 아이를 아파트 단지 내 가정에서 운영하는 어린이집에 맡겼다. 부모는 추가 비용을 내며 밤 9시까지 아이를 부탁했고, 다행히 원장에게서 저녁을 먹이고 재우면 되니까 부담 갖지 말라는 친절한 답변을 들었다. 이후에도 아이는 늦게 퇴근한 엄마를 보면 여전히 놀아달라고 보챘고, 피곤한 엄마는 아이를 내치고 소리 지르는 날이 3~4개월 정도 계속되었다. 어린이집에 맡긴 지 4개월이 지나자 아이가 보채는 행동은 서서히 사라졌다. 부모는 아이가 성숙해졌다고 여기고 어린이집에 보내기를 잘했다고 생각했다.

6개월쯤 지난 어느 날, 퇴근한 엄마가 어린이집으로 아이를 데리러 가서 이름을 불렀는데도 아이는 비디오만 보고 있을 뿐 엄마를 쳐다보지 않았다. 눈의 초점도 흐려져 있었다. 그날 이후 아이는 웃지도 말하지도 않았고 정상적인 소통을 하지 못했다. 이상한 낌새를 느낀 부모가 아이를 데리고 소아정신과에 가자 의사는 유사 자폐증 진단을 내렸다. 그리고 어린이집 원장에게서 생각지도 못한 말을 들었다. 아이는 처음부터 다루기 어려웠다는 것이다. 아이는 매일 울면서 엄마만 찾고 밥도 제대로 먹지 않고 다른 아이들과 어울리지도 않았다. 유독 비디오를 볼 때만 조용해서 할 수 없이 비디오를 자주 보여주었다. 특히 저녁 시간에는 원장도 가정을 돌보아야 하는데 아이를 통제하기 어려워 엄마가 오기 전 3시간 정도는 늘 비디오를 보여주었다는 것이다.

　자폐증의 원인은 한 가지로 단정할 수 없다. 현재까지는 유전학적 이상, 대뇌 문제, 가정환경 문제 등이 고려된다. 하지만 30개월까지 정상적인 발달을 보였고, 엄마에게 놀아달라고 보챌 만큼 강렬하게 자기표현을 하던 아이가 어느 날 자폐 증상을 보인다면 후천적인 환경이 결정적인 원인이라고 봐야 한다. 부모는 아이의 미래를 위해 최선을 다해 돈을 벌었다. 하지만 돈을 벌기 위해 아이가 그토록 달라고 했던 '사랑의 시간'을 주지 못한 결과는 너무도 끔찍한 고통으로 돌아왔다.

　어린이집 원장은 또 다른 아이의 엄마였다. 이 엄마에게도 아이가 있고 그 아이도 엄마를 기다리고 있다. 그런데 미처 귀가하지 못한 남의 집 아이까지 돌보려다 보니 몸과 마음이 지치는 것은 당연했다. 세 살이 안 된 아이에게 비디오를 매일 3시간 이상 보여준 비교육적 행동은 지탄받아 마땅하지만, 이런 모습이 앞으로 우리나라의 야간 보육 시설에서 생기지 않으리라고 확신할 수 있을까?

아이의 부모는 남에게 아이를 맡기고 그 시간에 돈을 벌어서 잘 살아보려 했고, 남의 아이를 맡은 부모는 그 아이를 잘 보살피는 것으로 돈을 벌어서 잘 살아보려 했지만 오히려 행복에서 멀어졌다. 아이의 출산 기간을 배 속의 10개월로만 보았기 때문이다.

미국의 신경공학자 존 메디나John J. Medina는 그의 저서 《브레인 룰스》에서 모든 아이는 태어날 때 '조립 요망'이라는 쪽지를 붙이고 나와야 한다고 했다. 아이에게 충분히 관심을 기울이다 보면 3세 미만 아이에게 엄마는 절대적 필요조건이라는 사실을 본능적으로 알 수 있는데도 메디나가 이런 표현을 쓸 정도로 양육에서 아주 중요한 점이 간과되고 있다.

아이가 배 속에서 나온 후에도 출산 기간은 3년 동안 계속된다. 이런 사실을 아는 것이 모든 양육의 기초이다.

부모는 돈이 필요하고, 아이는 시간이 필요하다

처음 임신 사실을 알았을 때 가장 먼저 드는 생각은 무엇일까? 아마도 '돈을 많이 벌어야겠다'는 생각일 것이다. 많은 부모들이 이 아이가 혹시 천재가 아닐까, 천재가 아니라도 공부를 잘해서 명문 대에 입학하고 좋은 직장에 들어가서 세상에 이름을 알리고 어떻 게 우리에게 은혜를 갚을까 하는 이상적인, 아니 지극히 현실적인 공상에 빠져보곤 한다. 그리고 아이의 인생을 파노라마처럼 펼쳐 본다. 다섯 살에는 영어 유치원에 보내고, 여덟 살에는 사립 초등학 교에 보내며, 조기유학을 갔다 오게 한 후 특목고를 거쳐 명문대에 보내겠다는 생각이 꼬리를 물고 이어진다. 그러니 돈을 많이 벌어 야겠다고 생각하는 것이다.

아이에게 많은 것을 해주고 싶다는 생각, 그래서 돈을 많이 벌고 싶다는 생각은 훌륭하다. 하지만 문제는 어린아이일수록 돈으로 환산한 부모의 사랑과 헌신을 전혀 이해하지 못한다는 사실이다. 어린아이의 계산법은 돈을 사랑과 같다고 보지 않는다.

물론 열 살쯤 된 아이에게 "엄마가 안아줄까, 만 원 줄까?" 하면 망설인다. 이때쯤이면 돈이 좋은 걸 안다. 엄마가 실망할까 봐 망설 이는 척하지 이미 마음은 기울어져 있다. 열 살이 넘으면 돈의 가 치를 알고 중학생이 되면 금전 거래도 거뜬히 한다. 하지만 딱 거 기까지이다. 그래도 부모의 사랑은 포기하지 못한다. 지금 잠시 잠 깐은 사랑 대신 만 원이 더 좋지만 평생 원하는 것은 사랑이다. 아 빠가 사장님이고 엄마가 원장님이기를 바라지만 부모가 나와 많은 시간을 보내는 것 또한 당연하다고 생각한다. 용돈이며 장난감은 잔뜩 쥐여주지만 너무 바쁜 부모에게 아이는 천연덕스럽게 배은망

덕한 말을 한다.

"도대체 엄마 아빠가 나에게 해준 것이 뭐야? 학원 가라, 공부하라는 말만 했지. 공부시켜주는 건 부모의 당연한 의무 아니야? 내가 얼마나 외로웠는지 알기나 해?"

더 어린 아이들은 부모가 사장, 원장이 아니어도 자기와 늘 함께하면 가장 좋은 부모라고 생각한다. 심지어 직업도 없이 놀이공원에 자주 데리고 가는 부모를 사장님이면서 놀이공원에 데려가지 않는 부모보다 훨씬 더 존경한다. 부모는 사랑의 표현으로 돈을 주지만 아이는 사랑을 느낄 수 있는 시간을 원한다.

아이가 태어날 예정이라면 가장 먼저 '어떻게 하면 이 아이와 많은 시간을 보낼 수 있을까'를 고민해야 한다. 아이를 키우는 데 "시간은 금이다"라는 말은 진리이다. 맞벌이 부부라면 아이가 태어나기 전에 근무시간을 조정하고 주말에는 최대한 아이와 같이 지낼 수 있도록 머리를 맞대고 의논해야 한다. 승진이나 연봉 인상에 대한 욕심도 아이가 세 살이 되기 전까지는 묻어두어야 한다. 아이를 전담해서 키워줄 대리 양육자가 있더라도 저녁에는 부모 중 한 사람이 반드시 아이와 충분한 시간을 보내야 한다. 아이에게 시간이 아닌 돈을 투자하는 것은 아이의 발달 과정을 제대로 파악하지 못하는 행동이며, 매우 비극적인 상황을 초래하기도 한다. 아이를 대상으로 한 시간 투자에는 한 가지 불가피한 속성이 있다. 반드시 그때, 즉 아이가 어렸을 때 제공해야지 나중이 되어서는 거의 효과가 없다는 것이다. 이를 결정적 시기critical period라고 한다. 이 시기에 부모의 시간을 제대로 투자받은 아이가 온전하게 자란다.

또래보다 체격이 아주 작은 네 살짜리 아이가 말도 잘 못하고 주의가 산만하며 사람들과 눈을 마주치지 않는 증상으로 정신과에 내원한 적이 있었다. 태어난 이후 정상적인 발달 과정을 밟아왔지만 돌이 막 지날 무렵, 일곱 살짜리 형이 소아백혈병 진단을 받고 얼마 살지 못한다는 말을 들어 가족이 큰 충격에 빠지면서 아이는 제대로 돌봄받지 못했다. 아버지는 괴로운 마음에 매일 인사불성이 될 정도로 술을 마셨으며 형의 간호에 매달린 엄마는 지치고 힘들어 둘째 아이를 귀찮아했다. 심지어 때리거나 다른 사람에게 맡겨두는 일이 많았고, 어쩌다 집에 있어도 책 한 권 읽어주지 않았다. 정상적으로 태어났지만 결정적 시기에 부모의 사랑을 받지 못한 이 아이는 신체적·언어적·인지적·사회적 영역 모두에서 문제를 보이면서 온전한 발달 과정을 벗어났다.

결정적 시기에 만난 사람들은 운명 같은 사랑에 빠지는데, 아이에게 엄마는 첫사랑이 되고 엄마에게 아이는 이상형이 된다. 발달심리학자 콘라트 로렌츠Konrad Lorenz가 발견한 '각인'이 이때 형성되기 때문이다. 로렌츠는 오리가 갓 태어났을 때 어미 오리 대신 자신이 곁에 있었더니 아기 오리들이 자신만 졸졸 따라다니는 것을 보고, 이 시기에 양육자에 대한 단단한 심리적 연결 고리가 형성된다는 사실을 발견했다. 각인은 세상과의 첫 연결 고리로, 벌거숭이로 태어난 아이가 세상과 처음 접속하는 전인적인 경험이다.

그러므로 각인이 형성되는 결정적 시기에 가장 많은 시간을 투자해야 아이를 안정되게 키울 수 있다.

아이가 부모의 말을 잘 듣지 않는다면, 생후 3년 동안 충분한 시간을 투자받지 못해 부모를 각인 대상으로 삼지 않았기 때문이다. 이것은 수십 년간의 임상경험을 통해 얻은 확신에 찬 주장이다. 자기 옆에서 돌보아주는 사람의 말을 듣지 않겠다고 다짐하고 태어나는 아이는 이 세상에 없다. 신체적으로 무능한 시기에 자기 생명의 권한을 쥐고 있는 존재의 말을 듣지 않는 바보는 없다. 아이가 어릴 때는 부모의 시간이 필요하다. 부모의 돈은 사랑의 시간을 투자받은 아이가 잘 자라 자신의 진로를 모색하기 시작하는 그때 투자하는 것이다. 그래야 최적의 결실을 얻을 수 있다.

그렇다면 아이를 위해 비워둔 시간 동안 아이에게 무엇을 주어야 할까? 살아 있는 다이아몬드를 공정하는 비밀 병기는 바로 엄마 냄새와 엄마 품이다.

2

아이는 냄새로
엄마를 각인한다

엄마 베개라도 줘

오리는 태어나자마자 걸을 수 있으니까 처음 본 로렌츠를 따라가서 각인을 할 수 있었다. 그렇다면 뇌를 제대로 발달시키기 위해 누워 있어야 하는 인간 아기는 어떻게 엄마를 각인할까? 생후 3~4개월이 지나야 시각이나 청각으로 엄마를 알아볼 수 있는데 말이다. 걸을 수 없는 아기가 엄마를 각인하는 비밀은 바로 엄마 냄새이다.

후각은 인간이 지닌 가장 강력하고 오래된 감각으로, 347가지의 감각 뉴런으로 이루어져 있다. 박테리아도 냄새로 독과 영양소를 구별할 만큼 후각은 생명체의 원시 감각이다. 고도의 사고력이 발달한 인간은 후각의 역할이 약한 듯 느껴지지만, 후각은 여전히 숨 쉬는 것과 마찬가지로 매우 중요한 역할을 한다. 냄새는 곧, 지금 이곳이 안전하다는 신호가 된다. 안전해야 밥을 먹고 안전해야 응가를 볼 것이며 안전해야 책을 읽고 문명을 건설할 수 있다. 그 안전감의 토대가 되는 것이 바로 냄새와 온도이다.

딸아이는 어려서부터 기분이 좋을 때 내 팔에 코를 대고 킁킁대면서 "엄마 살냄새가 최고"라 하고, 기분이 나쁠 때는 아무 말 없이 품으로 파고들어 와서 코를 킁킁대곤 했다. 5학년이 되면서 이런 행동은 많이 줄었지만 개학 전날이나 시험 전날 긴장되어 잠을 자지 못할 때는 꼭 내 베개를 가지고 자기 방으로 갔다. 엄마 베개에 코를 묻으면 엄마 냄새가 나서 잠이 잘 온다면서. 아들은 이런 행동까지 보이지 않았지만 중학교 1학년 때까지도 명절 때 2~3일 친가와 외가를 왔다 갔다 하느라 엄마 얼굴을 많이 못 보면 연휴 마지막 날 밤에 꼭 옆에 와서 슬그머니 누워 있다가 은근슬쩍 몸을 돌려 한 팔을 내 배 위에 척 올려놓고 엄마 냄새를 맡다가 자기 방으로 가곤 했다. 세뱃돈도 받고 즐거웠던 명절을 보낸 후 약간 달뜬 기분을 누그러뜨리고자, 내일 다시 학교에 가야 하는 부담감을 없애보고자 엄마 옆에 와서 마음의 안정을 취했던 것이리라. 사람들에게 엄마 냄새 이야기를 하면 모두들 어린 시절에 엄마가 보고 싶었을 때 엄마 옷을 부여잡고 냄새를 맡은 적이 있다고 한다.

이해인 수녀의 시 중에 이런 구절이 있다.

동생과 둘이서
시장 가신 엄마를 기다리다가
나는 깜빡 잠이 들었습니다.

문득 눈을 떠보니
"언니, 이것 봐!
우리 엄마 냄새 난다."

벽에 걸려 있는
엄마의 치마폭에 코를 대고
웃고 있는 내 동생.
…

_〈엄마를 기다리며〉 중에서, 《엄마》, 이해인, 샘터, 2008

아이가 학교를 마치고 집으로 돌아오면 집 안에는 부모의 온기
와 냄새로 가득 차 있다. 성인이 된 우리는 부모님의 냄새를 잘 기
억하지 못하지만, 엄마 배 속 일정한 온도의 양수 속에서 보호받던
아이는 태어난 후에도 계속 엄마 냄새와 일정한 온도를 통해 보호
받는다는 느낌을 가져야 한다. 인간의 탄생은 태어난 뒤에도 3년
정도 계속 진행 중이기 때문이다.

엄마 냄새는 행복 호르몬을 부른다

그렇다면 냄새는 왜 이렇게 중요할까? 냄새는 기억을 부르고, 기억해야 판단할 수 있기 때문이다. 냄새는 두 눈 사이의 후각세포를 통과한 뒤 감각의 중계소인 시상과 편도체를 거친다. 그다음 의사결정을 담당하는 앞머리 부분의 전두엽에 이른다. 냄새를 지각하면 편도체와 해마에서 긍정적이거나 부정적인 정서 경험을 회상하고 최종적으로 전두엽에서 통합적인 판단을 한다.

아기는 생각한다.

'이 냄새는 엄마 거네. 아, 좋다. 이제 안심해도 되니 슬슬 일을 해볼까? 안심하고 젖을 먹어도 되고 손발을 움직여도 되겠구나. 오늘은 한번 뒤집어볼까? 뒤집어도 안전했으니까 그다음엔 뭘 해볼까. 마음껏 놀아야지.'

이렇게 중요한 냄새를 받아들이는 후각은 다른 어떤 감각보다 빨리 뇌에 전달된다. 시각세포는 각막의 보호를 받고 청각세포는 고막의 보호를 받지만 후각은 받아들이는 그 즉시 전달된다. 앞에서 소개한 메다나 박사도 후각을 막는 것은 코딱지 정도일 뿐이라고 했다.

아이의 후각 능력은 정말 대단하다. 딸아이가 초등학교 3학년일 때 사촌 언니에게서 3년 전에 물려받은 옷을 꺼낸 적이 있었다. 3년 동안 다른 옷들과 섞여 있었는데도 딸아이에게 옷을 입히니 대번에 언니 냄새가 난다며 언니 옷이라고 했다. 아이의 절대 후각은 파트리크 쥐스킨트Patrick Süskind 소설 《향수》의 주인공 그르누이 저리 가라이다. 그르누이는 극빈층의 고아로 태어나 못생긴 외모 때문에 사람들에게서 늘 따돌림을 당했지만, 하늘 아래 가장 순수하고 고귀한 사람으로 느끼게 하는 향수를 만들고 자기 몸에 뿌려 사람들로 하여금 자신을 사랑하게 만든다. 하지만 그 향수에 들어갈 고귀한 냄새를 얻으려고 아름다운 처녀를 죽이기 시작한다. 소설은 그르누이가 태어나자마자 부모에게서 버림받았고 아기 몸에서 당연히 나야 할 냄새가 전혀 나지 않아 젖을 물렸던 보모가 기겁하고 도망간다는 내용으로 시작한다. 쥐스킨트는 부모의 냄새를 제대로 맡지 못한 아기는 인간의 냄새가 나지 않는 괴물이 될 수 있다는 것을 상상으로 그려냈지만, 이는 실제로 아기를 키우는데 중요한 사실이다.

최근 유전자와 범죄의 연관성을 연구하던 범죄 심리학자들은 친부모가 범죄자인 아이들이 그렇지 않은 아이들에 비해 나중에 범죄를 저지를 확률이 훨씬 더 높았음을 설명하면서 이 아이들의 특징이 행복 호르몬이라 불리는 세로토닌이 선천적으로 적게 분비되는 것이라는 가설을 제시했다. 더 나아가 세로토닌 수치가 낮은 아이들을 찾아서 세로토닌 함량을 높이는 주사를 놓는다면 범죄율을 낮출 수 있지 않겠냐는 가정도 했다. 하지만 문제는 그리 간단하지 않다. 세로토닌이 적게 분비되는 원인이 유전자라는 선천적 요인에만 있는 것이 아니기 때문이다. 범죄 예방주사를 맞았다 해도 후천적으로 무관심하고 불친절한 부모에게 양육된다면 주사 효과는 언제든지 원점으로 돌아갈 수 있다. 부모에게서 한 대 맞을 때마다 얼른 병원에 가서 세로토닌 주사를 맞는다면 몰라도 말이다. 호르몬 분비는 몸과 마음의 상태에 따라 변하기 때문에 부모의 사랑을 받지 못하는 아이의 몸에서는 행복 호르몬이 분비되지 않거나 억제된다. 친부모가 범죄자라면 더욱더 무관심하고 불친절할 것이며, 이런 부모 밑에서 자란 아이들이 나중에 범죄자가 될 확률이 높은 또 다른 이유가 된다. 다시 말해 부모의 냄새를 충분히 맡지 못하거나, 부모가 있어도 아이에 대한 사랑이 결여된 나쁜 냄새를 맡은 아이는 범죄자가 될 가능성이 높다.

나비 애벌레가 번데기 기간 동안 충분히 보호받아야 허물을 벗고 예쁜 나비가 되듯, 일정 기간 동안 엄마의 냄새를 맡으며 안락한 환경에서 보호받는 것은 인간이 되기 위한 필수 과정이다. 그런데 지금 우리는 아이들의 번데기 과정을 무시하고 있다. 그 결과 번데기로 지내는 동안 엄마 냄새를 충분히 맡지 못해 온전한 나비가 되지 못하기도 한다. 충분한 사랑의 시간을 주지 않은 채 그들의 껍데기를 함부로, 다급하게 벗겨낸다. 평생 신나고 즐겁게 하늘을 날고 꽃가루를 나르며 친구 나비를 사귀고 꿀을 빨아 먹으며 재생산을 해야 하는 나비의 일생을 딱 나비가 되는 순간까지만 규정해 가혹하게 내몬다. 나비가 되어 즐겁고 행복하게 살라고 하지 않고 오직 나비만 되라고 한다. 대한민국에서는 대학만 진학하면 나비라고 친다. 그 나비가 몇 개월 후 정신적 혼란을 극복하지 못하고 스스로 날개를 접게 되더라도 말이다.

엄마 냄새는 100퍼센트, 할머니 냄새는 50퍼센트

아이가 진정 행복하고 성공하기 바란다면 사랑의 냄새를 충분히 맡게 해주어야 한다. 그 냄새는 당연히 엄마 아빠 것이어야 한다. 할머니 냄새는 아이와 50퍼센트의 적합성을 보인다. 유전적 근접성을 가리키는 용어인 근연도에 따르면 그렇다. 잠시 머리도 식힐 겸, 가벼운 산수 문제를 풀어보시라. 100퍼센트의 엄마 냄새로 감정적 안정을 완성하는 데 3년이 걸린다면 50퍼센트의 냄새로는 몇 년이 걸릴까?

인간세계에서는 수학이 흔히 철학이 된다. 분명히 6년이라는 답을 얻었겠지만 정답은 '아무도 모른다'이다. 할머니의 심성과 아이와의 조화로움에 따라 4년이 되기도 하고 8년이 되기도 한다. 하물며 근연도가 전혀 없는 도우미 아주머니의 냄새는 갓난아기에게 심한 불안감을 유발할 가능성이 높다. 그래도 살아야 하기에 아기는 그 냄새를 저장하고 기억하며 안정을 취해야겠다고 마음먹는다. 문제가 커지는 것은 도우미 아주머니가 3개월, 6개월마다 바뀔 때이다. 아기는 서서히 등대를 놓치고 바다를 표류한다. 매정하게 들릴지 몰라도 이쯤 되면 엄마는 직장에 계속 다닐지를 심각하게 고민해봐야 한다.

근연도가 50퍼센트라도 할머니가 일관되게 키운 아이는 당연히 안정적으로 자란다. 하지만 대부분 할머니가 엄마보다 먼저 돌아가신다는 사실을 기억해야 한다. 아이가 충분히 성숙하기 전에 할머니가 돌아가시거나 같이 살지 못하게 되면 그동안 마음을 맡겼던 대상을 잃으면서 아이는 불안감과 혼란에 빠진다. 대부분 이런 혼란감은 일시적이지만 때로는 심각한 정도에 이르기도 한다.

명우 엄마는 출산휴가가 끝난 후 가까이 사는 친정어머니에게 아기를 맡기고 순조롭게 복직했다. 명우는 온순하고 총명하여 돌보기가 수월했으며 3년 터울로 태어난 남동생까지 친정어머니가 거두어주면서 명우 엄마는 직장에 전념해 능력을 인정받아 승진을 계속했다. 공부를 잘하는 명우는 이변이 없는 한 특목고를 거쳐 명문대에 진학하는 강남 청소년의 엘리트 과정을 따라가는가 싶었다. 그러나 명우는 중학교 2학년 때 할머니가 병으로 쓰러져 요양원에 가고 동생도 조기유학을 간 뒤로 늘 혼자 저녁을 먹으면서 부쩍 외로움을 호소하고, 예전만큼 공부를 열심히 하지 않았다.

그런데 일하느라 바쁜 엄마가 아이의 호소에 진지하게 관심을 기울이지 못하면서 슬금슬금 문제가 생기기 시작했다. 외로움을 견디지 못한 명우가 방과 후 아파트에 친구들을 데리고 오면서 이웃들이 "담배꽁초가 발견되었네" "음악 소리가 크네" 하는 불평을 토로하기 시작했다. 친구들과 라면 끓여 먹고 난장판으로 만들어놓은 주방을 밤늦게 집에 돌아온 엄마가 매일 닦아내면서 고성이 오갔다. 야단을 쳐도 듣지 않고 성적이 하위권으로 떨어진 아들에게 아버지는 처음으로 주먹을 날렸다. 반항심이 더욱 커진 아이는 친구들이 오토바이를 훔치는 동안 망을 봐주다가 경찰서에 불려갔고, 이 일이 학교에 알려지자 친구들이 자기를 괴물 보듯 한다며 등교를 거부하기까지 했다. 학교에서 실시한 집단 심리검사에서 우울 지표가 높게 나오고 자살 시도까지 해서 급기야 정신과에 찾아오게 되었다.

이 모든 일은 단 4개월 사이에 일어났다. 명우가 태어난 후 13년 동안 평화로웠던 집에서 말이다. 하지만 그 평화는 사실 진정한 평화가 아니었을 것이다. 근연도 50퍼센트의 할머니 냄새는 아이의 욕구를 100퍼센트 충족해주지 못하기 때문이다. 그나마 50퍼센트의 냄새만으로도 최상의 적응을 해왔지만 그 냄새마저 사라진 뒤 깊이 내재되어 있던 결핍감이 치솟은 것이다. 당연히 결핍감을 해소하는 방법을 모르는 아이는 이 불편한 감정이 싫어 그것을 무조건 없애려 애쓰고, 그 결과 여러 가지 문제 행동을 보였다. 친구들과 게임하고 라면 끓여 먹고 오토바이를 훔치는 동안에는 외로움과 결핍감이 느껴지지 않았을 것이다.

어쨌든 명우 엄마는 직장에 사직서를 냈다. 명우를 낳기 전부터 이를 악물고 다닌 19년의 직장 생활은 하루아침에 끝났다. 1년만 더 버티면 연금을 받을 수 있었다. 아이가 망가지는 것을 더 이상 볼 수 없어서 내린 결단이었지만 세 달 정도는 모자의 갈등이 이전보다 더 커졌다. 아이를 보기만 해도 화가 치솟아 언성이 높아졌고 어떨 때는 자신이 너무도 한심하고 불쌍해서 아이에게 "차라리 나가서 죽어버려"라는 험한 말도 했다.

명우 엄마가 마음을 고쳐먹은 것은 동생 친구 집에서 일어난 사건을 듣고 나서이다. 명우 엄마와 비슷한 사정에 놓인 그 엄마가 어느 날 낮에 중요한 서류를 가지러 집에 잠깐 들렀다가 이상한 소리가 들려 아들 방문을 열었더니 고등학교 1학년인 아들이 여자친구와 섹스를 하고 있었다. 성적 절정감에 이른 아이의 한 마디가 너무 놀라 안색이 창백해진 엄마의 심장까지 얼어붙게 했다.

"당장 문 안 닫아, 이 ××년아!"

말만 들어도 입이 딱 벌어지는 이런 일이 얼마든지 자신에게도 일어날 수 있겠구나 생각하자 명우 엄마는 정신이 번쩍 들었고, '우리 아이는 아직 저 정도까지는 되지 않았다'고 생각하며 비로소 아이를 용서했다. 그렇게 마음을 고쳐먹고 아이의 마음을 얻고자 부단히 노력했다. 그러기를 3개월, 명우도 비로소 마음을 조금씩 열기 시작했다. 눈도 마주치지 않던 아이가 아침밥을 같이 먹었고, 등교하면서 실내화를 하얗게 빨아놓으라고 하지 않나, 교복 와이셔츠 단추를 채워달라고 하지 않나, 학원에서 공부하다가 10시에 돌아올 테니 지우개 두 개를 사놓으라는 문자를 보내지 않나, 갖은 몽니를 부리더라는 것이다. 몽니란 '정당한 대우를 받지 못할 때 권리를 주장하기 위해 부리는 심술'을 말한다. 아이가 자신이 그동안 받지 못했던 부모의 사랑에 대한 정당한 권리를 주장하기 위해 심술을 부리는 것이니 그 심술이 풀릴 때까지 받아줄 수밖에 없었다. 어쩌면 친구 엄마가 빨아준 하얀 실내화가 부러웠을 수도 있고, 이미 출근한 엄마에게 돈을 받지 못해 지우개를 사지 못했을 수도 있다. 아이가 몽니를 부리는 데에는 다 이유가 있다. 그나마 몽니를 부리는 것은 상황이 좋아질 수 있다는 신호이다. 이것조차 받아주지 않고 거부하면 아이들의 분노로 집안에는 곧 쓰나미가 몰려올 것이다.

명우 엄마의 19년 경력이 물거품이 된 것은 어릴 때 부모의 시간을 최대한 많이 투자해야 한다는 사실을 몰랐기 때문이다. 승진이 좀 늦더라도, 돈을 좀 덜 벌더라도, 먼저 아이에게 집중해야 한다는 사실을 알았어야 했다. 하지만 마음을 연 명우가 뒤늦게라도 결핍감을 채우고 나면 언젠가 스스로 설 것이고, 그때가 되면 엄마도 자신의 경력을 다시 이어갈 것이다. 잠시 남들보다 처진 듯 보이지만 한결 가뿐한 마음으로 다시 시작할 수 있다. 이미 명우 엄마는 실내화를 하얗게 빨아놓고 지우개를 10개 사놓은 후 직무 능력 증진 강사로 일주일에 하루씩 일하고 있다. 물론 명우에게 허락을 받은 뒤 시작한 일이다.

볼트와 너트 게임

갓난아기가 잠을 설쳐 울고 있는데 고양이가 앞발로 아기 머리를 쓰다듬으며 다시 재우는 동영상을 본 적 있다. 결정적인 시기에 고양이에게 각인한 아이는 엄마보다 고양이를 더 잘 따를 것이고, 담요에 각인했다면 엄마보다 담요를 더 자주 안을 것이다. 마찬가지로 할머니에게 각인한 아이는 잠재적으로 엄마보다 할머니 말을 더 잘 듣는다. 물론 할머니에게라도 각인을 잘했다면 대한민국 젊은 엄마들이 꿈꾸는 목표에 도달할 수도 있다. 하지만 상황이 언제나 우리 바람대로 전개되지는 않는다.

A형 볼트는 A형 너트에 끼워야 하는데 다른 너트에 끼우면 틈이 생긴다. 처음에는 조그맣지만 갈수록 그 틈이 커져서 나중에는 자기가 B형 볼트라고 우기거나, 자기는 A형 볼트이지만 B형 너트에 맞다고 우긴다(반항하거나 어긋나기 시작한다). 그러니 아이가 어릴 때 한 푼이라도 더 버는 것이 옳다는 경제적인 이익만 따져 할머니에게 아이를 맡기고 가끔씩 보러 간다면, 훗날 심리적으로 매우 힘든 시기를 맞이하게 될 수도 있다. 결정적인 시기에 할머니에게 각인한 아이는 이후 엄마 곁에 왔을 때 이상하게 그 냄새가 낯설어 엄마에게 다가가지 못한다. 엄마도 결정적인 시기에 아이와 떨어져 있었기 때문에 이상하게 정이 가지 않는다. 때마침 둘째를 낳아 엄마가 집에 들어앉으면 둘째에게는 첫째보다 훨씬 더 애정을 갖게 된다. 엄마는 그래도 둘째의 마음을 얻었지만 첫째는 무엇을 얻을까? 하루가 멀다 하고 이유 없이 동생과 비교당한다. 상황을 바꿔보자. 첫째 아이는 엄마가 키웠는데 둘째를 떼어놓았다. 엄마에게는 첫째라도 남았지만 둘째는 결핍감 때문에 평생 피해 의식을 갖고 살아간다. 엄마가 아이들을 모두 할머니 손에 맡겼다면? 엄마에게는 남는 것이 없으며 아이들은 서로에게 애정이 없다.

여기까지 이야기하면 여기저기에서 온갖 비난의 화살이 날아오는 것을 느낀다.

첫 번째 화살이 꽂힌다.

'여자들은 평생 애만 보면서 집안일이나 하라는 것이냐?'

무슨 말씀, 여자도 바깥일을 할 수 있다. 하지만 낮에 미친 듯이 열심히 일하고 저녁만큼은 목에 칼이 들어와도 아이와 같이 보내야 한다. 물론 아빠가 반드시 함께해야 한다.

두 번째 화살이 꽂힌다.

'부모 없는 아이는 그럼 죽으란 말이냐?'

불행하게도 친부모가 이 세상에 없다면 아기는 말끔하게 그 냄새를 정리하고 자기가 적응해야 할 새로운 사람의 냄새를 정한다. 동물적 본능으로 세상에 없는 냄새는 더 이상 추구하지 않는다. 따라서 예기치 않은 사고로 자식을 먼저 보내고 손주를 키우는 할머님, 할아버님은 절대로 걱정할 필요가 없다. 하지만 부모가 세상 어딘가에 살아 있는데도 눈앞에 나타나지 않으면 아이는 그 냄새를 찾기 위해 평생을 허비한다. 갓난아기 때 입양된 아이들이 성인이 되어서도 친부모를 찾는 이유이다. 일단 찾아서 냄새를 맡아보고 나서야 다음 단계를 결정한다. 이 냄새를 계속 맡을 것인가, 용서할 것인가, 버릴 것인가.

1년 365일 일정한 36.5도의 엄마 냄새를 항상 제공하는 것. 아이에게 줄 수 있는 최대의 선물이며 특히 3세 미만 아기에게는 생명을 키워내는 산소 같은 조건이다. 더구나 아기에게 엄마의 온도는 항상 똑같지 않다. 36.5도는 인간이 인위적으로 디지털화한 것일 뿐이다. 36.27도, 37.13도… 아기와 엄마는 둘만 알 수 있는 맞춤형 온도를 끊임없이 주고받는다. 그래서 아빠가 디지털 체온계의 수치가 정상이라고 우겨도 엄마는 아이의 이마를 짚어보고 다음 날 열이 날 것 같다고 한다. 엄마와 아기는 초물리적으로 연결되어 있다.

어느 저녁에 백화점 식당가에서 엄마와 아기와 할머니를 본 적이 있다. 밝은 정장을 입은 엄마와 달리 대충 입은 할머니를 보니 할머니가 하루 종일 애를 봐주시다가 저녁을 먹으러 만난 듯했다. 엄마는 옷이 더러워진다며 아이를 안아주지 않고 할머니 혼자서 아기에게 물 먹이고 기저귀 갈아주고 입을 닦아주었다. 젊은 엄마들에게서 많이 보는 광경이다. 엄마들은 "할머니가 더 익숙하니까요"라고 말한다. 아기를 안아주고 기저귀 갈고 입을 닦아주는 데는 특별한 기술이 필요하지 않다. 아기가 하루 종일 그리워했던 엄마 냄새를 한시라도 빨리 주어 볼트와 너트를 잘 맞물리게 하자.

엄마와 아기는 엄마 배 속에서부터 끈끈한 인연으로 맺어진 환상의 짝꿍이다. 짝꿍 냄새를 충분히 맡아야 아기는 배 속에 있을 때처럼 느긋하고 안정되게 발달해나간다. 엄마는 출산만 끝나면 빨리 다른 짝꿍의 팔짱을 끼고 나가 맥주라도 한잔하고 싶지만 엄마와 아기의 짝꿍 계약 기간은 유감스럽게도 최소 3년이다. 이를 어기면 아이가 잘 자라지 못하는 고통스러운 벌금을 물게 될 수도 있다.

하루에 최소 3시간,
엄마 냄새가 필요하다

나보다 일찍 결혼한 친구가 딸의 돌잔치에 나를 초대했다. 사랑스럽기 그지없는 아기를 안고 있던 친구 또한 결혼 초부터 맞벌이를 했는데 그날 나를 보더니 대뜸 "애들은 기본이 3시간인 것 같아. 맞지? 아무리 피곤해도 저녁에 3시간은 놀아주어야 성이 차서 잠드는 것 같아"라고 말했다. 그때는 나도 심리 전문가 수련 과정을 막 시작한 때라 하루에 아이와 몇 시간을 같이 보내야 하는지 생각해본 적이 없었다. 스킨십이 중요하다며 하루에 최소 1시간 놀아주라는 아동 전문가의 말을 들은 적은 있었지만 학교에서도 제대로 배운 적이 없었다. 언뜻 생각하기에 1시간은 넘을 것 같고 최대한 많이 놀아주면 좋지 않을까 피상적으로 생각했다. 친구는 내가 심리학을 전공했으니 당연히 알 거라고 생각해 자신의 생각을 확인받고 싶었던 듯하다.

친구의 시간 법칙이 옳았음을 안 것은 그로부터 몇 년 후 내가 아이를 낳아 키우면서부터였다. 민감한 엄마들은 퇴근 후 아이가 최소 3시간 정도 엄마 옆에 딱 붙어 있으려고 하는 패턴을 알아차린다. 아이가 하루에 부모에게 원하는 시간은 1시간이 아니라 3시간이다. 직장에서 끝내지 못한 일을 하느라 책상 위에 서류를 늘어놓으면 책상 주변을 맴돌며 안아달라고 하고, 몸이 으슬으슬해 잠시 누워 있으면 어느새 또 옆에 와서 안아달라고 한다. 애가 둘이면 둘, 셋이면 셋 모두 그렇게 퇴근한 엄마 옆에 옹기종기 모여 앉는다. 얘는 잠도 없냐고 할라치면 낮에 늘어지게 낮잠을 자면서 도우미 아주머니를 편하게 해주었다고 한다. 아이가 《개구리 왕자》

책을 가지고 오면 엄마는 처음 1시간은 입에 단내가 날 정도로 반복해서 읽어주어야 한다. 그다음 1시간은 왕자로, 또 1시간은 개구리로 변신해 놀아준 후에야 3시간의 마법이 풀리면서 아이는 비로소 엄마를 해방시키고 꿈나라로 간다. 이 시간이 너무 힘들어 많은 엄마들은 병원놀이, 시체놀이를 하기도 한다. 하지만 시체의 귀를 파던 악동 의사는 10분도 안 되어 시체를 막 때려서 부활시킨다. 살다 보면 직장에서 돌아왔을 때 아이가 벌써 잠든 운 좋은 날도 있다. 그런 날은 아이를 깨울세라 까치발로 들어가 조심조심 세수하고 행복하게 잠이 든다. 하지만 새벽 4시, 엄마가 출근 준비를 하기 정확하게 3시간을 앞두고 아이는 벌떡 일어나 엄마의 귀를 잡아당기며 놀아달라고 한다. 전날 밤에 못했던 《개구리 왕자》 읽기가 새벽에 다시 시작된다.

하루 3시간! 아이가 제대로 자라기 위한 매직타임이다.

매직타임 3시간을 발견하다

양육의 333 법칙

요즘 나오는 청소 로봇은 청소하다가 배터리가 떨어지면 스스로 전기 공급원으로 돌아가 충전한다. 아이는 나중에 청소 로봇을 만들 정도로 탁월한 존재로 성장하지만 그렇게 성장하기까지는 로봇과 마찬가지로 에너지 공급원으로부터 충전이 되어야 한다. 인간 아기의 에너지 공급원은 바로 부모이며, 충전 시간은 하루 최소 3시간이다. 아이는 자신의 근원이었던 부모에게서 에너지를 받아 존재감을 찾아간다. 아이는 당연히 자신이 맞출 부모가 좋은 사람이리라고 기대하며 세상에 나온다. 그 기대를 다른 사람도 아닌 부모가 꺾어서는 안 된다.

아이에게 시간을 주어야 한다는 말을 들으면 워킹맘들의 마음은 무겁다. 하지만 반가운 사실이 있다. 놀랍게도 아이들은 낮에 몇 시간 정도는 다른 사람과 지낼 수 있는 적응력을 발휘한다. 낯선 상황에서도 잠시는 버틸 수 있는 놀라운 적응력이 선천적으로 프로그래밍되어 있다. 하지만 자신을 배 속에 담고 있었던 사람에게 뇌를 맞추는 과정 또한 선천적으로 프로그래밍되어 있기 때문에 그 대상에게서 일정 시간 이상 보호받지 못하면 프로그램은 엉망이 된다. 특히 밤에는 반드시 따뜻한 보호를 받아야 한다. 아직 생명력이 약하기 때문에 해가 진 이후의 냉기를 엄마가 채워주지 않으면 불안을 느낀다. 우리나라같이 사계절이 있는 곳이든, 늘 추운 북극이든, 늘 더운 적도 지역이든, 해 진 후의 깜깜한 밤은 언제나 춥고 외롭다. 어른도 견디기 어려운 밤의 고독을 갓난아기에게 견뎌내라고 하는 것은 너무 가혹하다.

혹시 갓난아이가 밤을 모른다고 생각하는 사람이 있다면 커다란 오산이다. 아기는 빛과 온도, 냄새로 낮과 밤의 변화를 정확하게 파악할 수 있다.

따라서 엄마는 양육의 333 법칙을 반드시 기억해야 한다.

- 하루 3시간 이상 아이와 같이 있어주어야 하고,
- 발달의 결정적 시기에 해당하는 3세 이전에는 반드시 그래야 하며,
- 피치 못할 사정으로 떨어져 있다 해도 3일 밤을 넘기지 않아야 한다.

부모가 너무 바빠서 하루 이틀 밤 정도는 건너뛰어도 아이는 그동안 비축해놓은 사랑의 배터리 잔량으로 버틸 수 있다. 하지만 3일 밤이 넘어가면 위태로움을 느끼면서 부모에게 더욱 달라붙는다. 하루 3시간은 아이를 온전하게 자라도록 하는 매직타임이며, 3년은 엄마의 냄새와 온도를 제공해야 하는 최소한의 역치에 해당하는 시간이다. 3년 동안 제대로 투자했다면 4년, 5년 투자한 것과 아주 큰 차이는 없다. 하지만 3년을 제대로 채우지 못했을 때는 하늘과 땅 차이로 아이 인생이 달라진다.

제대로 채운 3년과 4년의 차이는 정서적 안정성이 좀 더 견고한가 약한가의 차이로 끝난다. 하지만 3년을 제대로 채웠는가 채우지 못했는가의 차이는 아이가 정상적인 발달을 할 수 있는가 없는가의 문제로 커진다.

남부럽지 않은 집안에서 태어났는데도 생후 3년 동안 부모의 사랑을 온전히 받지 못한 아이가 있었다. 어느 날 말끔한 신사복을 입은 30대 남성이 네 살짜리 여자아이를 데리고 병원에 왔다. 아이가 6개월이 되었을 때 엄마는 외국으로 유학을 떠났고, 도우미 아주머니가 키우고 있다고 했다. 그동안 아빠는 열심히 돈을 벌어 유학비를 송금했고 이제 다음 달이면 엄마가 있는 곳으로 가족이 모두 나갈 예정이라고 했다. 그런데 2주 전 아이와 아빠, 도우미 아주머니 셋이서 마트에 가다가 교통사고가 나서 아이가 크게 놀라 잠도 못 자고 자주 울었다. 무엇보다도 아이가 엄마라고 부르는 아주머니가 입원 치료를 받아야 해서 2주 동안 아이를 보살펴주지 못했는데 아이가 밤낮으로 아주머니만 찾으며 잘 먹지도 않았다. 정신과를 찾은 이유는 이 상태로 비행기를 탈 수 있는지 궁금해서였다.

정신과에는 기구한 사연이 있는 환자들이 허다하지만 이 집의 사연은 유난히 더 답답했다. 심지어 미스터리하게 느껴졌다. 치료가 목적이 아니라 검사만 받으러 온 환자들은 보통 자기 이야기를 하지 않는다. 그 아빠는 유난히 말을 아껴서 아이의 상태를 살피는 데 도움이 될 정보를 전혀 얻을 수 없었다. 어떤 사연으로 엄마가 6개월 된 아기를 두고 유학 갔는지, 그런 아내를 지지하며 다달이 유학비를 송금하는 남편의 기분은 어떠한지, 집안 어른들은 자식의 이러한 결정을 어떻게 생각하는지, 무엇보다도 3년이 넘도록 엄마가 딱 한 번 아기를 보러 왔다는 게 사실인지, 지금 상태에 이른 과정을 하나도 알 수 없었다. 아기 아빠가 엄마에게 큰 잘못을 저질러서 죗값으로(?) 아이도 키우고 돈도 부치게 되었나 하는 괜한 추측만 커질 뿐이었다.

검사를 해보나 마나 결과는 뻔했다. 아빠 옷자락만 잡고 늘어지며 울고 보채는데 어떻게 비행기를 탄단 말인가? 그래도 객관적인 지표를 제시하기 위해 검사했더니 정서 불안이 심각할 뿐만 아니라 언어 기능·운동 기능·사회 기능 등 모든 영역에서 발달이 늦었다. 아빠는 발달이 늦는 줄은 몰랐다고 했다. 도우미 아주머니에게서 들은 이야기가 없냐고 했더니 아주머니는 저녁이면 바로 퇴근하기 때문에 깊은 이야기를 나눌 시간이 없었다고 한다. 아이가 아주머니를 엄마로 부를 정도로 잘 따랐지만 아주머니도 집안 사정으로 입주할 형편이 아니었고, 아이가 아주머니 외에는 절대로 다른 사람에게 가지 않으려 해서 방법이 없었다고 한다. 그러다 보니 아빠가 늦게 퇴근하는 날이면 아이는 친가로, 외가로, 고모네로 옮겨 다녔다. 안정적인 환경이 제공되지 않았으니 발달이 늦은 것은 놀라울 일도 아니었다.

하지만 나는 아이의 발달이 늦다는 말에도 놀라지 않는 아빠가 가장 놀라웠다. "아이가 아직 어려서 그런 것이 아니냐" "자신도 어렸을 때 발달이 늦었다고 들었다"라는 말을 할 뿐이었다. 아이가 어린 것은 맞지만, 한 살이라도 어릴 때 안정된 환경에서 양육해야 더 이상 문제가 커지지 않는다고 말했다. 하지만 아빠는 아이가 비행기를 탈 수 없다는 말에만 크게 낙담했다. 이번에 가지 못하면 아내의 마음이 변할지 모르는데 수면제를 먹여서라도 비행기를 태우면 안 되겠느냐, 발달이 늦으면 차라리 외국에서 더 좋은 교육을 받을 수 있지 않겠냐는 질문만 했다. 아이가 잘못되어가는데 엄마 공부가 문제냐, 당장 엄마가 한국에 들어와야 한다고 설득해도 아빠는 아내가 2년만 더 공부하면 박사 학위를 받을 수 있는데 올 리가 없고, 애는 원래부터 자신이 키운다고 약속했기 때문에 강요할 수 없다며 고개를 저을 뿐이었다.

나는 그 아빠에게 "당신 바보요?"라고 소리치고 싶었다. 하지만 아무 말도 하지 못했다. 결정적 시기 3년 동안 방치된 아이의 암울한 미래가 어깨를 짓눌렀기 때문이다. 비행기를 탈 수 없는 아이는 그냥 도우미 아주머니에게 맡기고 아빠만 가겠다는 말이 튀어나올까 봐 두려워 고개를 숙이며 상담을 끝냈다. 배울 만큼 배우고 가질 만큼 가진 부모인지라 더 마음이 불편했다.

교수가 되겠다는 엄마의 좋은 머리를 물려받아 누구보다도 멋진 인생을 보장받은 아이였다. 하지만 부모의 잘못된 판단으로 결정적인 시기 3년 동안 온전한 돌봄을 받지 못해 잠재력을 펼치기는커녕 정상적인 발달조차 어렵게 되었다. 양육의 333 법칙이 얼마나 중요한지 다시 한 번 생각하게 된 사례였다.

매직타임 3시간의 놀라운 효과

앞서 태어난 후 3세까지는 발달에 있어 매우 중요한 시기이며, 그렇기 때문에 아이에게는 반드시 하루 최소 3시간이 필요하다고 했다. 하지만 그 시기 이후에도 이 법칙의 효과는 여전히 놀랍다.

딸아이가 초등학교 1학년 때, 유치원 친구였던 윤호의 엄마가 심리 상담을 받으러 왔다. 윤호는 싹싹하고 영리하여 귀여움을 많이 받는 아이였는데 다섯 살 때 이사 간 뒤로 통 만나지 못했다. 이야기를 들어보니 윤호가 다섯 살 때 부모가 정육점을 차렸다고 했다. 처음에 엄마는 낮에만 가게 일을 돕고 밤에는 아이를 돌볼 계획이었다. 그러다가 가게가 번창하자 딱 5년만 더 열심히 벌어보기로 계획을 수정했고, 그러다 보니 엄마가 밤 12시, 새벽 1~2시까지도 일하게 되어 밤늦게까지 아이를 봐줄 사람이 필요했다. 수

소문 끝에 시골에 사는 먼 친척 할머니를 찾은 윤호 엄마는 자신이 없다고 몇 번이나 거절하는 할머니께 아무것도 안 하셔도 된다고 설득해 겨우 아이를 맡겼다. 하지만 할머니는 조금만 힘에 부치면 아이를 그만 보겠다고 집을 나섰고, 윤호 부모는 할머니 눈치를 보기 바빴다.

윤호는 여섯 살이 되면서부터 유치원과 학원 세 곳에 다니느라 저녁때가 되어서야 집에 왔다. 자꾸 간식을 찾는다는 말에 과자를 한 보따리씩 사두고, 저녁을 먹은 뒤에는 엄마한테 데려다 달라고 보챈다는 말에 게임기를 사주었다. 그렇게 2년이 지나가는 동안 정육점은 계속 번창하여 윤호네 통장은 두둑해졌다.

그러던 어느 날부터 윤호의 얼굴에 종기가 나기 시작했다. 처음에는 여드름이 빨리 나나 보다 하며 연고를 발라주었다. 그런데 초등학교에 입학할 무렵이 되자 스테로이드 부작용으로 얼굴이 더 엉망이 되어 큰 병원에 가야 할 지경이었다. 아이는 얼굴을 긁어대느라 밤에 잠을 못 자고, 2차 감염이 되기도 했다. 또 피부과 약을 먹으면서 소화가 되지 않아 매일 배가 아프다고 했다. 책을 좋아하는 아이였지만 이제는 게임에 빠져 숙제도 제대로 하지 않았고, 밤에 잠을 설치다 보니 낮에 학교에서는 집중하지 못한다고 선생님에게 지적도 많이 받았다.

내가 윤호를 봤을 때는 얼굴이 많이 좋아진 상태였지만 엄마는 얼굴에 수심이 가득했다. 약을 먹을 때는 좋아지는데 끊으면 다시 제자리이고, 종기도 종기지만 무언가 잘못되어가는데 어떻게 해야 할지 모르겠다고 했다. 나는 윤호의 하루 일과를 자세히 들은 후, 예전처럼 돈을 벌지 못해도 아이를 고치고 싶은 마음이 확실히 있냐고 물었다. 엄마는 그렇다고 했다. 마음에 들지 않는 친척 할머니를 계속 있게 한 것도 사실은 아이를 잘 키우려고 선택한 방안이었기에 새삼 물어볼 필요가 없었지만 그래도 엄마의 굳은 의지를 확인해야 했다. 우선 정육점을 하다 보니 매일 고기를 먹고, 지나치게 과자를 많이 먹게 한 것을 지적하며 식단을 다시 짜야 한다고 말했다. 아이가 학교에서 돌아올 시간에는 일을 멈추고 집에 돌아가 아이를 맞이하고 직접 만든 간식을 챙겨주며 눈을 맞추고 웃어주라고 했다. 또 아이가 학원에 갔다 온 저녁 7시 이후에는 반드시 아이와 같이 있으라고 했다. 그게 처방의 전부였다. 더 상세한 처방이 필요했지만 가족의 생활에 큰 변화가 있어야 했기에 먼저 첫걸음을 떼는 것이 중요했다.

그렇게 윤호의 하루는 바뀌었다. 윤호는 저녁에 엄마와 같이 지내게 되었다. 엄마가 만든 간식과 반찬을 먹자 몸이 건강해지면서 점점 종기가 없어졌다. 3개월이 지났을 무렵, 엄마가 다시 병원을 찾아왔다. 다른 것은 회복되어가는데 게임 때문에 엄마 말을 듣지 않는다고 했다. 그제야 좀 더 상세한 처방을 내렸다. 게임 시간을 정해놓고 잘 지키면 다음 날 게임을 10분 더 하게 해주고 아이가 원하는 것으로 상을 주는 행동 수정 기법을 가르쳐 주었다. 또 엄마와 같이하는 게임을 하거나 밖으로 데리고 나가 탁구나 배드민턴을 치라고 했다. 그러자 원래부터 엄마를 무척이나 좋아하던 윤호는 엄마의 말을 잘 따랐고, 엄마와 많은 시간을 보내면서 차츰 심리적으로 안정되었다. 엄마에게 받지 못한 사랑에 대한 결핍감을 게임기로 보상받으려 한 것이기에 엄마의 진짜 사랑을 받는 시간이 늘어나자 게임기에 대한 의존성이 줄어든 것이다. 그렇게 3년이 지난 뒤 윤호는 얼굴도 말끔해지고 학교 대표로 지역 발표 대회에도 나갔다.

윤호 엄마가 저녁 시간에 따로 특별히 한 것은 없었다. 그냥 밥 차려주고 같이 게임도 하고, 가끔 책을 읽어주고 숙제를 봐주었을 뿐이다. 유난스럽게 보호하며 키우지도 않았고 잔소리도 하고 싶은 만큼 다 했다. 그저 엄마라면 하는 평범한 일상이었다. 하지만 그 시간에 아이가 얻은 것은 이전과 천지 차이였다. 혼자서 외롭게 양치질하고 눕는 잠자리에 비해, 잔소리에 귀가 아프지만 목이 아플 정도로 뽀드득 소리가 나게 세수를 시키는 엄마와 함께 드는 잠자리는 다음 날, 일주일 후, 3년 후 아이의 모습을 긍정적으로 변화시킨다.

한번 방향을 바로잡기 시작하자 그다음에는 계속 좋은 일만 일어났다. 심리적으로 안정된 윤호는 4학년이 되면서부터 책을 좋아하던 예전 모습으로 돌아가 알아서 학원에 가고 게임 시간도 조절했기 때문에 엄마는 아침에 간식을 미리 차려놓고 중간에 집에 들어오지 않아도 되었다. 대신 저녁 7시까지는 무슨 일이 있어도 집에 들어가 아이와 시간을 보냈다. 윤호는 더욱더 안정되었고 엄마는 마음의 여유가 생겼으며 아이에게 신경 쓸 일이 없어지니 아빠도 마음이 편해졌다. 무엇보다도, 엄마가 저녁 늦게까지 일하지 않아도 생각만큼 경제적으로 어렵지 않았다. 오히려 할머니에게 드리던 돈이며 간식비, 학원비를 줄이고 나니 더 효율적으로 살림을 할 수 있었다. 정말 3시간의 매직이 아닌가.

하지만 매직타임도 아이가 어릴수록 효과가 좋다. 처음에는 엄마 사랑의 대체물이었던 게임이 시간이 지날수록 강력한 힘을 지니며 아이를 중독으로 이끈다. 게임을 많이 하는 사람의 뇌는 마약을 하는 사람의 뇌와 비슷한 패턴을 보인다. 뇌가 그렇게 변해버리면 엄마 사랑의 약발은 떨어진다. 마약중독자에게도 엄마가 있다. 눈물로 호소하며 자식의 마음을 돌리려고 애쓰지만 그들에게는 엄마의 눈물이 너무 늦어버렸다.

아이에게 밥을 주듯 엄마의 3시간을 반드시 주어야 한다. 시간 맞춰 밥을 주듯이 3시간도 제때 제대로 주어야 한다. 엄마가 편한 시간이 아닌, 아이가 절실하게 원하는 시간에 주어야 한다. 윤호 엄마는 이 중요한 메시지를 단번에 알아듣고 실천했다. 덕분에 윤호의 문제는 더 이상 악화되지 않았다. 하지만 333 법칙을 무시하면 한결같이 끝이 좋지 않다.

매직타임의 시기를 놓친 한 엄마 이야기이다.

대학교에서 국문학을 전공했지만 결혼한 뒤 예상치도 않게 섬에서 남편과 함께 수산업에 종사하게 되었다. 드라마 작가가 되고 싶었던 엄마는 꿈을 이루기 위해 낮에는 일하고 밤에는 원고 쓰느라 아이에게 충분한 시간을 주지 못했다. 드라마 공모에 계속 떨어져 낙담하던 어느 날 문득 정신을 차려보니 어느새 5학년이 된 아들은 산만하기 이를 데 없고 만날 컴퓨터에만 매달렸다. 처음에는 남자아이니 산만하고 컴퓨터를 좋아할 수 있다고 무심히 생각했는데 산만함이 지나쳐 수시로 다치고 급기야는 비 오는 날 우산을 과격하게 휘둘러대다가 사고로 친구의 눈을 찌르고 말았다. 이 일로 담임선생님에게서 정신과에 가보라는 말을 듣자 신경이 쓰이기 시작했다. 사고를 수습하기 위해 병원에 찾아갔더니 아들이 당장 약을 먹고 치료를 받아야 하는 상태라는 진단을 받았다. 엄마는 섬에서 육지에 있는 병원에 다니기가 쉽지 않아 고민하다가 아는 사람을 통해 나에게 연락을 해왔다.

엄마의 질문은 간단했다. "약을 꼭 먹어야 해요? 병원에 꼬박꼬박 가는 것도 쉽지 않아요"였다. 이 엄마에게 윤호네와 같은 처방을 하는 것은 무리였다. 아이의 부적응은 이미 10년이 넘었다. 그리고 엄마에게 아이가 안정될 때까지 잠시 글 쓰는 시간을 줄이고 아이에게 집중해야 한다고 하자 글쓰기와 아이가 산만한 것이 무슨 관계가 있냐며 반문하기만 했다.

어쨌든 급한 불은 꺼야 했다. 아무리 힘들어도 병원에 꼬박꼬박 데려가고 증상이 심한 것 같으니 약을 반드시 먹이고 경과를 지켜보라고 했다. 이 상태로 중학교에 진학하면 더 많은 문제가 생길 테니 아이와 부모가 함께 최대한 빨리 심리 상담을 받아야 한다고 조언했다. 그 뒤로 그녀에게는 연락이 없다. 지인에게 듣기로는

"아이가 문제인데 왜 자기에게 문제가 있다고 보는지 모르겠다"라고 말했다 한다.

성인이 되기 전 아이 문제는 대부분 부모에게 원인이 있다. 이 엄마가 내 말에 귀를 기울여 뒤늦게라도 양육의 333 법칙을 실천했다면 아이가 중학교에 가기 전에는 회복할 수 있었으리라. 하지만 1년 뒤 아이가 학교 폭력 사태에 연루되어 본격적으로 정신과 치료를 받기 위해 육지로 이사했다고 하니, 엄마는 1년을 허비해버린 셈이다. 그녀는 생후 3년까지 지켰어야 할 첫 번째 양육의 333 법칙을 놓쳤고, 문제가 드러났지만 그래도 회복시킬 수 있었던 두 번째 333 법칙 또한 놓쳐버렸다. 지금이라도 꼭 아이와 부모 모두 행복해지는 매직타임을 제대로 보내기 바란다.

양육의 333 법칙 마지막 조건은 피치 못할 사정으로 떨어지게 되더라도 3일 밤을 넘기지 않아야 한다는 것이다. 이 주장의 근거는 독일의 심리학자 헤르만 에빙하우스Hermann Ebbinghaus의 망각 곡선이다.

아이가 태어났다. 옆에 있는 어떤 존재가 나를 안아주었다. 밤이 되어 잤다. 아침에 또 어떤 존재가 나를 안아주었다. 아이는 이 존재가 어제 그 존재라는 사실을 깨달으려면 밤새 기억해두었어야 한다. 아이가 기억해두었다 치자. 기억의 지속력은 얼마나 될까? 19세기 중반 에빙하우스는 16년 동안 기억에 대해 연구한 끝에 망각곡선을 발표했고, 이후 많은 심리학자들이 이를 입증했다. 에빙하우스는 기억한 뒤 하루가 지나면 그 내용의 70퍼센트를 잊어버린다고 했다. 따라서 그저께 밤에 나를 안아주었던 엄마가 어제 안 오고, 오늘도 안 오면 아기는 엄마를 기억하기 힘들어진다. 어른이 된 우리는 '기억'이라고 하면 영어 단어나 수학 공식만 생각하지만 갓난아기에게는 주변의 모든 사물이 기억 대상이다. 특히 자신이 생존하는 데 중요한 엄마는 필수 기억 대상이다. 엄마 냄새가 기억에서 오락가락하면 아이는 불안감과 혼란을 느끼게 되고 순조로운 발달이 이루어지지 못한다.

이런 주장을 하는 배경에는 개인적인 경험과 임상적 관찰도 크게 자리한다. 나는 아이들을 키우면서 이틀 밤 정도는 엄마 없이도 잘 넘긴 아이들이 3일째 밤에는 반드시 엄마 얼굴을 보려고 기를 쓰는 모습을 발견했다. 상담실에서 만난 수많은 엄마들을 통해서 전해 들은 증거는 훨씬 애틋하다. 아이의 돌잔치 후 양가 부모의 호의에 힘입어 3박 4일의 해외여행을 다녀온 부부가 입국장에서 반갑게 아이를 안으려 하자 아이가 엄마를 막 때리며 서럽게 울더니 이후 며칠 동안 엄마에게 거리를 두었다든지, 엄마가 갑자기 응급 수술을 받게 되어 18개월짜리 아이를 3일 동안 부모님께 맡길 수밖에 없었는데 퇴원 후 찾으러 갔더니 그토록 잘 먹고 잘 자고 방실방실 웃던 아이가 핼쑥한 얼굴로 마치 엄마를 처음 본 사람처럼 쭈뼛거렸다는 등의 이야기를 해준 엄마들은 모두 아직도 그때 생각을 하면 가슴이 아프거나 웃음이 나온다고 했다. 엄마와 3일 정도 떨어진 아이를 대신 봐주었던 분들은 한결같이 아이가 하루 이틀은 괜찮은 듯하다가 3일째 되는 날에는 유난히 더 짜증 부리고 밥도 안 먹더라는 말을 했다고 전했다. 또한 이틀 정도 손주와 즐거운 시간을 보냈던 조부모님들이 3일째부터는 신경질이 늘어난 손주를 보기 힘들어 빨리 데려갔으면 했다는 말도 많이 해주었다. 말 못하는 아기라도 본능적으로 위기감을 느끼는, 엄마 냄새 부재의 시간은 분명히 있다.

아이가 엄마 냄새와 품을 갈구하는 이런 모습은 태어나자마자 나타난다. 텔레비전 다큐 프로그램에서도 몇 차례 방영되었던 장면이 있는데 신생아에게 엄마의 양수를 묻힌 가제를 코에 대주면 입을 움찔하면서 평온하게 잠을 자고, 엄마의 젖과 다른 사람의 젖을 묻힌 가제를 각각 아기 얼굴의 양쪽에 대면 100퍼센트 엄마의 모유가 묻은 가제 쪽으로 고개를 돌린다. 한 엄마는 아이가 자신과 잠시만 떨어져도 빽빽 울어대어 화장실도 마음대로 못 가는 통에 친정어머니의 조언에 따라 자기 옷을 옆에 두고 갔더니 아이가 울지 않았다고 한다. 그러면서 "세상에 어느 누가 그토록 나를 좋아하고 필요로 할까요? 내 인생에 다시는 없을 경험일 거예요"라고 했는데 참으로 맞는 말이다. 이런 고달픔이 알고 보면 굉장한 축복이기 때문이다. 한때 많이 클릭되었던 미국 아기의 인터넷 동영상이 있다. 막 3개월 된 아이를 혼자 돌보던 아빠가 아들이 심하게 칭얼대자 혹시나 하는 마음에 아내가 빨래하려고 놔둔 셔츠를 가져다 댔더니 단번에 울음을 그쳤다. 엄마 옷을 꼭 잡고 방긋 웃는 아기 사진도 같이 게시되었다. 영상을 접한 사람들은 '너무 귀엽다.

엄마 냄새를 맡은 아이가 얼마나 빨리 진정되는지 볼 수 있어 흥미롭다' '아빠에겐 미안하지만 엄마가 얼마나 특별한 존재인지를 입증한다' 등의 댓글을 달았다. 처음에 이 영상은 '아기가 병으로 세상을 떠난 엄마를 애타게 찾아 할 수 없이 엄마 옷을 대주었다'는 눈물 나는 사연으로 소개되었는데 얼마 후 엄마가 잠시 외출했을 뿐이라는, 미소를 유발하는 내용으로 정정되었다. 비록 사실이 아니어서 다행이었지만 엄마가 세상에 없는 상황은 충분히 일어날 수 있는 일이다. 그러면 엄마 옷으로나마 엄마 냄새를 대체할 수밖에 없으니 살아 있는 엄마 냄새를 줄 수 있다는 것은 정말 큰 축복이다.

2

마음의 뿌리를
내리다

엄마가 좋은 사람이니 나도 좋은 사람이야

하루 최소 3시간의 매직타임이 필요하다고 했지만 3시간 동안 아이와 같이 있으려면 이런저런 시간까지 합쳐 어림잡아도 5시간 이상이 필요하다. 저녁 시간을 통째로 투자해야 하는 것이다. 3시간도 아니고 5시간이라니 누구 미치는 꼴 보고 싶냐고 흥분하려는 워킹맘을 진정시키기 위해 매직타임의 비밀을 알려드릴까 한다. 그 3시간 동안 도대체 무슨 일이 일어나기에 아이는 그렇게 엄마를 힘들게 하면서 3시간을 사수하려는 것일까? 결론적으로 말하자면 하루 3시간씩 3년은 아이가 평생을 살아갈 밑천을 마련하는 시간이다. 아이는 이 시기에 정서적 안정, 인성 발달, 사고 발달이라는 세 가지 큰 밑천을 만든다. 하지만 이 밑천은 애착이라는 종잣돈이 없으면 만들 수 없다. 3년 동안 하루 최소 3시간씩 얻어낸 엄마 냄새와 온도가 바로 애착의 종잣돈이 되어 정서와 인성, 사고 발달의 틀을 만든다.

아기는 이미 발가락 10개, 손가락 10개, 눈 코 입 등이 질서 있게 자리 잡은 몸을 갖고 태어나지만 마음은 혼돈 상태이다. 모든 아기는 태어난 직후 자폐 상태이다. 따라서 아직 엄마와 눈도 마주치지 못하고 엄마 냄새를 통해서만 자기가 안전한 곳에 있다는 사실을 알아차릴 뿐이다. 이 시기 아기는 얼마나 큰 나무가 될지 모르는 새까만 씨앗과 같다. 햇빛을 쬐고 산소를 충분히 받으면 어느 날 갑자기 씨앗이 껍질을 깨고 움터 나오듯, 부드러운 살갗과 숨결, 향기로운 엄마 냄새를 누리는 아기는 어느 날 마음의 문을 열고 싹을 틔우기 시작한다. 그 싹이 뿌리를 내리는 과정이 애착이다. 최종 목표는 열매와 꽃이지만 뿌리와 줄기가 없으면 꽃이 필 수 없는 것처럼, 애착이 안정되지 않은 상태에서 인성과 사고의 발달은 불완전하며 심지어 위태롭기까지 하다. 줄기 없는 꽃은 아무리 화려해 보여도 생명이 길지 않은 것과 같다.

애착이란 아기와 양육자 사이의 정서적 유대를 말한다. 아기가 따뜻하고 친근하고 지속적인 관계를 통해 만족과 즐거움을 느낄 때 형성된다. 애착이 안정되게 형성된 아기는 '나는 보살핌받을 만한 사람이야. 엄마는 좋구나. 내가 필요할 때 언제나 엄마가 있네.

세상은 살 만한 곳이네'라고 생각한다. 세상이 살 만하다고 느낄 때 아기의 마음은 세상에 뿌리내린다. 지구에서의 인생이 시작되는 것이다. 어렸을 때 보살핌을 잘 받은 아이는 '나는 소중한 사람'이라는 느낌을 갖는다. 이는 내적 개념으로 자리 잡아 청년을 거쳐 노년에 이르기까지 일관되게 영향을 미친다. 평생 동안 자신이 괜찮은 사람이라고 여기며 살지, 하찮은 사람이라고 여기며 살지가 이미 3세 무렵이면 결정된다.

아기에게 애착이 필수인 이유는 인간 세상이 처음부터 두 사람의 심리학이기 때문이다. 그 남자가 있기 때문에 예뻐보이고 싶고 그 여자가 있기 때문에 잘 살아보려 한다. 아빠 혼자서는 예식장에 들어갈 수 없고 엄마 혼자서는 아기를 만들 수 없다. 당연히 아기는 혼자서 자랄 수 없다. 사람은 다른 사람을 보며 산다. 만약 옆에 사람이 없다면 다른 대상에게라도 그렇게 한다. 어린 왕자는 장미꽃에게 그랬고, 우리 할머님들은 장독대에게 그랬다. 인간은 어떤 상황에서도 대상을 추구하는 존재이다. 절대 혼자 있으려고 하지 않는다. 대상을 추구하는 것은 엄마 배 속에서부터 시작된다. 먹고 자는 것만큼이나 인간의 기본적인 동기이다. 따라서 이 동기가 충족되지 않으면 아기는 올바른 인간으로 자랄 수 없다. 식물이 자라기 위해서는 햇빛, 공기, 물, 산소가 필요하듯이 아이가 자라기 위해서는 보호자의 밀착된 돌봄이 필수적이다.

아이가 애타게 바라는 것은 오직 부모의 관심이다

생후 3년 동안 엄마에게 안정적으로 애착을 형성한 아이는 이후 서슴지 않고 세상으로 나아간다. 살다가 어려운 상황이 닥쳐도 3세 이전에 준비해둔 마음의 종잣돈으로 잘 헤쳐나간다. 이제 아이가 혼자 있을 수 있는 시간에 따라 엄마는 1시간 동안 외출할 수도 있고 아이는 3시간 동안 어린이집에 있을 수도 있다. 점점 익숙해지면 아침에 학교에 가서 오후 3시까지 중간에 엄마를 찾지 않고 자신만의 세계에 머물다가 올 수 있다. 그렇게 3일 정도 수련회에 가고 일주일 동안 캠프에 가며 한 달 이상 배낭여행을 가고 2년 동안 군대에 다녀올 수 있게 되면 비로소 엄마 곁을 떠나 독립한다. 이제는 두 사람의 심리학에서 대상을 바꿔 엄마에게 한 달에 한 번 올까 말까 해도 전혀 불안하지 않을 만큼 성장하는 것이다.

이런 과정을 거치면 숨 돌릴 틈이 없었던 엄마도 이제는 식지 않은 커피도 한잔 마시고 붇지 않은 라면도 실컷 먹으며, 옆집 자식 핑계를 대며 자식의 등을 콕콕 찔러 제주도 여행도 다녀오고 하다가 안심하고 눈을 감는다. 아이는 이후에도 백 살까지 행복하게 살 거라고 믿으면서. 내가 죽어도 자식이 의연하게 살아갈 수 있는 것, 즉 자식이 심리적으로 완전하게 독립하는 것은 부모의 간절한 기도이자 모든 양육의 종착점이다. 이 기도가 이루어지려면 아이가 어렸을 때 애착이 견고하게 형성되어야 한다.

애착이 불안정하게 형성된 아이는 조금만 어려운 일이 닥쳐도 쉽게 흥분하고 좌절하고 울고 보채며 자주 아프다. 스트레스를 받는 상황에서는 독립적으로 대처하지 못하고 부모나 주변 사람들에게 의존한다. 심지어 먼 훗날 이혼한 후 제 자식 키워달라고 이제 좀 평온하게 살아가려는 부모의 인생 항로에 끼어들기도 한다. 어렸을 때 3년의 투자를 아꼈다가 30년 동안 뒤치다꺼리를 할 수도 있다.

애착 관계가 심하게 불안정하거나 아예 형성되지 않으면 마음이 튼튼하게 뿌리내리지 못해 건강한 줄기를 뻗지 못한다. 그 결과 성격과 정서에 문제가 생겨 삶이 위태로워진다.

21세 남자가 한 번에 10분 이상, 하루에도 수십 번 손을 씻는 심한 강박 증상으로 입원한 적이 있었다. 우울감이 심했고 화를 참지 못해 소리를 지르며 아버지에게 대들고 심지어는 칼을 들고 위협하기도 했다. 아버지를 죽이려고까지 하다니, 여기까지만 들으면 모든 게 이 사람의 잘못으로 보인다. 치료를 위해 그가 그동안 어떻게 살아왔는지 살펴보았다. 남자의 아버지는 계획하지 않은 임신을 했다고 아내의 배를 발길질했다. 출산한 뒤에도 부모는 끊임없이 싸웠고, 엄마는 백일도 되지 않은 아이를 집에 가두고 외출해 아이는 자주 밥을 굶었다. 혼자 있을 때 하도 우는 바람에 옆집에서 문을 부수고 들어와 아이를 달랠 정도였다. 엄마는 폭력도 모자라 외도까지 일삼는 남편에게 화가 나 결국 가출을 해버렸다. 원래 폭력적이던 아버지가 아이를 제대로 키울 리 없었다. 제때 기저귀를 갈아주지 않아 습진에 걸렸고, 대소변 가리기도 제 나이에 하지 못했다. 사람 만나기를 무서워해 유치원에 갈 수 없었고, 초등학교에 입학한 뒤에도 친구들과 전혀 어울리지 못했다. 학교 수업이 끝나기 무섭게 집에 돌아와 한시도 베개를 손에서 놓지 않고 어디든 껴안고 다녔다. 중고등학교에 가서도 친구들에게 돈을 빼앗기고 구타당하며 자주 결석하는 등 여전히 사회에 적응하지 못했다. 폭력을 일삼는 아버지를 피해 피시방에서 살다시피 했다. 아무리 힘겹게 살아도 입영 통지서는 여지없이 날아들었고, 공익 판정을 받았지만 사람들이 욕하는 소리, 사람을 죽이라는 환청 때문에 안절부절못하고 심하게 구토하는 증상을 보여 결국 면제되었다. 하지만 아버지에게 군대도 못 가는, 사람 구실 못하는 놈이라는 욕설을 매일같이 듣던 어느 날 강박 증상이 나타났고 아버지에게 칼부림을 하게 되었다.

애정 결핍을 베개를 통해 보상받으려 했던 이 남자의 처절한 이력을 추적하면 3세 이전에 애착 형성에 실패했으며 이후에도 결핍된 삶이 계속되었음을 알 수 있다. 남자는 사실 세상 모든 사람을 죽이고 싶었을 것이다. 매일 때리는 아버지와 자신을 버리고 도망간 엄마, 자신을 하인처럼 부렸던 친구. 하지만 남에게 아쉬운 소리 한번 못할 정도로 자아가 유약하기 때문에 결국 자신을 괴롭히는 강박증이 생긴 것이다. 손을 씻는 행위는 더러움을 없애려는 것으로, 아버지를 죽이고 싶은 잘못된 마음을 스스로 없애고자 하는 마음이 표출된 결과였다.

부모에 대한 원망을 자신에게로 돌린 또 다른 아이는 이제 겨우 초등학교 4학년으로, 심한 틱 증상 때문에 내원했다. 이 집 역시 아이가 태어난 후 하루가 멀다 하고 부모가 싸우다가 결국 이혼했다. 그 뒤 재혼한 아버지는 예전보다 안정적으로 지냈지만 아이를 할머니에게 맡긴 채 명절에만 새 아내와 함께 찾아왔다. 1년에 한 번 아이를 보러 오는 새엄마는 그날만큼은 아이에게 최대한의 친절을 베풀었고, 아이는 새엄마를 좋아해 '부모님과 같이 살고 싶다'는 소원을 갖게 되었다. 살아 있으면서도 찾아오지 않는 엄마의 냄새와 1년에 한 번, 그것도 먼발치에서 맡는 아빠와 새엄마 냄새가 그리워 아무것도 손에 잡히지 않고 하루하루 불안해했다. 애착 형성의 실패에서 비롯된 불안과 긴장이 틱 증상의 심리적 원인이며 이것이 지속된다면 그다음에는 얼마나 더 안타까운 증상이 나타날지 알 수 없었다.

부모와 정상적으로 애착이 형성되지 않으면 아이는 사회생활을 하기 어렵다. 아이는 부모의 관심을 정말 애타게 바란다. 부모의 관심을 받기 위해 일탈 행동을 하는 아이들이 얼마나 많은지 모른다. 성난 목소리이고 이름 끝에 욕이 붙더라도 유일하게 아버지가 자기 이름을 부를 때가 사고를 칠 때뿐이어서 그렇다.

내가 먼저 다가갈게 내 엄마가 나에게 왔듯이

이렇게 중요한 애착은 당연히 엄마가 먼저 다가가야 시작된다. 아기는 오리처럼 태어나자마자 엄마에게 걸어올 수 없기 때문이다.

'네가 오지 못하면 내가 갈게. 과거에 내 엄마가 나에게 왔듯이.'

이런 마음으로 아이에게 줄 시간을 마련하는 것이 엄마의 첫 번째 출산 준비물이어야 한다. 하지만 많은 엄마들이 애착을, 3년의 시간을 그리 중요하게 생각하지 않는다. 자식 외에도, 아니 자식보다도 더 신경 쓸 일이 너무 많기 때문이다.

결혼한 지 10년이 넘도록 임신이 되지 않은 여성이 있었다. 시험관아기 등 해볼 수 있는 모든 방법을 써도 아기가 들어서지 않아 속상했지만 친정 형제까지 먹여 살릴 만큼 사업이 크게 번창했고, 부모님에게 집도 사드리는 등 돈 버는 능력이 뛰어났다. 그러다가 극적으로 임신해 신의 선물이라 여기며 태교도 열심히 했다. 하지만 집은 친정 근처의 경기도 일산이고 회사는 서울 강남구에 있는지라 아무리 빨라도 9시 전에는 집에 돌아오기 어려웠다. 일을 잠깐 쉴까도 생각했지만 엄청난 수입을 포기할 용기가 나지 않았다. 가족 가운데 아이를 봐줄 만한 사람도 없어 고심 끝에 9시까지 아이를 봐줄 도우미를 구했다. 이 사람은 왜 그토록 아이를 원했을까? 10년간 기다린 아이를 단 3년 동안, 최소한 저녁 시간만이라도 곁에 있어줄 수 있는 방법은 정말 없었을까? 고수익을 올리는 사업체를 운영한다는 명분은 분명 가치 있지만, 아이는 이 명분을 뛰어넘는 최고의 가치임을 정말 몰랐을까?

정신의학자 빅토어 에밀 프랑클Viktor Emil Frankl은 아우슈비츠에 강제수용되어 언제 죽음을 맞을지 모르는 불안한 시간을 보냈다. 매일 수십 명씩 죽어 나가는 수용소에서 희망이라고는 전혀 없었지만 프랑클은 마음의 눈으로 자신의 미래를 보기 시작했다. 미래에 청중에게 강연하는 모습을 그리면서 반드시 그렇게 될 것이라고 믿었다. 그의 믿음대로 프랑클은 기적같이 살아서 대중에게 강연을 하게 되었다. 그리고 어떤 환경에서도 의미를 깨닫고 의지를 발휘하면 외부 환경과 상관없이 행복하다는, 삶의 의미를 찾는 심리 치료 방법, 로고테라피logotherapy를 전파했다.

스승의 뜻을 받들어 의미 있는 삶에 대해 평생 연구해온 프랑클의 제자들은 삶의 의미를 찾는 가장 쉬운 방법은 '누군가의 곁에 있어주는 일'이라고 말한다. 따뜻한 눈으로 상대를 봐주는 일, 특히 약한 아이를 봐주는 일은 우리의 삶에서 그 어떤 것보다도 가치와 의미가 있다. 그리고 그 의미를 찾은 이상 우리는 이미 무상으로 로고테라피를 받는 셈이다.

이런저런 일로 상심해 드러누웠던 엄마들이 심리 치료를 받지 않고도 자식이 학교에서 돌아왔을 때 벌떡 일어나는 것은 자신의 삶에서 의미를 찾았기 때문이다. 그래서 우리가 '누구 엄마'라고 불리는 것이다. 자식 때문에 산다는 것은 절대로 변명이나 합리화가 아니다. 비겁한 것은 더욱 아니다. 주체성이 없다는 것은 현학자들의 말장난일 뿐이다. 자식 때문에 사는 당신은 지구에서 몇 안 되는 진실하고 순수한 의미 중 하나를 찾아서 실현하고 있는 셈이다. 자식 때문에, 자식을 위해 산다는 것은 실로 큰 용기가 필요한 일이다.

자식이 우리 삶의 의미가 되려면 자식이 어렸을 때는 우리가 그들의 의미가 되어주어야 한다. 엄마만 있으면 안심되고 엄마만 있으면 맛있는 것을 먹을 수 있고 엄마만 있으면 뽀송뽀송한 이불에서 잘 수 있어서, 엄마만 있으면 살 수 있을 것 같아야 한다. 즉 엄마는 한때 자식의 삶의 의미이다. 물론 자식이 스무 살쯤 되면 이제는 그들이 스스로 의미를 찾을 수 있도록 예전보다 거리를 두어도 된다. 이때는 오히려 자식이 내 삶의 유일한 의미가 되거나 자식의 유일한 의미가 엄마가 되어서는 곤란하다. 자칫하면 자식을 향한 집착이 되기 때문이다.

가끔은 자식이 성인이 되어서도 엄마가 여전히 큰 의미로 남아 있을 때가 있다. 하버드대학교 뇌 과학자 질 볼트 테일러Jill Bolte Taylor는 37세 때 뇌가 손상되어 언어능력을 잃었다. 인정받는 박사였던 자신을 바보처럼 쳐다보며 흉한 물건을 대하듯 험하게 다루는 사람들 때문에 혼란과 좌절, 무력감, 분노에 휩싸인 그녀에게 어느 날 담당 의사가 '내일 엄마가 올 것'이라고 말했다. 그 말을 들은 테일러는 한참 동안 고민했다. 엄마? 엄마? 엄마가 뭐지? 밤새 그 단어를 되새기다가 마침내 의미를 깨달았을 때 비록 말로 표현할 수 없었지만 갑자기 설레고 흥분되며 안심이 되고 이제 낫겠구나, 싶었다고 한다. 그리고 테일러는 엄마의 도움을 받아 기적적으로 회복했고 8년 동안의 투병 생활에서 깨달은 사실을 정리해 《긍정의 뇌》라는 책을 쓰고 수많은 청중에게 강연했다.

엄마는 기적을 일으킨다. 상담실에서 만난 많은 아이들은 이렇게 말하곤 한다.

"내가 가장 무서워하는 것은 엄마랑 영원히 살지 못하는 것이다."

우리가 자식을 앞에 두고도 밖에서만 의미를 찾으려는 것은 잘못 배워서이다. 10년 만에 아이를 가진 여성이 3년만이라도 아이에게 자신의 온전한 시간을 주지 않으려는 것은 본능보다 생각을, 직감보다 정보를, 마음보다 외형을 중요하게 여기는 잘못된 세상에 젖어 있기 때문이다. 사실 이 여성은 대한민국의 평균적인 모습일 뿐이다. 돈을 많이 버는 것이 누구도 부인하지 않는 사회 공동체의 목표가 되어 가장 약한 아이들이 온몸으로 부작용을 겪고 있는데도 인식하지 못하는 것이 지금의 현실이다.

이제부터라도 아이에게 하루에 최소 3시간 이상 부모의 냄새와 온도를 제공해 애착을 안정되게 형성하는 것이 중요하다는 사실을 배우고, 깨닫고, 기억하면 되리라 믿는다.

심리검사 가운데 '문장완성검사'라는 것이 있다.

'내가 어렸을 때는 _____' '우리 엄마는 _____' 등 30개 이상의 주제에 대한 문장을 완성하는 검사로, 간단하지만 검사 대상자가 특별히 방어하지만 않는다면 심리 상태를 잘 드러내는 신뢰로운 검사이다. 폭력적인 행동으로 학교에서 문제를 일으키는 아이의 엄마가 이렇게 썼다.

'언젠가 나는 우리 아들을 훌륭하게 키우고 싶다.'

또 심한 우울증으로 내원한 아이의 엄마는 이렇게 썼다.

'내가 가장 바라는 것은 캄보디아에 우물을 만드는 것이다.'

모두 훌륭하다. 하지만 언젠가가 아니라 지금 당장 아이를 훌륭하게 키울 수 있다. 또 캄보디아에 가서 반드시 우물을 팠으면 한다. 하지만 그 전에 자식의 갈증을 먼저 풀어주자. 캄보디아에 우물을 만들려면 시간과 돈이 필요하지만 자식의 갈증을 풀어주는 것은 지금 당장 돈 한 푼 없어도 할 수 있다. 너무 멀리 돌아서 삶의 의미를 찾으려 하지 말고 내 눈을 말똥말똥 쳐다보는 아이에게 지금 딱 필요한 것, 안정된 애착 관계를 만드는 일에 먼저 마음을 모아보자.

3

마음의 줄기가
자라다

애착 준비, 발달 시작!

부모와 안정적으로 애착을 맺은 아이는 세상을 신뢰하고, 마음의 뿌리에서 세상 밖으로 줄기를 뻗는다. 자아가 본격적으로 발달하기 시작하는 것이다. 신뢰감이란 말 그대로 누군가를 믿을 수 있는 감정이다.

'이 사람이 나를 좋아하는구나.'

'이 사람이라면 내가 믿고 몸을 맡길 수 있겠구나. 그렇다면 내가 이 사람에게 뇌를 맞출 만하지. 그래, 너를 나의 파트너로 명하노라.'

이런 결정을 내려야 아이의 자아는 본격적으로 발달한다. 반대로 신뢰감이 형성되지 않으면 아이는 이 사람에게 자신의 뇌를 맞출지 망설인다. 그 결과 선천적으로 프로그래밍된 자아 발달 과정은 이미 시작되었지만 상당히 비효율적이고 산만한 형태로 발달한다. 목적지를 정하지 않고 여행을 떠나면 계속 경로를 재탐색해야 하듯이.

세상에 대한 신뢰감을 토대로 뇌가 본격적으로 발달할 때 가장 먼저 문이 열리는 곳은 정서 뇌 영역이다. 정서 뇌가 안정되면 당연히 성격 좋은 아이로 자란다. '성격이 좋다'는 것을 정의하기는 어렵지만 나쁜 성격에 대해서는 누구라도 한 보따리씩 이야기할 수 있다. 태어나면서부터 나쁜 성격을 갖고 나오지 않는 이상, 대부분 정서적으로 불안한 상황이 지속되면서 나쁜 성격이 만들어진다. 생활이 안정되고 아이가 불안을 느끼지 않고 자란다면 그만큼 좋은 심성을 갖기 쉽다. 정서와 성격은 쌍둥이 같다.

정서가 안정되면 낙관적인 성격이 된다. 낙관적인 성격의 가치가 드러나는 순간은 어려운 상황에 놓였을 때이다. 인생은 우리가 원하는 대로 펼쳐지지 않기에 누구나 어느 정도 불만족을 겪을 수밖에 없는데, 성격이 낙관적인 사람은 불만족스러운 상황에서도 부정적인 감정을 빨리 털어버리고 현실적인 해결 방법을 찾아낸다. 낙관적인 사람은 스트레스 상황도 '해볼 만한 도전'으로 받아들이고 해결에 전념한다. 발명 천재 에디슨은 2,000여 번의 실험에 실패하고 나서야 전구 발명에 성공한 후, 수많은 실패를 했을 때 실망하지 않았냐는 기자의 질문에 이렇게 말했다고 한다.

"한 번도 실망한 적이 없습니다. 단지 실패하는 방법 2,000가지를 알았을 뿐입니다."

그는 이렇게 낙관적인 태도 덕분에 세상을 들었다 놓는 대발명을 할 수 있었다. 이런 낙관적인 태도는 생애 초기에 세상에 대한 신뢰감이 형성되어 있어야 나오며 그 신뢰감을 만드는 것은 당연히 엄마이다. 에디슨이 알을 품고 있을 때 그의 엄마가 야단쳤다는 말은 들은 적이 없다. 심지어 학교에서 더 이상 공부를 가르칠 수 없다고 포기했을 때조차도 아이를 믿으며 집에서 공부시켰다. 엄마의 이런 태도가 에디슨으로 하여금 부모에게, 더 나아가 세상에 무한한 신뢰를 느끼고 세상을 낙관적으로 바라보게 했을 것이다. 현실적으로 생각하면 에디슨은 자신을 퇴학시킨 학교와 사회에 불만을 품고 좋은 머리를 나쁜 방향으로 쓸 수도 있지 않았을까? 오늘도 하루 종일 전구 밑에서 보낸 우리는 에디슨을 낙관적인 사람으로 키워낸 그의 어머니에게 감사해야 할 것이다.

내가 가장 행복한 때는 엄마 아빠와 신나게 웃을 때

심리학자 마틴 셀리그먼Martin Seligman은 낙관성을 좀 더 체계적으로 연구해 낙관적인 아이가 청소년기, 성인기에 우울증에 걸리지 않고 더 행복하고 성공한다고 발표했다. 이렇게 장점이 많은 낙관성을 아이에게 길러주려면 어떻게 해야 할까?

어떤 것이든 가장 쉬운 방법은 가능한 한 아이가 어렸을 때 시도하는 것이다. 금연 교육이 최대 효과를 낼 수 있는 방법은 담배를 피워 끔찍하게 망가진 폐 사진을 초등학교 2, 3학년 때 보여주는 것이다. 이 강렬한 시각적 이미지는 아이의 뇌에 깊이 박혀버린다. 중학생 이상 되면 그 전에 이미 강렬하고 흥미로운 그림을 많이 보았기 때문에 망가진 폐 사진 한 장이 초등학생 때만큼 자극을 주지 못한다. 이런 말을 하면 많은 부모들이 어렸을 때 충격적인 사진을 많이 보여주면서 아이를 가르치겠다고 하는데, 그건 또 아니다. 과유불급이라고, 자극을 너무 많이 주면 망가진 폐 사진의 효과는 자극에 가려져 본래 목적을 이루기 힘들다. 따라서 어느 집이든, 정말로 아이가 하지 않기를 바라는 것을 다섯 개 이내로 정해 어렸을 때부터 꾸준히 보여주고 들려주고 일러주는 것이 좋다. 우리 집은 어릴 때부터 담배를 피워도 그만이라면 망가진 폐 사진을 굳이 보여주지 않아도 된다. 하지만 담배는 정말 해로우니 그런 가정은 없으리라 생각한다.

본론으로 다시 돌아가, 낙관적인 아이로 키우는 방법은 많지만 이 책에서는 아이가 어렸을 때부터 자연스럽게 시도하면 큰 효과를 볼 수 있는 두 가지 사항을 말하려 한다. 하나는 통제감을 갖도록 일관되고 규칙적으로 키우는 것이고, 또 하나는 많이 웃게 하는 것이다.

■ 낙관적인 아이로 키우는 비결 1 통제감을 갖게 하라

아이를 낙관적으로 키우는 비결은 생애 초기, 특히 생후 3년 동안 아이를 일관되고 규칙적인 방식으로 키우는 것이다. 일관성과 규칙성이라는 말의 어감상 아이를 로봇 취급하는 것 같기도 하고 대단한 노력이 필요해 보이지만 사실 매우 간단하다. 이 시기의 아이들이 하는 일이란 먹고 자고 싸고 울고 웃는 게 전부이다. 따라서 아이가 배고파할 때 빨리 젖을 주고 기저귀가 축축할 때 바로 갈아주고 울 때 즉시 안아주어 토닥거리면서 마음을 안정시키면 부모가 할 일은 끝이다. 아이가 힘들어할 때 즉각적으로 위로해주고 네 곁에 우리가 있다는 메시지를 일관되게 전해주면 된다. 굳이 돈을 들여 '우리 아이 낙관적으로 키우는 캠프'에 데리고 갈 필요가 없다.

하루의 많은 시간을 일관되고 규칙적인 방식으로 보내면 아이는 통제감을 느낀다. 내가 통제할 수 있다는 자신감이 있어야 불안하지 않고, 불안하지 않아야 낙관적인 사람이 될 수 있다. 아기가 젖 먹을 때를 생각해보자. 아기는 엄마 젖을 먹을 때와 분유를 먹을 때 다른 행동을 보인다. 젖을 먹을 때 대부분의 아기는 얼굴을 엄마 몸에 최대한 붙이고 손을 엄마 젖에 대고 먹는다. 이렇게 해야만 젖을 편하게 먹을 수 있기 때문인데, 손을 쓰는 모든 동물이 공통적으로 보이는 모습이다. 하지만 분유를 먹을 때는 아이마다 독특한 행동이 나타난다. 어떤 아기는 자신의 머리카락을 빙빙 돌리면서 먹고 어떤 아기는 자신의 귀를 만지면서 먹는다. "맘마 먹

자"라고 하면서 안으면 아기는 눈 깜짝할 사이에 각자 독특한 자세를 취한다. 사랑스러운 아기에게 분유를 먹이면서 모든 엄마들은 눈을 반짝이며 말한다.

"이것 봐, 애는 꼭 이러고 먹어야 돼. 이렇게 하지 않으면 분유를 못 먹을 것처럼 말이야, 웃기지 않아요?"

천만에요, 아기는 지금 엄청난 법칙을 체득하고 있답니다.

아기는 자신이 터득한 독특한 자세를 취해야 먹을 것을 얻는다고 생각하기 때문에 이런 행동을 한다. 엄마는 아기가 무슨 행동을 해도 분유를 주지만, 아기는 자신만의 대처 방식을 만들어간다. 짧으면 3개월에서 평균 6개월 정도 자신만의 자세가 일관되게 통하면 아이는 자신이 무언가를 해서 먹을 것을 얻었고, 이러한 원인과 결과의 연합이 앞으로도 계속 유지될 거라고 믿으며 세상에 대한 통제감을 갖는다. 통제감이 지속되면 아기는 세상을 차츰 만만하게 여기면서 흡족한 감정을 느끼는데, 이것이 낙관성의 토대가 된다.

낙관성은 안전하고 만족스러움을 느끼는 감정의 측면과 내가 세상을 통제할 수 있다는 사고의 측면으로 이루어진다. 이 두 가지 조건이 모두 충족되어야 낙관적인 사람이 된다. 아기가 어느 정도 세상에 통제감을 가지면 이제는 굳이 머리카락을 돌리거나 귀를 만지지 않고도 분유를 먹는다. 자신감이 생긴 것이다. 그때까지는 아이에게 즉각적이고 일관되게 반응해주는 것이 중요하다. 아이가 개발해야 하는 수많은 행동 가운데 젖을 먹는 것 하나만 봐도, 어떨 때는 가만히 있어야 주고 어떨 때는 머리를 꼬아야 주며 어떨 때는 무슨 짓을 해도 주지 않고 어떨 때는 배가 불러 터질 지경인데도 계속 준다면 아이는 통제감과 만족감을 느끼지 못한다. 당연히 비관적이고 짜증을 부리는 성격이 될 것이다.

즉각적이고 일관되게 반응해주려면 양육자도 일관되어야 한다. 아무리 대리 양육자에게 우유를 줄 때 엄마와 같은 자세로 주라고 일러도 아기는 냄새와 촉감으로 이미 알아차린다. 아기는 엄마의 말과 행동과 마음을 다 읽고 있다.

'흥, 나도 다 안다. 하지만 지금은 배도 고프고 뇌가 급히 포도당을 원하니 잠시 참지. 우유를 다 먹으면 부드러운 진짜 엄마한테 안아달라고 해야지. 참, 3일 전부터 해가 져야 들어오던데 앞으로도 계속 그럴까? 좋아, 나를 뚫어지게 처다보면서 의미심장한 얼굴로 중얼중얼하면서 저녁에 만나자고 한 것으로 보아 꽤 중요한 일이 있는 것 같으니 그것도 좀 참기로 하자. 하지만 해 지고 기온이 낮아진 후에도 오지 않으면 난 정말 힘들어. 저녁만이라도 부드러운 진짜 엄마의 체온이 있어야 에너지를 얻을 수 있어. 침팬지 놈을 쥐어박고 싶다. 헝겊으로 만든 가짜 엄마에게 매달려서 인간 과학자를 기쁘게 해주었다지. 과학자의 발견이라면 덮어놓고 따라 하는 사람들이 많은데 진짜 엄마도 그걸 따라 하면 안 되는데…. 침팬지와 나의 뇌 구조가 99퍼센트 같다는 이유로 나를 침팬지 취급하면 곤란한데…. 그 1퍼센트 차이는 우주에 다른 지구를 하나 만들 수 있을 만큼 엄청나다는 걸 진짜 엄마가 알아야 할 텐데…. 어제는 엄마가 그리워서 베개를 힘껏 안고 잤는데 엄마가 그걸 보고 반성하기는커녕 이제 됐다, 베개를 하나 더 사줘야겠다는 말을 하더라고. 농담이겠지? 날 낳은 엄마가 그 정도로 생각이 없지는 않겠지?'

■ 낙관적인 아이로 키우는 비결 2 많이 웃게 하라

아이를 많이 웃게 해주는 것은 낙관적인 아이로 키우는 가장 간단한 방법이다. 일관적이고 규칙적인 방식으로 보살펴서 세상에 대한 통제감을 경험하게 해주었다면 이후에는 많이 웃게 해서 만족스러운 감정을 자주 느끼게 해주어야 한다. 기분이 좋고 통제할 수 있다는 자신이 있으면 웬만한 문제는 다 해결할 수 있다. 우리 어른들도 그렇지 않은가.

아이들도 매일 기분이 좋을 수는 없으니 가끔은 부모님의 이벤트가 필요하다. 어떤 이벤트가 좋을까? 앞서 소개한 문장완성검사에는 '내가 가장 행복한 때는 _____이다'라는 항목이 있다. 아이들이 이 문장에서 가장 많이 쓰는 내용은 무엇일까?

바로 '엄마 아빠와 놀이동산 갔을 때'이다. 부모가 돈을 벌지 못하든 평소에 화를 잘 내든 상관없이 손잡고 놀이동산에 가면, 아이는 그것을 평생의 행복한 기억으로 간직하며 설사 부모가 잘못했어도 다 용서해준다. 그런데 도대체 아이들은 왜 이렇게 놀이동산에 목숨을 걸까? 더 화려하고 멋있는 장난감이나 더 맛있는 음식

점이 많은데 왜 아이들은 이구동성으로 놀이동산을 외칠까? 나에게 이 궁금증이 풀린 것은 30대 초반에 놀이동산에 갔을 때였다. 그때까지 나는 놀이동산은 애들이나 가는 곳으로 생각해서 가본 적이 없었다. 어느 날 직장 행사 때문에 놀이동산에 가게 되었는데 에스컬레이터가 놀이동산으로 올라가는 순간, 나는 해리 포터가 호그와트에 가기 위해 9와 4분의 3 플랫폼에 들어갔을 때 느꼈을 황홀한 기분을 경험했다. 쿵작쿵작 음악 소리에 심장이 고동쳤고 눈앞에서 현란하게 돌아가는 회전목마에 다리가 풀렸다. 어른인 나는 없고 어린 내가 있을 뿐이었다. 아이들은 회전목마에 대한 환상이 있다. 여자들이 웨딩드레스에 대해 가지고 있는 환상과 같다고 하면 어머니들은 충분히 공감할 것이다. 그 회전목마를 현실 세계에서 연결된 에스컬레이터 바로 앞에 배치한 것은 정말 대단한 센스였다!

놀이동산에는 행복한 분위기가 있다. 현실 공간이 일시적으로 환상의 공간으로 변한다. 그곳에서는 엄마 아빠가 모두 환하게 웃는다. 엄마도 나처럼 놀이 기구를 타면서 소리를 지르고 아빠도 나처럼 아이스크림을 더 먹겠다고 혀를 날름댄다. 피터 팬의 나라에 온 것이다. 평소에는 안 된다고 하는 아이스크림, 콜라, 피자도 마구 사준다. 사실, 딱히 달리 사줄 만한 것이 없어서이지만.

회전목마에 대한 환상은 어른이 된 뒤에도 여전히 남아 있다. 다만 점잖은 척하며 억누르고 있을 뿐이다. 그러니 놀이동산의 문을 넘어서는 순간 어른도 아이처럼 마법에 걸린다. 특히 근엄한 척하는 아빠들이 마법에 걸리는 순간은 그 자체가 코미디이다.

무엇보다도, 야외에서는 모든 사람이 좀 더 여유로워진다. 아이들도 그것을 안다. 아이들이 놀이동산을 최고의 행복한 장소로 기억하는 가장 큰 이유는 그곳에서 엄마 아빠도 신나게 웃기 때문이다.

하지만 굳이 놀이동산에 가지 않아도 집에서 엄마 아빠가 많이 웃는다면, 같이 엉겨서 씨름도 하고 배드민턴 치고 아이스크림도 왕창 사주는 이벤트를 자주 해준다면 아이들은 충분히 행복해한다. 실제로 낙관적이고 행복한 아이들의 문장완성검사 내용은 이렇다.

'내가 가장 행복한 때는 엄마 아빠와 신나게 웃을 때.'

우리나라의 많은 아이들이 이렇게 글을 완성했으면 좋겠다.

다시 한 번 강조하고 싶다. '내가 가장 행복한 때는 엄마 아빠와 신나게 웃을 때'이다.

자연은 종합 선물 세트이다

그럼에도 아이와 신나게 웃는 것을 힘들어하는 부모가 의외로 많다. 사실 아이와 노는 것이 쉬운 일은 아니다. 아이는 부모와 정신 수준이 다르니 즐거움의 대상과 영역이 다를 수밖에 없다. 아이와 공감대를 늘려가는 방법 가운데 최고는 자연으로 나가는 것이다.

자연으로 나가면 아이들은 스스로 놀 거리를 찾는다. 다치지만 않게 신경 써주면 집에 갈 생각도 하지 않고 몇 시간이고 즐겁게 논다.

개인적으로 실내놀이터에 대해 부정적인 편이다. 어떤 놀이든 몸과 뇌를 발달시키며, 재미있기는 하지만 실내놀이에는 한계가 있기 때문이다. 무독성 재질로 만든 시설이라 해도 실내의 탁한 공기까지 제대로 관리하기는 힘들 것이다. 아이를 잠시 맡긴다고 해도 1시간 정도이고, 아무래도 인공적인 놀이의 성격이 강하다.

그 시간에 차라리 자연으로 데리고 나가는 것이 백번 낫다. 돈도 안 들고 아이 스스로 장난감을 찾느라 창의력이 놀랄 만큼 발달한다. 자연 속에서는 엄마 아빠도 진정한 휴식을 취할 수 있다.

어른과 달리 아이에게 자연은 넋이 빼앗길 정도로 재미있는 대상이다. 때로는 부모가 하기 어려운 것을 대신해주기도 한다. 우리 가족은 틈만 나면 집에서 30분 걸리는 안양계곡으로 나가곤 했다. 처음에는 딸아이의 아토피를 치료해볼까 싶어 나섰는데 일요일 오후에 부담 없이 갔다 올 정도로 가깝고, 저렴하고 맛있는 음식점이 많아 자주 다니게 되었다. 안양계곡에 자주 나가면서 딸아이의 아토피가 좋아졌을 뿐만 아니라 큰아이도 달라졌다. 아들은 또래에 비해 키가 큰데도 심성이 여리고 예민한 편이라 체격이 작은 친구가 거친 말을 해도 상처 받고 속으로 삼킬 때가 많았다. 특히 새 학기에는 낯선 상황에 적응하느라 긴장을 많이 해서 감기도 자주 걸렸다. 이런 성격적인 부분은 잔소리를 해서 개선되거나 너도 맞짱 뜨라는 무책임한 말로 해결될 것도 아니어서 시간이 약이겠거니

하며 냉가슴을 앓을 때가 많았다.

아들이 초등학교 4학년 때부터 시간 날 때마다 숲으로 강으로 데리고 다녔는데 어느 날 문득 아이를 보니 감기도 잘 걸리지 않을 만큼 건강해져 있었다. 뿐만 아니라 무엇보다도 아이가 능글능글 두꺼비처럼 변하기 시작했다. 웬만한 잔소리나 야단에도 토라지지 않고 항상 둥글둥글 잘 넘기며 아무거나 잘 먹고 다 맛있다고 했다.

중학교에 입학한 후 한 달도 되지 않아 체육 시간에 한 아이가 친구들의 바지를 장난으로 벗기다가 주먹다짐까지 간 사건이 있었다. 이 친구의 장난을 받아주지 않고 화를 냈다가 맞은 아이들이 꽤 많다는 말을 듣고선 아들에게 물었다.

"너는 걔한테 안 맞았니?"

"안 맞았어요."

"네 바지는 안 벗겼니?"

"벗겼죠."

"그런데?"

"그냥 웃으면서 그러지 말라고 했어요."

"그랬더니?"

"가던데요?"

"그럼 또 그러면?"

"그때는 진지하게 말해야죠."

예민했던 내 아들이 맞는가? 언제 이렇게 컸을까? 문득 자연의 힘 덕분이라는 생각이 들었다. 자연 속에서 뛰고 흐르는 물을 거슬러도 가보고 올챙이가 개구리로 변하는 모습을 지켜보면서 마음속의 여린 부분이 알차게 영글어간 것이다. 몇 년 동안 부모의 골머리를 썩이던 일도 자연에서는 자연스럽게, 빠른 속도로 해결되는 경우가 많다. 더욱이 아이가 돌아다니는 시간에 나는 물가에서 쉬면서 정말 아무것도 하지 않았다. 머리만 쓰고 몸은 게으름뱅이인 엄마는 산바람을 맞으면서 꿀맛 같은 휴식을 즐겼다. 부모는 편히 쉬고 아이는 공짜로 자라는 곳, 자연이 답이다. 그리고 자연 속에서는 아이 엄마가 잠깐 눈을 붙여도 아빠도 애들하고 노느라 투덜대지 않는다.

낙관적인 성격을 차곡차곡 키워가는 아이와는 일상적인 대화도 즐거움이 된다. 어느 날 직장에서 회식을 마친 뒤 밤 10시가 넘어 집으로 가는데 폭설이 내려 길이 엉망이었다. 하염없이 마을버스를 기다리는데 아들에게서 전화가 왔다.

"왜 안 들어오세요?"

"지금 마을버스 기다리고 있어. 버스가 늦네."

"그래요? 그럼 걸어오세요."

"여섯 정거장이나 걸어가라고? 네가 먼저 걸어 나오면 같이 가지."

"그럴까요? 지금 나갈까요?"

춥고 짜증 났던 퇴근길이 아주 따뜻해졌다. 그저 아들이 내가 늙어서도 이렇게 정겹고 여유로운 대화를 해주기를 바랄 뿐이다.

따라서 나는 실현 가능성은 나중에 따지기로 하고 대한민국의 모든 아이들에게 자연의 땅 세 평씩 무상 임대해줄 것을 주장한다. 돌아올 때 자신이 버린 쓰레기만 갖고 온다면 전세금, 보증금도 필요 없다. 부모와 자주 갔던 그곳은 커서도 힘들 때 가보고 싶을 것이다. 그렇게 오가다 보면 문득 부모 생각도 날 것이다. 일요일 오전에 목소리를 높이고 싸우던 부모님이 자신을 위해 오후에는 마음 추스르고 시간을 내 소풍 나왔던 심정을 뒤늦게 깨달으면서 자기의 부부 생활을 되돌아볼 것이다. 카페에 가는 것만 좋아하고 자연으로 나가는 걸 극도로 꺼리는 파트너와 계속 사귈지도 진지하게 생각해볼 것이다. 아이들에게 추억이 깃든 자연의 장소를 하나씩 물려주자. 그곳에서 나쁜 기분을 털어버리고 마음의 평화를 회복할 수 있도록 말이다.

언젠가부터 이 땅은 나이 들어 건강을 지키려는 어르신과 부모의 손을 끌고 나온 어린이만의 것이 되었다. 큰아이가 중학생이 된 뒤로 안양계곡에서 중고등학생을 본 적이 거의 없다. 주말에 그 아이들은 다 어디에 가 있을까? 학원? 도서관? 피시방? 그렇다고 헬스클럽에 갔을 리도 없으니 청소년은 무슨 수로 건강을 지켜낼지 걱정이다. 체격만 커졌지 체력은 바닥이라는 보고가 괜히 나오는 게 아니다. 고3한테까지 일요일 오후에 바람 쐬러 나가자고 강요할 수는 없겠지만 중고등학생이 1~2주에 한 번씩이라도 야외에서 긴장을 풀면 체력이 좋아지고 말다툼, 주먹다툼이 줄어들 것이다.

자연에서는 더 많이 웃을 수 있다는 이야기가 길어졌지만 일상

생활에서 아이가 기분 좋게 지내도록 마음 쓰는 것만으로도 충분하다. 목욕탕에 가보면 아이를 유나스핀 자세로 눕혀 목욕탕이 떠나갈 듯이 울리면서 씻기는 엄마가 있고, 아이에게 요구르트를 주고 앉힌 후 샴푸 캡을 씌워 방글방글 웃는 동안 조용히 씻기는 엄마가 있다. 유나스핀맘의 아이는 삐쩍 말랐고 다른 사람의 목욕 의자를 발로 뻥뻥 차고 다니지만, 요구르트맘의 아이는 포동포동 튼실하고 엄마 눈을 보며 방실방실 웃는다. 누가 아이를 낙관적으로 키울까? 누가 더 효율적인 양육을 할까?

엄마 아빠가 웃어야 아이도 웃는다

사실 아이를 웃게 하는 더 간단한 방법이 있다. 바로 엄마 아빠가 먼저 웃는 것이다. 우리 뇌에는 거울 뉴런이라는 신경세포가 있다. 이 뉴런은 주변 사람의 감정을 감지하고 따라 하는 역할을 한다. 아이는 부모가 행복하면 그 기분에 감염되고, 부모가 행복한 이유를 보고 자연스럽게 학습한다. 행복은 저절로 오지 않는다. 엄마 아빠가 먼저 행복해야 아이가 행복해진다.

특히 아침이 중요하다. 아침에 눈을 떠서 주변 세계를 인식하기 전에 우리의 정신은 하얀 도화지와 같다. 하얀 도화지 같은 아침을 그리는 첫마디가 무척 중요하다. 부모가 아침에 일어나서 가장 먼저 해야 할 일은 무엇일까? 바로 아이의 방으로 가서 마음속으로 '사랑한다, 고맙다'라고 말하는 것이다. "빨리 일어나서 학교 갈 준비 못 해?"하는 잔소리가 아니라 마음속으로 행복한 기분을 뿌려주는 것이다. 이렇게 잘생겨서 고맙고, 이렇게 잘 자고 있으니 나도 행복하고, 사랑한다고 속삭이면서.

물론 이렇게 하려면 엄마 기분이 좋아야 한다. 따라서 매일 아침 눈 떴을 때 가장 먼저 할 일은 스스로에게든 신에게든 "감사합니다. 사랑합니다"라고 되뇌는 것이다. 영화나 드라마에서 나오는 장면이 아니라 우리 일상에서 일어나야 하는 장면이다. 아침에 눈을 떠보니 지난밤 지진과 태풍도 일어나지 않았고 아이가 아프지 않았고 잠도 잘 잤다. 무엇보다도 지난밤 사이 저세상으로 가지도 않았다. 참으로 감사한 일이다.

아침에 눈을 뜰 수 있는 것을 결코 당연히 여기지 마시라. 매일 거나하게 술을 먹는 40대 남성이 길에서 잠이 들었다가 정신이 들었는데 당연히 떠여야 할 눈이 뜨이지 않았다. 아무리 힘을 써도 눈을 뜰 수 없자 그렇게 먹지 말라는 술을 먹다가 죄를 받아 눈이 멀었구나 하는 생각에 눈물을 흘리며 그래도 살게는 해주셨으니 감사하다고 생각했다. 그렇게 펑펑 울다 보니 어느 순간 눈이 뜨이더란다. 감사가 기적을 낳았을까? 간밤에 토했던 콩나물국밥이 얼굴에 말라붙어 있다가 눈물로 씻겨 내려가면서 눈이 뜨였다는 우스갯소리지만 사실은 참 감사한 일인데 당연시하는 게 얼마나 많은가.

우리 인생에서 감사는 버릇이 되어야 한다. 그래야 행복한 표정이 나온다. 아이나 남편이 나만 보면 얼굴을 찡그린다고 생각하는 사람은 본인이 먼저 얼굴을 찡그리고 있을 때가 많다. 상대방의 표정을 보고 자동 반사적인 표정이 나오기 때문이다. 감사가 습관화 되면 나부터 표정이 밝아지고 가족의 행복 지수도 올라간다.

화를 참기도 힘든데 많이 웃어주라니. "웃을 일이 있어야 웃지" 하는 엄마들의 목소리가 들리는 것 같다. 하지만 신은 엄마의 뇌를 절묘하게 만들어놓았다. 아이가 뽀로로 안경을 쓰고 펭귄처럼 걸을 때 남들은 소 닭 보듯이 쳐다봐도 엄마는 배가 땅길 정도로 웃는다. 그냥 아이만 보고 있는데도 웃음이 나온다면, 뇌도 정상이며 허파 에 바람이 들어간 것도 아니다. 오히려 일주일에 하루, 혹은 1시간 조차 아이를 봐도 웃음이 나지 않는다면 뇌에 문제가 생겼을지도 모른다.

그러므로 엄마가 건강하고 행복해지기 위해서라도 아침에 일어 나면 일단 웃고 나서 할 일을 시작해보자. 가혹한 현실 때문에 웃 는 법을 잊어버렸다면 나무젓가락을 입에 물고 입꼬리를 살짝 올 려보라. 이래도 뇌는 주인이 진짜 웃는 줄 안다. 아니면 억지로라도 웃음소리를 내보자. 일단 해보면 저절로 웃음이 나오기 시작한다. 억지로든 아니든 일단 웃는다고 판단하면 뇌는 도파민을 분비한 다. 도파민이 분비되면 기분이 좋아지고 뇌도 제 기능을 발휘한다. 웃을 일이 있어서 웃는 것이 아니라 먼저 웃어서 웃을 일을 만들면 된다.

대한민국의 많은 엄마들은 아이에게 가장 예쁘고 똑똑하다는 말을 하루에도 12번씩 한다. 그리고 맛있는 것, 멋있는 곳, 뇌 발달에 좋은 것에 대한 정보를 의심하지 않고 받아들여 열심히 제공한다. 하지만 이 모든 것은 초등학교에 입학할 때까지이다. 초등학교만 들어가면 기다렸다는 듯이 '도파민 마이 묵었다, 이제 그만하자'는 엄마들이 속출한다. 이제야 내 세상이 왔다며, 그만큼 사랑해 줬으니 이제는 은혜를 갚아야 한다면서 갑자기 아이에게 어른처럼 굴 것을 요구한다.

그런데 인간은 배은망덕의 운명을 타고났는지 과거의 사랑은 기억하지 못하고 배신하기 일쑤이다. 과거의 기억이 아무리 행복했어도 최근 기억이 나쁜 내용이면 과거의 기억을 덮어버린다. 물론 아주 오래되고 중요한 기억은 나이가 들어도 여전히 남아 있다. 크리스마스트리에 예쁜 종이를 오려 붙이고 전구를 밝힌 기억, 아침에 일어났을 때 그렇게 갖고 싶던 로봇과 인형이 머리맡에 있었던 기억은 오래도록 생생하다. 하지만 슬슬 공부해라, 너는 왜 그 모양이냐는 잔소리가 심해지고 학교와 학원을 오갔던 기억만 들어서면 그 아름답고 환상적인 크리스마스 감동의 기억은 서서히 퇴색한다. 심지어, 나중에 생긴 마음의 상처가 이전의 좋은 기억마저 송두리째 사라지게 하기도 한다.

한때 그토록 사랑했던 부부가 원수같이 싸우는 것도 이 때문이다. 결혼한 후에도 연애할 때처럼 즐겁고 행복한 사건을 만들기는 어렵다. 예전에 삼겹살을 먹었다면 결혼한 후에는 스테이크를 썰어야 조금 행복하다. 뇌는 갈수록 자극의 스케일이 커져야 반응하기 때문이다.

그런데 우리의 행동은 오히려 반대이다. 연애 때는 스테이크를 썰어서 입에 넣어주었던 남편이 결혼한 후에는 생일날 장미꽃 한 송이도 주지 않는다. 연애할 때는 밤새워 목도리를 짜주던 아내가 결혼한 후에는 떨어진 단추 하나 달아주지 않는다. 이렇게 나쁜 기억이 차곡차곡 쌓이면 과거에 열렬하게 사랑했던 아름다운 추억은 희미해지고, 이제는 남편이 양말을 아무 데나 벗어놔도, 아내가 달걀 프라이만 태워도 서로에게 상처를 준다.

어른도 이런데 하물며 아이에게 어느 순간부터 좋지 않은 기억만 덧붙여진다면 공든 탑이 삽시간에 무너질 수도 있다. 과거가 아무리 행복했어도 지금 행복하지 않으면 아무 소용없으며, 지금 행복하지 않다면 행복했던 과거도 불행했던 것으로 왜곡한다. 그리고 당연하게도 지금 행복하지 않다면 행복한 미래를 준비할 의욕도 사라진다.

그렇다고 너무 부담 가질 필요는 없다. 때로 아이에게 화도 내고 밥도 네가 차려 먹으라고 하고 큰 소리로 야단쳐도 된다. 항상 긍정적이지 않아도 되고 그건 불가능한 일이기도 하다. 단, 긍정적인 시간이 부정적인 시간보다 많기만 하면 된다. 일주일에 3일을 불친절하게 해도 4일을 잘해주면 일단은 큰 문제가 생기지 않는다. 차츰 긍정의 비율을 늘리면 된다. 50대50에서 긍정의 비율을 1퍼센트만 올리면 신기하게도 부정이 1퍼센트 내려가 51대49가 된다. 단 2퍼센트의 차이만으로도 긍정이 더 많게 출발하면 긍정의 비율은 점점 높아진다. 하지만 반반의 비율이 되면 슬슬 우리 엄마는 왜 나를 낳았을까 생각하기 시작하고 긍정의 날이 더 줄어들기 시작하면 아이는 차츰 삐뚤어진다. 폭력적인 아이들의 가정은 일주일에 긍정의 날이 하루도 없는 경우가 대부분이다.

'아이의 코치가 되어라' '매니저가 되어라' '이것을 하고 그것만은 하지 마라' 하면서 부모를 코치하는 양육서가 날마다 무수히 쏟아진다. 이런 책을 읽을 때는 고개를 끄덕이지만 읽고 나면 진이빠진다. 심리학자조차 기억하지 못하고 실행하지 못하는 그 많은방법을 평범한 엄마들이 어떻게 실천할까. 엄마의 짐을 최대한 덜기 위해 단 하나의 조건을 꼽으라면 단연 아이를 많이 웃게 만드는것이다. 웃음은 비료가 되어 마음의 싹을 활짝 틔우게 할 것이다.마음의 싹이 돋으면 좋은 인성과 안정적인 정서가 뻗어나가는 모습을 보는 것은 시간문제이다. 뇌가 활짝 열려서 공부도 자연스럽게, 스스로, 즐겁게 하게 된다. 아이에 따라 꽃이 피고 열매 맺는 시간이 다를 뿐, 열매는 반드시 열린다. 그것도 아주 탐스럽게.

누구도 부모의 사랑을 대신해주진 못한다

도우미 아주머니와 아침을 시작하는 초등학교 4학년 아이가 있었다. 부모 모두 CEO여서 아침 일찍 출근하기 때문이다. 부모가 출근할 무렵 도우미 아주머니가 와서 아이에게 밥을 먹이고 옷을 입히고 학교에 보낸다. 학교에서 돌아오면 1시간에 한 명씩 수학, 영어, 음악, 미술, 체육 코치가 차례로 온다. 보통 밤 9시까지는 엄마가 퇴근해 집에 돌아오지만 늦는 날에는 혼자 있어야 한다. 도우미 아주머니는 그럴 때마다 가슴이 아프다고 했다. 할머니 할아버지가 계시지만 입주 도우미조차 싫다고 할 만큼 까다로운 엄마의 성격 때문에 발걸음을 하지 않는 것 같았다.

이 아이의 부모는 집과 회사를 모두 강력한 보안 기능으로 무장했다. 6~7명의 코치는 모두 신분이 확실한 사람들로 철저한 검증 단계를 거쳐 철옹성 같은 집에 들어온다. 절대로 아이가 위험한 세상에 먼저 나가게 하지 않는다. 하지만 부모가 간과하는 사실이 두 가지 있다. 하나는 남들이 해주는 코칭과 매니징은 엄마가 해줄 수 없는 일을 대신해주긴 하지만 사랑까지 줄 수 없다는 것, 또 하나는 사람은 누가 해쳐서가 아니라 내부의 문제 때문에 무너질 수도 있다는 것이다.

세상에서 가장 무서운 것은 내부의 적이다. 미국 9·11 참사 때 무너진 빌딩에서도 살아난 남성에 관한 이야기를 읽은 적이 있다. 그는 엄청난 외부의 충격에도 살아남았지만 또다시 그런 일이 생길까 봐 두려워한 나머지 매일 밤 불면증에 시달렸다. 결국 그는 트럭의 타이어가 터지는 소리에 깜짝 놀라 심장 발작으로 죽었다. 이것이 바로 내부의 적이다. 내부의 적은 시간을 지연시키는 법도 없다. 일본 대지진의 여파로 한반도 상공에도 요오드, 세슘이 퍼져 있고 언젠가는 그것이 섞인 물을 먹게 되리라는 공포감으로 전국이 한동안 떠들썩했다. 방사능은 인체에 쌓인 뒤 30년이 지나야 부작용이 나타나는 침묵의 살인자라는 말이 너무나 공포스러웠다.

방사능이 30년 후 무서운 영향을 미친다면 방사능 공포 때문에 생긴 긴장과 불안은 그 즉시 사람을 잡아먹는다.

지금 아이에게 문제가 있다면 망설이지 말고 전문가를 찾아야 한다. 하지만 아이가 건강하다면 그 아이를 전문가의 손에 맡길 일을 만들지 않기 바란다. 부디 사랑한다는 말을 해주는 걸 미루지 말자.

4

마음의 가지를 뻗다

아기에게 엄마는 한동안 일정한 대상으로 있어야 한다. 튼튼한 애착으로 뿌리내린 마음이 안정된 정서와 좋은 성격의 줄기를 내고 나면 이제 가지를 뻗는다. 사고가 발달하기 시작하는 것이다. 아기의 사고는 어떻게 발달할까? 물론 사고 기능은 태어나면서부터 갖추고 있다. 하지만 태어난 직후 자폐 상태인 아기는 아직 그 기능이 선명하지 않으며 이것을 환경에 맞게 최적화하는 데에는 외부 대상이 반드시 필요하다.

지지직거리는 모니터를 떠올려보자.

아기의 뇌는 막 깨어나려고 하지만 아직은 아무것도 파악하지 못한 채 안개 속에 있다. 그 모니터에 어떤 형상이 나타난다. 나중에 엄마라고 부르게 되는 이 형상은 내가 지지직댈 때마다 대부분 웃는 얼굴로 나타난다. 그러면 비로소 나는 세상과 연결된다. 이 사람이 웃는 얼굴로 나타나면 나도 행복하고 이 사람이 울면서 나타나면 나도 슬프다. 막 태어난 아기는 자신과 엄마를 구분하지 못한다. 엄마는 외부 대상이 아니라 '자기 대상'이다. 즉 엄마는 나이고 내가 엄마이다. 어느 날 모니터가 윙 소리를 냈더니 자기 대상이 더 활짝 웃는다. '옳지, 앞으로 소리를 자주 내야지.' 하루는 자기 대상이 "엄마"라고 소리 내는 걸 한번 따라 해본다. 그러자 뛸 듯이 기뻐한다. 나도 기뻐서 "음마, 음마"라는 소리를 자꾸 낸다. 이렇게 말을 배운다. 어느 날 목을 쭉 뻗었더니 이 사람이 손뼉을 치며 기뻐한다. '옳지. 이 사람은 키가 큰 것을 좋아하는구나. 그러면 빨리 일어서야겠다.' 이렇게 주거니 받거니 즐거운 사고 놀이를 하면서 자기 대상이 원하는 대로 세밀한 튜닝이 이루어진다.

자기 대상은 개체가 다른 사람을 자신의 한 부분으로 체험하는 현상을 가리키는 용어이다. 신체에는 산소가 필요하듯이 개체에는 자기 대상이 필요하다. 자신의 경험을 반영해주고 동일시할 수 있는 사람이 있을 때에만 자신을 의미 있는 존재로 인식한다. 부모가 자기 대상 기능을 잘해주어야 아기는 튼튼한 자기 구조를 구축해서 독립적인 존재로 성장할 수 있다.

아기에게 일정한 대상이 필요한 것은 식물에게 햇빛이 필요한 것과 같다. 해는 일정하다. 아침에 있고 밤에는 없다. 우리는 그 사실을 굳게 믿는다. 밤에 잠든 사이에 해가 도망간다면 우리는 잠을 자지 못할 것이다. 해가 우리를 배신하지 않듯이 엄마도 아기를 배신하면 안 된다. 피치 못할 사정으로 엄마가 섬 그늘에 굴을 따러 잠시 나가야 한다면 파도에게 아기를 지켜달라고 부탁한다. 아기는 파도가 철썩철썩 불러주는 자장가를 들으면서 잠이 든다. 아기에게는 엄마가 잠시 없을 때 파도가 일정한 대체 대상이 된다. 그런데 대체 대상도 자꾸 바뀌고 자기 대상인 엄마도 늦게 오면 아기는 마음 편히 있지 못한다. 일정한 대상이 사라져 어느 방향으로 안테나를 놓아야 할지 혼란스럽기 때문이다. 마치 북두칠성이 보이지 않는 까만 하늘에서 방향을 잡지 못하는 것과 같다.

놀라운 능력이 있는 인간은 이런 사고의 혼란도 극복해낸다. 하지만 다른 아기들이 '바다'를 배우고, '물'을 배우고 '강' '물고기' '배'를 배우며 사고를 확장하는 동안 혼란스러운 아기는 여전히 '바다'만 반복하며 에너지를 소진한다. 피상적인 적응은 하겠지만 창의적인 호기심으로 자신만의 삶을 꾸려나가는 활발한 사고 활동은 멈춰버린다. 신생아들 모두 눈빛이 초롱초롱하다. 하지만 그 초롱초롱한 눈빛을 반영해줄 대상이 없다면 즐거운 사고 놀이를 하지 못하고, 그 결과 세상에 대한 호기심도 사라지게 된다.

심한 우울증으로 내원한 아이가 문장완성검사에서 '우리 엄마는 내게 어렵다'고 썼다. 엄마도 매력이 있기를 원하겠지만 아이에게까지 신비주의를 고수할 필요는 없다. 엄마는 아이에게, 특히 6세 미만의 아이에게는 완전히 이해할 수 있는 대상이어야 한다.

아이 입장에서 봤을 때 엄마의 생각이 읽혀야 한다. '지금쯤 엄마가 집에 있겠지?' 하면 있어야 하고 '지금쯤 화가 풀렸겠지?' 하면 화가 풀려 있어야 한다. '내가 90점을 받았으니까 엄마가 뛸 듯이 기뻐하겠지?' 하면 뛸 듯이 기뻐하고 난리 법석을 떨어야지 심드렁한 표정을 지으며 고깟 일로 호들갑이냐고 하면 안 된다. 아이가 엄마 눈을 들여다보면서 '엄마 눈이 빨개. 엄마 기분이 안 좋은 것 같아' 하면서 엄마의 마음을 읽으려는 것은 엄마를 통해서 세상의 한 자락을 완벽하게 이해하려고 하는 연습이다. 이 연습이 성공하면 아이는 자신감을 갖고 밖으로 나가 세상과 사람들을 이해하게 된다. 그리고 아이가 성장한 어느 날, 홀연히 말하면 된다.

"네가 알았던 엄마의 모습이 다가 아니다, 요놈아. 이미 예전에 업데이트했다, 요놈아. 지금부터는 신비주의 엄마가 될 테니 건방지게 아는 척하지 마란 말이야, 요 애물단지야."

안전하다고 느껴야 상위 단계의 뇌 발달이 이루어진다

일관된 자기 대상은 사고 발달의 토대가 되는 대상 영속성을 갖게 해준다. 심리학자 장 피아제Jean Piaget가 이름 붙인 '대상 영속성'이란 물체나 대상이 눈앞에서 사라져도 그 존재는 사라지지 않는다는 개념의 용어로, 10개월쯤에 발달이 시작되어 3세 정도에 형성된다고 알려져 있다. 또다시 마법의 숫자 3이 나온다. 왜 이렇게 생후 3년을 강조하는지 독자들에게 한 번 더 각인되길 바란다.

외국 아빠 피아제는 천으로 가린 컵을 찾아내는 아이를 보고 이 개념을 발견해 멋진 용어로 바꾸어놓았지만 한국 엄마들은 이미 까꿍 놀이를 통해 이 개념을 알고 있다. 까꿍 놀이를 하든 천으로 가려진 컵을 찾아내든 이 개념을 습득한 아기는 누구라도 기쁨의 탄성을 지른다. 밥도 아니고 우유도 아니고 기껏 컵이고 엄마 얼굴일 뿐인데 왜 그리 기뻐할까. 지적 호기심과 지적 발달이 원래는 아주 즐거운 과정이라는 것, 뇌의 긍정적 강화가 된다는 것을 고스란히 보여준다. 원래는 즐거운 지적 놀이가 어느 순간 지옥 같은 고문이 되는 데에는 어른들의 잘못된 지도가 단단히 한몫한다.

대상 영속성을 토대로 이루어지는 사고 발달 과정은 조금만 생각해보면 쉽게 이해할 수 있다. 사고의 가장 원시적인 형태는 '같다-다르다'의 개념이다. 그리고 당연히 '같다'가 최우선이다. '내가 태어난 곳이구나, 내가 숨 쉬던 공기구나, 이 사람이 어제 그 사람이구나'라는 인식이 있어야 마음 놓고 살 수 있다. 하지만 한 번의 경험만으로는 같다는 사실을 알기 힘들다. 수백 번 같은 경험을 해야 '같다'는 개념이 자리 잡고 이것이 견고해지면 '다르다'는 금방 알 수 있다.

먼저 '같다'를 생각해보자. 나는 조금 전과 같은 곳에 있다. 엄마가 잠시 사라졌지만 여기는 엄마가 있던 그곳과 같다는 인식이 있어야 안전감을 느껴 다음 단계의 사고 활동을 할 수 있다. 따라서 자기 대상이 일정 기간 동안 같아야 한다는 것은 정서와 인성뿐 아니라 대상 영속성, 즉 사고의 발달을 위해서라도 반드시 필요하다. 새벽에 아이가 무서운 꿈을 꾸며 소리 지를 때 엄마가 달려가서 안아준다. 그 의미는 '괜찮아, 괜찮아. 달라진 것은 없어. 넌 여기에 있고 엄마도 여기에 있다'는 대상 영속성을 확인시키는 것이다. 무서운 꿈에서 깨어났을 때 자신을 안심시킬 대상을 찾아 이리저리 눈을 돌려야 할 정도로 대상 영속성이 제대로 형성되지 못한 아이는 위험에서 자신을 보호하지 못할 뿐 아니라 안전감에 대한 확신이 없기 때문에 상위 수준의 뇌 발달로 나아가지 못한다.

주의산만 ADHD의 원인에는 양육 환경도 있다

중요한 이야기를 하나 해야겠다. 불안한 상황에서 자신을 안심시켜줄 대상이 없어 눈을 이리저리 돌리는 행동, 어디서 많이 본 것 같은 이 행동은 주의산만장애와 비슷하다. 좀 더 정확하게는 주의력결핍 과잉행동장애ADHD라고 한다. 건강보험심사평가원의 2017년 통계에 따르면 ADHD 증상 진료를 받은 아동, 청소년, 성인이 최근 2년 동안 3,000명이나 늘어 약 53,000명에 이르렀다고 한다. 2017년 연령별 진료 인원은 십 대 56.8퍼센트, 0~9세 34.6퍼센트로 아동과 청소년에 집중되어 나타나고 있다.

ADHD의 역사는 오래되었다. 연구가 진행됨에 따라 원인에 대한 설명도 계속 추가되고 있다. 정신과 질환의 공통 원인인 뇌의 구조적 이상, 신경전달물질의 불균형과 같은 신경계 이상, 유전적인 요인을 비롯해 중금속과 농약 섭취 등의 환경적 요인도 고려되고 있다.

그런데 의학이 발달하는데도 왜 이런 증상이 갈수록 늘어날까?

가장 먼저 양육 환경을 생각해보아야 한다. 주의산만은 인류 진화적 측면에서는 잘못된 방향의 증상이기 때문이다. 인류 문명은 정착에서 시작되었다. 그리고 창조는 집중에서 시작된다. 인류는 사과나무 아래에서, 목욕탕에서 조용히 생각하다가 "유레카!"의 순간을 맞이했다. 인류를 진화시키고 발달시켜온 집중력이 제 갈 길을 잃어버리고 산만함에 빠졌다면 어느 시점에서 연결이 잘못되었음이 분명하다.

요즘 아이들에게서 발견되는 잘못된 연결 고리의 시작점은 어쩌면 부모일 수도 있다. 부모가 아이의 눈을 오랫동안 맞춰주지 않기 때문에 시선이 분산되고, 시선이 분산되니 주의도 분산된다. 부모의 눈이 금방금방 돌아가니 아이의 눈도 돌아간다. 퇴근한 엄마가 집에 들어오면 아이의 눈을 쳐다보지도 않은 채 1초 간격으로 "학원 갔다 왔어?" "숙제했어?" "영어 들었어?" "씻어" "정리해" "내일 학교 갈 준비해"라는 말만 무성하게 뱉어낸다. 아이의 눈을 가만히 지켜보던 시절이 기억나는가? 내 아이의 눈은 무슨 색깔인가? 오늘 아침 눈동자에 담긴 감정은 무엇이었는가? 오늘날, 우리의 생활에서 진득하게, 서서히 진행되는 것이 거의 없다. 이런 환경에서라면 아이는 주의를 빨리빨리 바꾸는 것이 옳다고 생각하고 그렇게 뇌를 발달시킨다.

부모의 일정한 온도와 냄새, 일관되고 긍정적인 지도를 받지 못한 아이들은 늘 이리저리 주변을 살필 것이다. 어디에서 위험이 닥칠지 알 수 없기에 사방을 두리번거리고 눈을 계속 굴린다. 이렇게 ADHD 증상이 시작된다.

부모가 바쁜 집은 부모의 시간을 확보하기 위해 아이에게 장시간의 텔레비전 시청이나 인터넷 사용을 허용한다. 리모컨과 마우스 덕분에 눈앞의 화면은 1분에 서너 번도 더 바뀐다. 학원도 요기조기 많이 다닌다. 옆집 아이가 성적이 올랐다면 바로 다음 달에 그 아이의 학원으로 옮긴다. 집집마다 인형은 5개가 넘고 자동차, 블록 등의 장난감도 10개를 넘는다. 읽지도 않은 책이 여기저기 굴러다닌다.

나는 어렸을 때 읽은 주황색 표지의 50권짜리 세계문학 전집이 지금도 생각난다. 집에는 15권만 있었는데 아직도 15권의 제목이 다 기억난다. 그림 한 컷 없는 지루하기 짝이 없는 작은 글씨의 책인데도 딱히 읽을 것이 없으니 읽고 또 읽고 또 읽었다. 그때 몰입하며 발휘한 상상력으로 아직도 먹고산다 싶을 정도로 주의력의 힘은 대단했다. 자극이 너무 많으면 오히려 집중하기 어렵다. 모든 학교에 태블릿 피시가 보급되어 교과서가 없어질 거라는 이야기가 종종 들리는데, 이에 대해 신중하게 생각할 필요가 있다. 현란하게 돌아가는 화면 속에서 아이들의 주의력은 더 산만해지며 시력도 더 나빠질 것이다. 대인관계는 더욱 메말라갈 것이다.

어린이집에서는 이런 일이 더 자주 벌어진다. 앞에서 말했듯 어린이집 교사가 한 아이에게 눈을 맞추는 시간이 하루에 평균 8분이다. 주의산만을 유발하기에 딱 좋은 조건이다. 8분 후 자기를 보고 있던 대상의 눈이 돌아가면 아이의 눈도, 뇌도 돌아갈 수밖에 없다. 최소한 만 3세가 넘으면 교사가 자신을 보든 말든 자신만의 주의력을 지탱할 수 있지만 누워만 있는 아이들에게는 몹시 걱정되는 환경이다. 가능한 한 엄마가 자식을 온전하게 살펴 차분하게 주의를 기울일 수 있도록 하고, 그렇게 해서 어린이집 교사 한 명당 최소한의 아이들이 배정되어 오랫동안 눈 맞춤을 해주어야 한다. 그것이 우리 아이들을 제대로 키우는 방법이다.

아이가 기저귀를 떼고 걷기 시작하자마자 보육기관을 알아보는 엄마들이 많다. 하지만 그때는 심리적 탄생이 본격적으로 시작되는 시기로, 그 전에는 일어서고 걷고 손발을 움직이는 데 집중하던 뇌가 본격적으로 사고 발달을 시작한다. 이때 엄마 없이 낯선 환경에 놓인 아기는 더 큰 혼란과 좌절감, 무력감, 불안감을 느낀다. 최대한 아이와 같이 있고 최소 하루 3시간은 안정된 환경을 만들어주어야 주의력이 온전하게 발휘되어 상위 수준의 사고 발달이 시작된다.

몰입이 지능 발달의 시작이다

몇 년 전 여름휴가를 마치고 돌아오는 길에 단양의 작은 계곡에 잠시 들렀다. 아이들은 아빠와 물놀이를 하고 나는 짐도 지킬 겸 한쪽에 앉아 있었다. 근처에서 한 엄마가 돌도 채 지나지 않은 아이를 안고 아이 손에 자갈돌을 쥐여주어 계곡물에 던지게 하고 있었다. '퐁당' 하는 소리에 아이가 까르르 환호성을 지르며 웃었다. 또 돌을 쥐여주면 던지고 까르르 웃고, 또 던지고 까르르 웃었다. 매번 소리를 지르며 좋아하는 아이는 무려 1시간 30분이나 똑같은 행동을 계속했다. 대단한 집중력이었다. 자신이 무언가를 시도하면 어떤 결과가 나오는지 집중해서 학습하고 있었다. 그 동작을 계속 반복하게 해주는 엄마 또한 집중력의 달인이었다. 나는 그 엄마에게 '이 아이는 커서 반드시 훌륭한 사람이 될 겁니다. 잘 키워주세요. 당신은 에디슨의 엄마가 될 것입니다'라고 말하고 싶었지만 오지랖이 넓지 않아서 그러지 못했다.

그로부터 3년 후 이번에는 칼국숫집에서 있었던 일이다. 24개월쯤 된 아이가 식당에서 엄마, 엄마 친구와 같이 점심을 먹고 있는데 어찌나 고집이 센지 물도 자기 손으로 먹겠다 하고, 반찬도 엄마가 주면 집어 던졌다. 겉으로만 보면 영락없는 말썽꾸러기였기에 친구 앞에서 애 잘 키웠다는 말을 듣고 싶은 엄마는 애한테 눈을 흘기고 야단도 치고 "경찰 아저씨가 와서 맴매한다"라고 했지만 아이는 엄마의 말을 듣지 않았다. 칼국수를 먹여주려는 엄마의 손을 뿌리치고 자기 접시에 담으라는 시늉만 해댔다. 할 수 없이 엄마가 아이 손에 포크를 쥐여주자 그만 이 포크 때문에 국수 가락이 잘려 접시 밖으로 튕겨 나갔다. 아이는 즉시 포크를 내던지고 잘린 국수 가락을 모두, 완벽하게 다시 접시 안에 쓸어 담아서는 손으로 집어 먹었다. 엄마는 이후에도 계속 포크를 쥐여주었는데 그때마다 앞의 행동을 무려 다섯 번 이상 계속했다. 식당 바닥에 포크 다섯 개가 나동그라졌다.

옆 좌석에서 아이를 지켜보던 나는 이번에는 오지랖이 좀 넓어져서 그 엄마에게 "몇 개월 되었나요? 장난을 많이 치고 고집이 세지만 아주 똑똑한 아이니까 잘 키워주세요"라고 말하고 식당을 나섰다. 순간 아이 엄마의 얼굴이 환해졌다. 친구 앞에서 낯모르는 사람이 위신을 세워주어서 고마웠던 것일까? 그 식탐과 주의 집중력, 포크보다 손을 써야 잘 집을 수 있음을 아는 놀라운 감각. 그 아이는 커서 무슨 일을 하든 크게 성공할 것이다.

무엇을 하든 아이가 몰입하면 그것이 곧 공부이고, 뇌는 오히려 이렇게 몰입할 때 최상의 발달을 해나간다. 물론 컴퓨터게임같이 감각적이고 쾌락적인 자극에 지나치게 몰입하는 것은 예외이다. 그런데 아이가 몰입하고 있을 때 이제 그만하고 딴 거 하자며 주의를 분산시키는 엄마가 수두룩하다. 엄마 입장에서는 볼 것도, 할 것도 많다고 생각하기 때문이다.

자극을 많이 제공하는 것만이 지능 발달에 좋다는 잘못된 생각으로 인해 현재 대한민국은 온갖 교육용 프로그램의 천국이며 코치, 교육자, 전문가 들이 넘친다. 초등학교 5학년 아이가 살이 좀 쪘다 싶으면 헬스클럽에 등록시키고 학교 체육 시간에 줄넘기를 못한다 싶으면 바로 줄넘기 강사를 알아본다. 인근 놀이터에서는 토요일마다 인라인 강사가 5~6명의 2, 3학년 꼬마들을 가르치는 광경을 볼 수 있으며, 심지어 창의성마저도 학습지로 가르치려고 한다. 부모가 같이 동네 한 바퀴 돌고 줄넘기하고 인라인을 탄다면 살도 빠지고 코치에게 배우는 것보다 더 재미있을 텐데 말이다. 주말에 30분이나 1시간만 내어 개천으로, 산으로 데리고 다니다 보면 창의성은 저절로 자라난다.

무엇보다도, 앞에서도 말했듯 최적의 뇌 발달은 오히려 한 가지 일에 주의 깊게 몰입할 때 이루어진다. 주의력이 약한 아이들은 성인이 되었을 때 프로가 될 수 없다. 음악, 미술, 문학, 운동 등 다양한 영역의 프로들은 관련 기능을 담당하는 뇌 영역이 집중적으로 활성화되지만 아마추어는 여러 영역이 산만하게 활성화된다는 연구 보고가 있다. 과잉 자극은 지능을 높여주기보다 오히려 산만한 뇌로 만들 수 있다. 조금씩은 다 할 수 있지만 확실하게 잘하는 건 없게 된다. 운 좋게 실력과 인성을 겸비한 코치나 전문가를 만났다 치자. 그래도 전문가와 엄마는 입장이 다르다. 수학 전문가는 수학 하나로 세상을 창조하려 하고 영어 전문가는 영어 하나로 세상을 연결하려 한다. 하지만 엄마는 아이의 통합적인 모습을 책임져야 한다. 전문가들은 물론 자기 분야에서 아이의 실력을 높여줄 것이다. 하지만 수학이나 영어 전문가가 될 생각이 없는 아이에게 전문가 수준의 실력을 요구하면서 과제를 많이 내주는 것이 문제이다. 전문가들은 아이의 성적을 어떻게든 끌어올려 부모에게 받은 돈의 값어치를 증명하려 하기 때문이다.

교육 관련 케이블 방송에서 명문대에 진학하기 위한 아이의 스팩 쌓는 시간을 초중고 6대3대1로 투자하라는 강좌를 얼핏 본 적이 있다. 상급학교에 진학할수록 스펙 쌓을 시간이 없기 때문이다. 입시용 스펙만 쌓으려면 반드시 그렇게 해야 한다. 하지만 건강하고 행복한 사람으로 키우려면 그렇게 하면 안 된다. 수리, 언어, 논술 등 각 전문가들의 코칭을 따라가는 과정에서 '나'는 없어지기 일쑤이다. 즉, 자기 내면에 집중할 시간이 없다. 많이 부족한 부분을 가르쳐야 하거나 심각한 문제에 대한 해결이 필요할 때는 코치나 전문가의 도움을 받도록 하자. 하지만 이미 완벽한 상태로 태어난 아이가 건강을 유지하면서 서서히 발전하도록 하는 것은 부모의 지도만으로 충분하다. 아이에게 과잉 자극이 아닌 적정 자극 환경을 만들어주고 한 가지 주제나 자신의 내면에 깊이 몰입하는 시간도 꼭 가질 수 있도록 해주자.

5세에 15분 참으면 인생이 달라진다

나는 여섯 살 미만의 아이에게는 어떤 것도 강요하거나 일부러 시키지 말라고 주장한다. 영어도 그렇고 한글도 그렇다. 서서히 맛을 보여주다 재미있어하면 좀 더 자극을 주면 된다. 그럼에도 딱 한 가지는 아이가 4~5세 정도가 되면 시도해보기를 권한다. 바로 욕구 지연을 통한 사고력 발달 훈련이다. 권하는 것이지 이 또한 아이가 싫어하면 그 즉시 그만두어야 한다. 안 한다고 잘못되지 않는다.

이 훈련은 《마시멜로 이야기》라는 책에서도 볼 수 있는데, 저자는 자신을 한 실험에 참가한 아이로 설정해 재미있게 이야기를 풀어가지만 심리학 영역에서는 이미 널리 알려진 실험이다. 이 실험은 미국 스탠퍼드대학교의 심리학자 월터 미셸Walter Mischel이 고안했다. 4세 어린이 600명을 대상으로 마시멜로를 한 개씩 나누어주면서 당장 먹지 않고 15분을 참으면 한 개를 더 주겠다고 한 후 아이들의 행동을 관찰했다. 당연히 참은 아이와 참지 못한 아이로 갈렸다. 미셸은 10년 후 이 아이들이 어떻게 생활하는지 알아보았다. 600명 중 200명의 자료만 얻을 수 있었지만 10년 전에 즉각적인 욕구를 참은 아이들이 그렇지 않은 아이들에 비해 더 집중력 있고 논리적이고 계획적이며 학습 성적과 대인관계, 스트레스 관리에서 뛰어난 능력을 발휘했다. 이를 근거로 미셸은 더 큰 만족과 보상을 위해 욕구 지연을 할 수 있는 능력이 성공의 지표가 된다고 주장했다.

미셸은 실험에 참가한 아이들의 면담 내용을 토대로 유혹을 극복할 수 있었던, 즉 욕구를 지연할 수 있었던 심리적 메커니즘을 연구했다. 그리고 성공한 아이들은 내적 진술(나는 마시멜로를 먹지 않기로 했다)을 포함해 여러 가지 사고 전략이 발달되었다는 사실을 알아냈다. 하나는 '관심 분산'(마시멜로 생각을 하지 않으려고 노래를 불렀다), 또 하나는 '상상력 동원'(나중에 두 개 먹는 상상을 했다)이었다. 다시 말해 욕구를 지연시키는 것은 사고의 힘이었다. 관심 분산은 주의산만과 다르다. 전자는 기민한 사고 전환이고 후자는 비효율적 사고 일탈이다. 또 상상을 했다는 것은 대상의 구체적 특성(맛있는 냄새, 보드라운 촉감)을 추상적 특성(나중에 먹는 모습을 상상함)으로 바꾸었다는 것으로, 매우 높은 수준의 사고 기능을 해냈다는 의미이다.

욕구 지연을 가능케 하는 인지 과정은 성숙한 사고력의 밑거름이 되어 평생 큰 자산이 된다. 《마시멜로 이야기》에서는 자산이라는 의미를 말 그대로 돈으로 표현한다. 지금 당장 100만 달러를 받을지 오늘 1달러, 내일 2달러, 모레 4달러 식으로 배로 늘려가며 30일 동안 받을지 선택하게 하는 내용이 나온다. 대부분의 사람들은 지금 당장 100만 달러를 받으려고 하지만 한 달 후에 돈을 받겠다고 결정하면 무려 5억 달러를 받을 수 있다.

미셸의 실험을 반복한 다른 연구들은 심리적 자산의 의미를 좀 더 자세히 보여준다. 영국의 태리 모핏Terrie E. Moffitt 박사와 미국 듀크대학교 공동 연구팀은 미셸의 연구를 확장해 1972~1973년 4월에 뉴질랜드에서 태어난 1,000명의 3세 때 행동을 관찰한 자료와 30년 후의 건강 상태, 경제력, 범죄 기록 등의 자료를 비교했다. 그 결과 3세 때 자기통제력 점수가 낮은 아이일수록 성인이 되어 고혈압, 비만, 성병에 걸릴 위험이 높았고 담배, 술, 약에 의존하는 비율도 높았다. 또 경제적으로 풍요롭지 못하고 심지어 범죄율도 높았다.

영국에서 실시한 또 다른 연구는 선천적 기질의 유사성이 매우 높은 쌍둥이 500쌍을 대상으로 했는데, 쌍둥이 중 5세 무렵 자기통제력 점수가 더 낮았던 아이들은 나중에 담배 피우는 시기가 더 빨랐고, 중학생이 될 무렵 반사회적 행동을 보이는 비율도 더 높았다. 연구진은 5세 때 행동을 보면 성인이 된 후의 모습을 알 수 있다면서 부모가 어린 시절부터 아이들의 올바른 성격 형성을 위해 노력해야 한다고 말했다.

욕구 지연을 할 수 있으면 성인이 되어 스트레스 상황에서 충동적으로 행동하지 않고 인내하며 합리적으로 대처할 수 있는 사고력을 갖게 된다. 초등학생만 되어도 하루에도 몇 번씩 욕구 지연이 필요한 순간과 맞닥뜨린다. 성인이 되면 욕구 지연 시간은 더욱 길어진다. 배 속 아이가 나올 때까지는 280일을 기다려야 하고, 당장 자동차를 사고 싶지만 욕구를 억제하고 먼저 돈을 모아야 한다. 내 집 마련을 목표로 현재 생활에서 과소비를 참는 것 또한 어렸을 때 욕구 지연 훈련이 잘되어 있다면 문제없이 해낼 수 있다.

자, 그렇다면 우리 아이에게 어떻게 시도해볼까? 만 4세 정도가 되면 아이가 좋아하는 쿠키나 빵을 주면서 15분 참으면 한 개 더 준다고 해보자(340쪽 참고). 아이가 참으면 폭풍 같은 칭찬 세례와 함께 약속대로 두 개를 주고, 냉큼 집어 먹으면 '어쩜 저렇게 나 어릴 때 모습과 닮았을까' 하며 귀엽다고 바라보면 된다. 3~6개월에 한 번꼴로 시도해보고 6세까지는 결코 조급해할 필요가 없다. 초등학교 들어가기 전까지만 이 훈련이 성공하면 된다. 6세가 넘어도 안 된다면 장기전으로 들어갈 준비를 해야 한다. 지금은 아이가 참고 인내하는 면이 부족하다는 것을 인정하고 예상되는 문제에 대비하면 된다. 이를테면 성급하거나 충동적일 수 있으니 학교나 공공장소에서 주의해야 할 사항들을 일찌감치 준비시킨다.

어느 날 갑자기 "이제 다 컸으니까 참아!"라고 하기 때문에 안 되는 것이지 4세부터 꾸준히 시도했다면 안 되는 아이는 거의 없다. 꼭 먹을 걸로 하지 않아도 된다. 바쁜 엄마에게 동화책을 읽어달라고 보챈다면 "15분 참으면 두 권 읽어줄게" 하는 것도 아주 좋은 방법이다. 어떤 것이든 아이가 15분 이상 참고 기다리게 하면 충분하다.

주의할 점도 있다. 첫째, 당장 쿠키 한 개를 먹어치워도 절대로 실망하거나 야단치면 안 된다. 그럴 거면 안 하느니만 못하다. 3~6개월에 한 번씩 2~3년에 걸쳐 서서히 시도하라는 말을 명심하라. 둘째, 반드시 부모가 약속을 지켜야 한다. 쿠키가 떨어져 두 개를 줄 수 없다면 24시간 상점을 뒤져서라도 반드시 내놓아야 한다. 내일 아침에 사준다고 하면 만족 지연의 시간이 너무 길어져 원인과 결과의 연관성이 성립되지 않고 불신감만 갖게 된다. 만약 미셸의 실험에서 15분을 참았는데도 마시멜로를 주지 않은 세 번째 집단을 설정했다면 높은 비율로 청소년 범죄자가 되는 결과가 도출되었을지도 모른다.

초등학교 이전에 이 훈련이 성공한다면 이후 숙제를 관리하는 데도 도움이 된다. 아이가 "엄마, 텔레비전 봐도 돼?" 하면 "안 돼. 당장 숙제해" 하지 말고 "그럼, 되고말고. 숙제 먼저 하고 보면 되지. 숙제 먼저 하면 20분 더 보게 해줄게" 해보라. 엄마의 말이 먹힌다. 초등학교 때 숙제 관리가 되면 중고등학교 때 공부 관리는 한결 쉬워진다.

주의할 점은 자녀가 숙제를 하는 동안 집 안의 누구라도 텔레비전을 보면 안 된다. 할머니, 할아버지가 꼭 보셔야 한다면 방문을 닫으면 된다. 하지만 부모가 보면 요것들이 꼭 들고일어나서 난리를 친다. 불공평하다, 모순이다, 독재이다, 어디서 들은 말을 죄다 쏟아붓는다. 철이 없을 때 부모를 만만하게 보는 것을 너그럽게 봐주자. 아이의 인성 발달을 위해 야단은 치되 마음속으로는 편하게 있으라는 말이다. 일단 그 시기를 넘기고 기강을 다시 세우면 된다. 철든 어른이 잠시 기다려주는 것뿐이다.

5

매직타임 3시간, 온 가족이 행복해진다

경찰은 3분 이내에, 엄마는 30분 이내에

아이에게 주는 시간의 중요성을 알기만 한다면 자식을 위해 불구 덩이에도 뛰어드는 대한민국 엄마들은 방법을 찾아낸다. 매일 저 녁에 최소 3시간이 소요되는 아주 중요한 스케줄이 생긴다면 생활 패턴이 달라질 수밖에 없다. 업무에 지장 없이 아이에게 줄 시간을 확보하기 위해 애쓸 것이고 현재 삶에서 무엇을 변화시켜야 할지 정리하게 된다.

아이의 우울증 때문에 병원에 찾아온 한 엄마가 흐느꼈다.

"다 제 잘못인 것 같아요. 3년 전부터 학습지 교사 일을 했는데 어머니들이 원하는 시간에 갈 수밖에 없었어요. 수업 시간에 그 집 아이 엄마가 부엌에서 밥 짓는 소리를 들을 때 제일 슬펐어요. 이 집 아이는 이렇게 따뜻한 밥을 먹고 있을 때 우리 아이는 마른 빵으로 저녁을 혼자 해결한다고 생각하니 가슴이 미어졌어요."

이 엄마는 출퇴근 시간이 일정하지 않은 직업을 유리하게 활용할 수도 있었다. 저녁 시간에 잠시 들어가 아이에게 따뜻한 밥을 먹이고 숙제도 잠깐 봐주고 나온들 1시간 정도이다. 그 시간에 꼭 와달라는 사람이 있다면 단호하게 거절해도 된다. 물론 용기가 필요하다. 요점은 아이와 같이 시간을 보내야 한다고 마음먹으면 어떻게 해서든 방법을 찾을 수 있다는 것이다. 이 중요함을 알게 된다면 《3시간 놀아주면서 직장 다니는 방법》, 《3시간 놀아줄 수 있는 저녁 밥상 차리기》(제발 이런 책 좀 빨리 나왔으면 한다) 등의 책을 쓰는 부모님들이 분명 나타날 것이다.

아이에게 3시간을 주기 위해 가장 필요한 것은 그 3시간을 확보하는 것이다. 워킹맘이라면 세 가지를 유념하자. 첫째, 퇴근한 뒤에는 최대한 빨리 아이에게 가야 한다. 둘째, 엄마의 직장은 집에서 가까워야 한다. 셋째, 퇴근한 후 아이와의 시간을 방해하는 것은 모두 버려야 한다. 이 세 가지에 거주지와 생활 습관을 맞춰보자. 결혼한 뒤 집을 장만할 곳은 학원이 밀집해 있고 집값이 오를 만한 동네가 아니라 엄마가 퇴근한 후 최대한 빨리 아이에게 갈 수 있는 동네이다. 결혼한 후 가장 먼저 생각할 것은 승진과 내 집 마련, 자기 개발이 아니라 아이의 안전이다.

■ 퇴근 후 3시간은 아이의 것이다

첫아이가 네 살쯤 되었을 때 낮에 아이를 봐주셨던 어머니에게서 들었던 이야기가 있다. 내가 집에 오기 1~2시간 전이면 아이가 현관문을 계속 쳐다보고 화장실을 자주 들락거리며 하루에 눌 오줌을 다 눈다는 것이었다. 엄마를 기다리는 것이다. 보고 싶은 사람이 왜 안 오나 하면서 안절부절못한 것이다. 4세 아이도 그런데 갓난아기들은 어떨까? 표현을 못해서 그렇지 마음속에서 얼마나 엄마 아빠를 간절히 외쳐댈까? 아이가 어릴 때만 부모를 찾는 것이 아니다. 딸아이는 아직까지도 저녁마다 꼭 물어본다. "엄마, 내일 몇 시에 와?" 하루는 엄마가 늦게 오면 기분이 어떠냐고 물었더니 쓸쓸하고 심심하다고 한다. 오빠랑 할머니, 할아버지가 있어도 마음이 허전해서 잠이 잘 오지 않는다고 한다. 엄마가 몇 시까지 오면 마음이 편하냐고 하니까 저녁밥 먹기 전까지라고 한다. 중학생 아들은 10시까지는 괜찮지만 그 이후에도 엄마 아빠가 오지 않으면 마음이 불편하다고 한다. 꿈나라로 가기 전에 부모 어느 한 사람이라도 그 눈을 보고 냄새를 맡지 못하면 아이들은 숙면을 취하지 못한다.

가장 안타까운 경우는 부부가 아이를 시골에 있는 부모님에게 맡기고 한 달에 한 번 보러 가거나 2~3년 후 데리고 오는 것이다. 절대적으로 빈곤한 환경이 아닌데도 성공과 승진을 위해 이런 결정을 내리는 부모들을 많이 보았다. 이 시기의 아이들은 말도, 판단도 잘 못하니까 차라리 부모가 젊을 때 돈을 벌고 아이가 좀 컸을 때 합치면 된다고 생각하는 것 같다. 이 시기 아이들이 말이나 판단이 어설프긴 하지만 부모에게 자신의 뇌 구조를 맞추는 너무도 중요한 일을 하고 있다는 사실을 다시 한 번 명심해야 한다. 할머니에게 맞춰 살다가 2~3년 후 또 부모에게 맞춰야 하는 아이는 엄청난 스트레스를 받는다. 직장에서 두 명의 상사를 모시는 것과 같다. 이 시기에는 무조건 아이를 일관되게 양육할 방법을 짜내야 한다. 처음에는 난감하겠지만 반드시 방법을 찾을 수 있다. 이 시기에 돈을 좀 적게 벌더라도 아이에게 집중할수록 아이는 더 안정되고, 아이가 안정적으로 자라면 부모는 훨씬 더 안정적으로 더 길게 직장에 다닐 수 있다.

무슨 일이 있어도 저녁에는 아이와 같이 시간을 보내기로 정한 뒤 나는 퇴근한 후 가능한 한 빨리 아이에게 가기 위해 무엇을 할 수 있을지 생각했다. 첫 번째로, 저녁 모임을 최대한 줄였다. 막내가 열 살이 될 때까지는 정말 필요한 모임 외에는 참석하지 않았다. 밤에 하는 모든 외부 활동은 거절했고, 동창회 등의 친목 모임도 경조사를 제외하고는 참석하지 않았다. 아무리 근사하고 많은 돈을 벌 수 있는 제의를 받아도 그 일을 하기 위해 3일 이상 아이의 얼굴을 보지 못한다면 나와 인연이 없는 일이라고 여겼다. 처음에는 당연히 힘들었다. 하지만 나를 가장 필요로 하는 대상에게 집중하고자 마음먹었더니 도저히 참석하지 않으면 안 되는 모임은 몇 개 없었다.

■ 직장에서 30분 거리에 집을 얻는다

두 번째로 무조건 직장에서 30분 거리에 집을 얻었다. 주변에서 환경이 좋지 않네, 평판이 어떻네 해도 일이 끝나면 바로 아이에게 가야겠다는 생각 때문에 다른 요소는 처음부터 안중에 없었다. 나무 많고 공기 좋은 곳에서 살고 싶다는 로망이 늘 꿈틀거렸지만 공기 좋은 곳에 있는 집을 얻으려면 수도권 외곽으로 나가야 하는데 왕복 2시간을 길에 쏟아부어가며 집에 가서 3시간 동안 아이를 안아주고 숙제를 봐주고 목욕시키고 동화책을 읽어줄 자신이 없었다. 출퇴근 시간이 길어지면 더 일찍 일어나 집에서 나가야 하고, 그러면 학교 가기 전 아이들만 있는 시간이 늘어나고, 아침을 제대로 챙겨 먹이는 일도 쉽지 않다. 좋은 공기, 편리한 교통, 우수한 교육 환경, 넓고 쾌적한 집…. 말만 들어도 가슴이 뛰지만 그 모든 것을 가질 수 없다면 무엇을 우선순위에 놓아야 할까? 사람마다 다르겠지만 나는 아이에게 시간을 주는 것이라고 생각했다. 어차피 우리는 주변 모든 사람을 만족시킬 수 없다. 당연히 내가 원하는 것을 동시에 다 가질 수도 없다. 하지만 언젠가는 공기 좋은 곳에서 살고 저녁 모임도 자유롭게 가질 수 있으리라고 생각했다. 그리고, 그런 날은 반드시 온다.

집에 돌아가면 두 아이가 동시에 달라붙어 엄마, 엄마, 엄마, 엄마 해댄다. 들어보면 정말 중요한 얘기는 별로 없는데 일단 엄마를 불러놓고 본다. 서로 달려드는 바람에 순번을 정할 때도 있다. 순서를 기다리는 아이는 빨리 말하고 싶어 근질거리는 표정으로, 눈에서 레이저광선이 나올 것 같다. 엄마를 통해서 자신의 존재 가치를 확인받으려는 몸짓은 천년만년 지속되지 않는다. 대략 10세를 기점으로 정점에 이른다. 이때까지만이라도 부모의 어깨와 눈, 귀를 아이들에게 가장 먼저 저당 잡혀줄 일이다. 그러니 엄마가 새벽 2시에 자서 5시에 일어날 수 있는 강철 체력의 소유자가 아니라면 집에서 30분 이내 거리에 있는 직장에 다녀야 한다. 30분 이내라고 해도 차가 막히거나 전철이 지연되면 순식간에 1시간이 넘기 때문에 이 기준은 중요하다.

부모가 아침에 아이들에게 따뜻한 밥을 먹이고 좀 더 여유 있게 출근하고, 퇴근한 후 좀 더 많은 시간을 아이들과 보내는 것은 그 어떤 사교육보다 중요하다.

■ 집에서는 무조건 아이에게 집중하라

세 번째로 귀가한 후 3시간을 아이와 같이 보내는 데 방해가 되는 것을 정리했다. 아이에게 갈 시간을 잡아먹는 괴물 1등은 텔레비전, 2등은 인터넷, 3등은 트위터, 페이스북 등의 소셜 네트워크이다. 아이가 잠드는 10시까지는 텔레비전을 보지 않았고 인터넷도 딱 끊었다. 트위터, 블로그, 심지어 카카오톡도 하지 않는다. 순식간에 1시간을 빼앗기기 때문이다. 물론 업무적으로나 성격적으로 이런 생활을 하기 어려운 사람도 있다. 그 때문에 오히려 더 스트레스를 받고 아이와 같이 있어도 온전히 집중하기 힘들다면 계속하면서 아이를 잘 돌볼 수 있는 방법을 찾는 편이 낫다. 자신의 체력과 여력에 맞게 생활을 최대한 단순하게 만들어야 아이가 열 살이 될 때까지 긴 시간을 버틸 에너지를 얻을 수 있다. 남편과 얘기 좀 하려고 하면 무릎 위로 기어 올라와 자기 좀 봐달라 하고, 마음이 상해서 혼자 있으려면 배고프다고 밥 달라는 요 자식을 먼저 해결하지 않는 한 우리가 하는 모든 행동은 어설프고 공허하며 진정한 평화와 안정을 느낄 수 없다.

결혼한 제자가 스승의 날에 인사하러 들러 임신 사실을 알렸다. 축하한다, 출산일이 언제냐, 누가 키워줄 거냐 등 스무고개가 끝난 후 제자가 물어본다.

"선생님, 박사 과정에 들어가야 할까요? 제가 실력이 될까요?"

"그건 자네 아이에게 달렸지."

제자가 무슨 뜻인지 모르겠다는 듯이 내 얼굴을 쳐다보았다.

"아이가 건강하게 잘 자라고 낮에 대리 양육자와도 잘 지내고, 밤에는 자네가 아이와 같이 시간을 보낼 수 있다면 공부를 계속하는 것이고, 어느 하나라도 안 되면 힘들지."

"내가 공부하는 것인데 그렇게 복잡하게 따져봐야 하나요?"

"복잡하긴, 제일 단순하지. 아이가 평온하게 잘 지내면 박사 과정에 들어가도 된다니까. 그리고 저녁에는 꼭 아이와 같이 있으라는 것뿐이야. 엄마의 생활을 아주 단순하게 해놓아야 해."

태어나서 처음 듣는 충고라 어리둥절해하는 제자에게 한마디 더 보탰다.

"말로 하자면 길고, 내가 아직 정리를 못했어. 나중에 책 나오면 읽어봐."

"언제 나오는데요?"

"몰라."

"아이, 선생님."

이제 아이를 가지려는 부부에게 꼭 하고 싶은 말이 있다. 저녁에 최소한 3시간씩 아이와 같이 있어줄 자신이 있을 때 아이를 낳기 바란다. 이것을 지킬 준비가 안 된 상태에서 아이를 낳고 직장에 몰두하고 공부에 올인하는 것은 신호등이 고장 난 8차선 교차로를 빵빵 경적을 울리며 과속으로 달리는 것과 같다. 아무것도 모른 채 덥석 아이를 낳은 뒤 어느 것도 완벽하게 해내지 못하고 계속 수습만 해오면서 정신없이 산 선배가 간곡하게 하는 말이다.

현실의 답, 진실의 답

아이에게 일관되고 안정된 시간 투자를 하지 못하는 첫 번째 이유는 매직타임 3시간이 필요하다는 사실을 몰랐기 때문이고, 두 번째 이유는 '돈 먼저, 아이 나중'이라는 공식으로 인생의 포트폴리오를 설계했기 때문이다.

지금까지 아이가 하루에 부모의 냄새를 맡아야 하는 시간은 최소한 3시간 이상이라고 계속 말했다. 여기서 한 가지 고백을 해야 겠다. 하루 3시간은 현실의 답이다. 내 마음속에는 진실의 답이 하나 더 있는데 '생후 3년까지는 하루 종일'이다. 각인에 대해서는 이미 알고 있었지만 아이는 오리가 아니기 때문에 오리와 다른 방식으로 각인되어야 한다는 사실을 정확하게 이해한 것은 둘째 아이가 이미 초등학생이 되고 나서였다. 이 사실을 진작에 알았다면 무슨 일이 있어도 아이가 세 살이 되기까지는 옆에 찰싹 붙어 있었을 것이다. 하지만 이런 말은 누가 못할까. 이미 집을 사기 위해 대출을 받았고, 이미 삶의 목표를 높이 세워 아이는 마치 식물이 자라듯 알아서 클 것이라고 생각하며 아이에게 주어야 하는 시간은 전혀 고려하지 않은 채 인생의 배를 출범시켜버린 뒤였다. 뒤늦게 진실을 알았다 해도 다른 사람은 다 질주하는데 나만 도태되는 듯한 삶을 용기 있게 택했을지는 확신할 수 없다.

이렇게 용기 없고 무식하기까지 했던 내 모습을 변명하고자, 최소한의 시간만 주어도 망가지지 않고 잘 크는 나와 형제의 아이들, 친구와 이웃의 아이들을 방패 삼아 하루 최소 3시간이라는 최소공배수를 뽑아냈을 뿐이다. 즉 3시간은 답이 아니라 현실 상황을 고려한 자기 합리화의 시간이며 합의점일 뿐이다. 그런데 이 합의점마저도 지키지 못하는 것이 지금의 세상이다. 돈의 힘이 갈수록 강해지기 때문이다.

언젠가 대기업 직원들에게 정신건강 강연을 하던 중 미혼남녀의 고민을 들은 적이 있다. 고민의 내용은 매우 다양했지만 적어도 결혼에 대해서는 고민의 내용이 유사했다. 대부분 결혼은 하고 싶지만 결혼 생활에는 자신이 없다고 했으며 가장 큰 이유로 아이 키우기의 부담을 들었다. 이 부담의 원인은 다시 두 갈래로 나뉘었는데 하나는 일과 양육의 조율이 어려울 것 같다는 것이었고 다른 하나는 아이 키우는 것에 대한 경제적 부담이었다. 너무 단정적인 판단일 수도 있겠지만 전자는 아이를 '낳는' 것에서부터 느끼는 부담이고 후자는 아이를 '키우는' 부담으로 볼 수 있겠는데, 일과 양육의 갈등은 이 책에서 다루기에는 너무 큰 주제이므로 경제적 부담으로 좁혀 이야기해보고 싶다.

양육과 관련된 그들의 경제적 고민을 정리해보자면, 아이를 잘 키우려면 돈이 많이 필요할 것이기에 부부가 당연히 맞벌이를 해야 하고 따라서 아이가 태어나면 6개월 후에 바로 어린이집에 맡기거나 시골의 부모님께 보내야 할 것 같다는 내용이었다. 연봉이 꽤 높은 대기업 직원들도 아이 키우는 데 돈 걱정을 할 정도이면 한국 전체 미혼남녀의 고민 정도는 훨씬 깊을 것이다. 하지만, 좀 더 솔직하게 상황을 들여다보자면 아이 키우는 데 돈이 많이 드는 것이 아니라 그들이 생각하는 '바람직한 생활수준'에서 아이를 키우는 데 돈이 많이 드는 것이다. 그들은 특정 지역의 특정 브랜드 아파트에 최고급 차량을 소유하고 아이에게 최대의 물질적 지원을 해주는 것을 이상적인 삶으로 생각하고 있었다. 그들의 높은 연봉을 감안한다 해도 쉽게 이룰 수 없는 조건들인데도 한국의 정치, 경제, 교육 등 전반적으로 잘못된 사회체제의 문제를 비판적으로 바라보기보다 그저 그들이 최선을 다해 일하기만 하면 길을 찾지 않겠느냐고 생각하는 듯했다. 그 과정에서 아이와 같이 있는 시간은 2순위로 밀려날 예정이었다. 처음 설정한 목표가 너무 높다거나 그 목표가 반드시 행복에 이르는 길인지 생각해볼 수는 없을까?

돈을 버는 것의 중요성은 우리 부모나 조부모 세대에서는 더하면 더했지 절대로 덜 하지 않았다. 일제강점기와 6·25전쟁을 겪으면서 참혹한 경제적 어려움을 맛본 부모 세대는 그 고통을 자식에게 물려주기 싫어 말 그대로 허리가 휘도록 일했다. 당연히 그들도 자식과 많은 시간을 보내지 못했다. 그럼에도 최선을 다하는 것에 대한 보답은 어느 정도 받았다. 그러니 우리라고 그러지 말라는 법은 없다. 그렇다면 무엇이 문제란 말인가? 다만, 우리가 한 가지 간과한 사실이 있다. 당시의 부모들이 그토록 힘들게 돈 벌러 나갔을 때 슬하에는 지금과 달리 자식이 여러 명 있었으며 대부분 조부모들이 같이 살았다. 그래서 부모가 바쁘더라도 아이들은 홀로 방치되지 않았고 가족의 사랑과 온기를 충분히 느낄 수 있었다. 따라서 아이가 결핍감을 느낄 여지가 적었다. 하지만 지금은 경제적으로 많이 넉넉해졌는데도 아이들이 더 외롭고 힘들다고 난리친다. 그러니 작금의 한국에서 우리가 아이를 잘 키울 수 없을 것 같다는 고민을 한다면, 그것은 돈과 관련된 것이 아니라 아이 옆에 사랑의 온기를 나누어줄 사람들이 부족하다는 걱정이어야 한다.

이 고민을 해결하려면 아이가 사랑의 온기를 느낄 수 있도록 양육의 1차 책임자인 부모가 따로 시간을 내야 한다는 결론에 이르게 된다. 부모가 아이에게 시간을 내야 한다니, 무슨 비즈니스 관계도 아니고 다소 인위적이고 거북한 기분이 드는 말일 수도 있다. 하지만 사랑의 지원군이 절대적으로 부족한 핵가족 사회가 되면서 예전 같으면 신경 쓸 필요도 없이 너무 당연하고 자연스럽게 이루어졌던 일이 도외시되고 있으니 어쩔 수 없다. '양육의 법칙'으로 삼아서라도 기본을 바로 세우고 볼 일이다. 이렇게까지 해야 하는 양육의 고단함에 대해서는, 아이가 어릴 때 시간을 많이 줄수록 우리가 원하는 것을 훨씬 더 빨리 이룰 수 있다는 것으로 위로 삼도록 하자. 부모가 합심해서 시간을 잘 조율하면 일과 양육의 병행도 그리 어렵지 않다.

아울러, 한 번 정도는 무엇 때문에 그렇게 돈을 벌고 성공하려 하는지 생각해보았으면 좋겠다. 여러 가지 이유가 있겠지만 남들보다 잘나고 잘살고 싶다는 표면적인 이유를 걷어내고 안으로 들어가 보면 가장 밑바닥에 깔려 있는 욕구는 결국 자신을 드러내고 세상에 무언가 하나를 남겨놓겠다는 욕구가 아닐까 싶다. 그런데 우리는 이미 그 욕구를 해소했다. 그것도 진통을 앓으며 아주 요란하게. 그럼에도 자신이 창조한 진품은 뒤로한 채 이미 세상에 있는 것들, 너도 있고 나도 있는 사소한 것들로 채워 넣기 바쁘다.

세상에 태어났을 때, 우리는 이미 나의 의지와 상관없이 사랑이 넘치거나, 부족하거나, 강압적이거나, 무관심한 부모님의 자식이었다. 지구는 이미 약간 비뚤어진 채 태양을 돌았고 이 나라는 다른 나라의 통치를 받은 적이 있었고 전쟁의 위험이 도사리는 곳이었다. 나는 아.무.것.도. 할. 수. 없.었.다.

그런데 우리에게 창조의 기회가 왔다. 아이를 낳고 기르는 일이다. 아이는 정말 무無에서 시작한다. 내 손에 놓인, 내 운명의 수레바퀴에 떨어진 이 소중한 생명을 제대로 창조해보는 일이야말로 정말 자신도 있고 재미도 있을 것 같다. 많은 가정에서 잘 완성된 아이는 또 다른 멋진 세상을 창조할 것이다. 자신을 사랑하고 친구를 배려해 평화로운 세상을 만들어 왕따와 학교 폭력은 "그땐 그랬지"라는 말로 기억될 것이다.

엄마인 내가 단 한 사람만이라도 행복하게 해줄 수 있다면 그 사람은 누구일까? 바로 내 아이이다. 남편은 사랑 외에도 너무 많은 감정이 개입되어 끝까지 행복하게 해줄 자신이 없다. 부모님은 내가 태어나기 이전에 이미 어마어마한 개인적인 역사를 지닌 분들이고 먼저 우리를 사랑했기에 우리가 주체가 되는 사랑의 대상으로 자리 잡기에는 더 오랜 시간이 걸린다. 생명의 시작을 정확하게 알 수 있는 우리의 아이들에게는 그래도 자신이 있지 않은가? 세상을 살면서 신을 제외한 단 한 사람에게만은 아무 원인과 결과가 없는 순수한 사랑을 느껴보고 싶다면 그 대상은 나의 아이일 것이다.

이쯤에서 재미 삼아, 매직타임 3시간을 굳이 주지 않아도 되는 새로운 진화의 시나리오를 생각해보자.

첫 번째는 아기가 엄마의 몸에 장기 기생하는 방법으로 진화하는 것이다. 즉 캥거루처럼 엄마가 아이를 배 주머니에 넣고 다닌다. 안심은 되는데 튼튼한 다리 근육이 있어야 하고 안전하면서도 신속하게 움직여야 하기 때문에 하이힐은 절대로 신지 못한다. 하지만 자유롭게 살려고 3시간을 포기했는데 오히려 24시간 아이가 붙어 있을 테니 엄마에게 좋은 방법은 아니다.

두 번째는 아이가 처음부터 갖출 것을 다 갖춘 채 큰 머리로 태어나는 것이다. 출산한 후 3년 동안 보살펴줄 필요도 없이 바로 일어나서 걷고 말하고 어디 가서 저녁에 먹을 닭이라도 잡아 온다. 문제는 이렇게 큰 머리로 출산하려면 엄마의 좁은 산도로 나오기는 불가능하고 좀 무서운 이야기이지만 엄마 배를 뚫고 나오는 방법밖에 없는데… 이는 엄마의 사망을 의미한다. 알을 낳자마자 죽는 곤충처럼 되는 것이다. 또 그렇게 태어난 아이는 머리가 너무 커서 자동차 뒷좌석에 두 명 이상 앉을 수 없고 모자 가격이 폭등하고 베개와 침대도 다 바꾸어야 할 것이다. 영리한 인간은 이 정도 불편함이야 즐거운 도전으로 받아들이고 즉사하지 않기 위해 제왕 절개 수술을 더욱 업그레이드할 수도 있다. 그렇지만 큰 머리를 담고 있어야 하는 만큼 자궁의 크기가 적어도 두 배 이상 커져야 하기에 임신 기간이 오히려 코끼리처럼 2~3년으로 길어진다. 아무리 상상의 나래를 펼쳐봐도 이것 역시 엄마에게 좋은 방법은 아니다.

아무리 생각해도 그냥 하루 3시간 주고 마는 것이 낫겠다. 그러니 어떤 때는 아이는 태어나면서부터 천재이므로 어려서부터 영어 시디를 들려주어야 한다 하고, 또 어떤 때는 아이는 아무것도 모르기 때문에 밤늦게까지 아무한테나 맡기고 그사이에 돈 벌러 나가야겠다고 하는 등 시계추처럼 왔다 갔다 하는 생각에 갇히지 말고 진중하고 담대한 엄마의 모습으로 돌아가 아이가 언제든지 와서 에너지를 공급받을 수 있도록 해주자.

아주 잠시 인생의 주인공 자리를 내주다

아이를 안전하게 보호하면서 최선을 다해 직장에 다니는 엄마들의 모습은 훌륭하고 아름답다. 그렇게 해서 자아를 실현하는 기회를 가진 것에 감사할 일이다. 하지만 아이 때문에 직장을 잠시 접었다 해도 자신만 퇴보하는 것은 아닌가 너무 두려워할 필요가 없다.

진시황제는 늙지도 죽지도 않는 약을 간절히 원해 수천 명에 이르는 사람들에게 불로초를 구해 오라고 시켰다. 신하와 백성들이 중국 천하와 주변 나라를 돌아다녔지만 불로초를 구하지 못하자 제주도에도 들렀고, 우리나라의 산삼을 불로초라고 속이기도 했다. 이렇게 고생하면서 불로장생의 약을 만들려고 하다가 발명한 것이 화약이다. 불로초를 찾는 것만큼이나 정성 들여 아이를 키우다 보면 화약 같은 발명품도 생긴다. 글을 쓸 수도 있고 아이에게 줄 요리를 하다가 파워 블로거가 될 수도 있다. 자식을 학원에 보내지 않고 영어 공부를 시킨 어떤 엄마는 그 방법을 정리한 책으로 대기업 직원보다 더 많은 돈을 벌었다. 무엇이든 즐거운 마음으로 하기 바란다. 편리해진 세상을 마음껏 이용하자. 누구나 반드시 나인 투 식스로 일하지 않아도 되는, 역사 이래 최상의 자유가 주어진 시대이다. 한 발짝 뒤로 물러나거나 옆으로 가서 좀 더 여유 있게 자신의 삶을 바라보면 두려움이나 초조함 없이 당당하고 재미있게 꾸려나갈 수 있는 방법을 찾을 수 있다.

앞에서 언급한 스티브 비덜프는 "인생의 몇 년을 어린아이들에게 주어도 될 만큼 우리 인생은 충분히 길다"라고 말했다.

엄마가 하루 최소 3시간을 아이에게 주려면 사회적 제도가 뒷받침되어야 한다. 아빠도 부모인데 이상하게 대한민국에서는 아빠는 부모 역할보다 사회적 역할만 요구받는다. 우리나라 가정에서 아이에게 시간을 내는 사람은 90퍼센트 엄마이다. 아이가 태어나면 대부분의 엄마는 직장과 가사를 병행하는 힘든 변화를 맞이하지만 아빠는 예전과 똑같은 생활을 이어간다. 회사 역시 아이 엄마에게 예전과 똑같은 업무와 성과를 기대하고, 정부는 인구 조사표에 한 명만 추가할 뿐 예전과 크게 다르지 않은 정책을 펼친다.

매직타임 3시간을 지키면 아빠가 누릴 행복의 몫도 커진다. 아이가 잘 자랄수록 돈을 많이 쓸 일도, 신경 쓸 일도 없으니 말이다. 조만간 우리나라 노인 인구가 전체 인구의 50퍼센트를 넘어 세계 최고령 국가가 될 것이라는데, 아이가 잘 자라면 그때 당신이 굶어 죽지 않도록 나라를 잘 운영할 것이다. 실적도 좋지 않은 주식과 펀드에 쏟는 시간의 10분의 1이라도 와이프 펀드에 투자하는 것이 백배 현명하다. 엄마가 3시간을 마련하지 못하는 날, 아이의 성장을 위협하고 노후에 당신의 안전을 위협할지도 모르는 긴박한 상황에 닥쳤을 때 만사를 제쳐두고 엄마 대신 3시간을 마련하는 것이다. 또한 매일 3시간을 지키느라 지친 엄마의 역할을 분담한다. 이것만 지키면 아이 때문에 학교에 불려가는 일은 절대 없으며, 잔소리하지 않아도 아이는 스스로 공부하고 자신에게 맞는 일을 찾아낼 것이다. 젊었을 때 부부가 매직타임 3시간을 지켜내는 것은 고배당 종신연금 가입 이상으로 행복한 노후를 약속해준다.

집단 심리 상담에 참여한 다양한 연령층의 사람들에게 이렇게 물어본 적이 있다.

"당신의 10년 후 목표는 무엇입니까?"

교사가 되고 싶다, 돈을 많이 벌고 싶다, 팀장이 되고 싶다, 자격증 시험에 붙고 싶다 등 다양한 답이 돌아왔다.

다시 물어보았다.

"30년 후의 목표는 무엇입니까?"

교장, 재벌, 사장, 최고 경력의 전문가로 답이 바뀌었다.

또다시 물어보았다.

"50년 후의 목표는 무엇입니까?"

이번에는 답이 똑같았다.

"가족과 행복하게 살고 싶다."

우리는 모두가 이미 답을 알고 있다. 그런데 그 목표를 위해 부모는 먼저 돈을 벌고 아이는 먼저 인생의 쓴맛을 경험한다. 우리는 '고생 먼저, 행복 나중'의 공식에 맞춰 살고 있다. 그렇게 재미없게 살아도 먼 훗날 반드시 행복이 온다고 확신하기 어렵고, 설사 행복의 날이 온다 해도 엄마와 아이는 바다를 사이에 둔 각각의 육지가 되어 아주 조금 행복감을 느낄 뿐이다. 먼저 가족과 행복하게 살면 큰일이 날까? 가족이 먼저 행복하기 위해, 아이가 지금 당장 행복할 수 있도록 3시간을 내어주자. 대한민국의 모든 시계가 매직타임 3시간에 맞춰지기를 기대한다.

6

하루 3시간
놀아주기

3시간을 놀아주면 3시간 더 오래 산다

1980년대 초반에 첫 방영된 애니메이션 〈은하철도 999〉를 기억
하는 엄마들이 많을 것이다. 워낙 유명하다 보니 은하철도의 의미
를 분석하는 글도 많았는데 주요 테마는 철이라는 꼬마의 성장 과
정이었다. 철이와 동반 여행을 하는 메텔이라는 미모의 여인은 바
로 엄마를 뜻하는 것으로 해석된다. 꼬마가 엄마의 도움을 받아 성
숙해지기까지는 철도를 타고 은하 여행을 해야 할 만큼 많은 시간
이 걸리며 수많은 사건이 일어난다. 그런 내용을 모두 담으려니 실
제로 〈은하철도 999〉가 방영된 기간은 3년 정도였다.

매직타임이 필요한 아이에게 엄마의 시간을 주기로 마음먹었다

면 은하 여행을 떠날 때만큼이나 마음의 준비를 단단히 해야 한다. 조금은 부담스러운 마음으로, 혹은 비장한 마음으로 기차를 타야 겠지만 막상 여행이 시작되면 우리도 얻는 것이 있다.

첫째, 아이 냄새는 부모에게도 행복감을 불러일으킨다. 아이의 냄새는 곧 때 묻지 않은 나의 원천적인 냄새이자 고향의 냄새이기 때문이다. 그리고 행복감은 면역 기능을 강화해 몸도 건강해진다. 병원에서 더 이상 해줄 것이 없다는 판정을 들은 말기 암 환자들이 도시를 떠나 산속에 살면서 건강해지는 이유도 무공해의 고향 냄새를 맡아서이다. 우리는 비가 오면 어릴 때 엄마가 해주던 부침개와 수제비가 먹고 싶어진다. 일부러라도 찾아 먹고 나면 힘을 얻는다. 기분이 가라앉으면 결핍되었던 고향의 냄새를 기필코 채우고 싶기 때문이다. 고향 냄새는 우리를 회복시켜준다. 그 냄새를 맡기 위해 일부러 시간을 내어 KTX를 타고 고향에 가지 않아도 된다. 집 안에만 들어서면 고향 냄새를 간직한 순수의 결정체가 달려와 두 팔 벌려 안아준다. 행여 늦게 퇴근하는 바람에 아이가 자고 있다면 반드시 옆에 누워 그 냄새를 맡아라. 미소가 지어지고 때로는 눈물도 난다. 하루의 상처가 치유된다.

둘째, 우리가 힘들게 매직타임 3시간을 사수하면 아이는 자연스럽게 뭐든지 혼자서 하는 과정을 터득한다. 그 덕분에 중년 이후에는 나만을 위해 시간을 쓸 수 있다. 그 시간에 운동을 해서 몸을 건강하게 하든 책을 읽어서 뇌를 건강하게 하든 수명이 연장된다. 3시간 놀아주면 3시간 더 오래 산다. 은하철도 여행은 아이와 부모가 모두 좋은 결과를 얻는 멋진 여행이다. 망설이지 말고 '은하철도 333'에 탑승하자.

간혹 아이와 여행을 떠나기 전에 준비로 시간을 다 보내는 부모가 있다. '아이와 대화를 많이 하는 아버지 모임' '우리 아이 대학 쉽게 보내는 어머니 모임'에 가입해 이것저것 정보를 수집하느라 여행이 자꾸 지연된다. 또 단합 대회 한다고 아버지끼리만 아침에 축구하러 나가고 엄마끼리만 차 마시러 나가면서 정작 아이를 혼자 놔두는 모순된 행동을 할 때도 있다. 이것은 조기 축구 하다가 공을 잘못 찼는데 하필이면 등교하던 아들의 목덜미를 맞히는 것과 같다.

아이가 아침에 학교에 갈 때는 갑옷을 입고 전장에 나가는 전사를 보낼 때처럼 대해야 한다. 가지 말라고 할 수는 없고, 보내기는 해야 하니 기도하는 마음으로, 이 아이가 오늘도 즐겁고 아무 탈 없이 잘 지내고 돌아올 것을 확신하는 눈빛으로 다정하게 봐줘야 한다. 직장 사정으로 시간이 없어서 못하지 않는 이상, 시간이 있는데도 다른 일에 정신이 팔려 이 소중한 시간을 놓치지 않았으면 좋겠다. 또 주말에는 일주일 동안 학교에서 쌓인 긴장을 풀 수 있도록 같이 목욕하고 떡볶이라도 먹으면서 시간을 보내야 한다.

최근 들어 멘토에 대한 책이 주목받는다. 사는 게 너무 힘들어 몸과 마음을 추스를 힘을 얻으려는 것이리라. 하지만 왜 그렇게 아이들이 아플 때까지 방치해놓았다가 굳이 멀리에서 멘토를 찾으라고 할까. 부모는 신 다음으로 자식을 가장 잘 아는 사람이다. 누구보다도 자식의 멘토가 될 자격과 의무가 있다.

우리가 자식에게 꼭 해주어야 하는 말은 의외로 그리 많지 않다. '최선을 다해 네 인생을 책임져라. 남을 배려하고 겸손한 사람이 되어라' 등과 같이 각 가정의 상황과 아이의 특성을 고려한 원칙을 일관되게 말해주면 된다.

몇몇 부모에게 자식에게 꼭 해주고 싶은 말이 무엇인지 물어본 적이 있었다. 어떤 엄마는 딸이 열 살이 되면 "나중에 남자 친구가 너한테 못생겼다, 살 빼라 하면 헤어져라. 네가 못생긴 것이 아니라 그의 미적감각이 너와 다른 것이다"라는 말을 해주고 싶고, 아들이 열두 살이 되면 "사고 싶은 것이 있다면 네가 가진 돈의 50퍼센트 내에서 구입할 수 있을 때까지 그 꿈을 포기하지 말고 기다려라"라는 말을 해주고 싶다고 했다. 어떤 아빠는 아이가 스무 살이 되면 "누군가 돈을 빌려달라고 하면 그 돈을 받지 못할 것을 각오하고 빌려줘라"라는 말과 "신과 가족의 사랑을 제외하고서는 세상에 공짜는 없다. 만약 너와 아무 관계도 없는 사람이 네게 무언가를 공짜로 준다면 사기 미수죄로 고발해야 한다"라는 말을 인이 박이게 해줄 것이라고 했다.

자신의 경험을 토대로 하든, 동서고금의 지혜의 말이든, 아이가 이런 말을 어렸을 때부터 듣고 자란다면 어른이 되어서도 많이 방황하지 않을 것이다. 자기 정체성도 빨리 찾을 것이다. 무엇보다도 부모는 다른 멘토들이 하기 힘든 말을 해줄 수 있다.

"사랑해. 네가 참 좋다."

부모는 언제까지 아이에게 멘토가 되어줄 수 있을까? 우리가 저

세상으로 가기 전까지이다. 우리는 아이들보다 늘 먼저 살았기 때문이다. 강산이 서너 번 변할 정도로 치열하게 살아온 우리는 아이들이 청춘을 지나 남편과 아내가 되었을 때, 부모가 되었을 때, 건강 문제에 직면했을 때 가슴 저미는, 살아 있는 말로 여전히 위로하고 안아줄 수 있을 것이다.

은하철도 999로 여행을 하며 성장한 철이 옆에 더 이상 메텔은 있지 않지만 그녀가 해준 말과 보여준 행동은 영원히 철이의 가슴에 별처럼 박혀 남은 인생을 안내해준다. 9라는 숫자는 영원을 뜻한다. '은하철도 333' 여행을 엄마와 잘 마친 아이는 은하철도 999로 갈아타 이제는 자신의 여행을 계속할 것이다. 그리고 부모와 아이가 나눈 사랑은 우주의 별처럼 영원히 반짝일 것이다.

하루 3시간, 비밀의 꽃을 피우다

하루 최소 3시간 부모의 온도와 냄새를 제공하는 것만으로도 아이들은 건강하게 잘 자란다.

이 말을 들은 한 미혼 여성이 그럴 마음이 있다고 해도 어떻게 3시간을 채우냐고 질문한 적이 있다. 이런 것을 기우라고 한다. 일단 아이를 키워보면 3시간이 오히려 모자랄 지경이다. 그럼에도 그 기특한 마음을 실망시키지 않기 위해 3시간 채우는 방법을 간단하게 말해보고자 한다.

'3시간을 준다'는 것은 특별한 프로그램을 실시하라는 것이 아니다. 그저 아이를 지켜봐주고 정서적으로 교감해주기만 하면 된다. 특히 3세 이하 아이는 엄마 눈에서 3초 이상 벗어나면 안 된다.

첫아이가 15개월쯤 되었을 무렵이다. 전날 밤에 늦게 들어온 엄마의 냄새를 맡지 못한 아이가 새벽 일찍부터 일어나 놀아달라고 비비적댔다. 나는 비몽사몽 거실에 나와서 아이와 놀다가 무거운 눈꺼풀이 슬금슬금 내려와 잠깐 동안 눈을 감았다가 초인적인 힘을 발휘해 다시 떴다. 단 3초도 되지 않는 그사이 아이는 식탁 위에 다리 하나를 걸치고 남은 다리를 막 올리고 있었다. 냅다 "안돼!" 하고 소리를 질렀다. 정신이 좀 있었다면 그냥 사뿐히 가서 가볍게 아이를 내렸을 텐데 경황이 없다 보니 소리를 지른 것이었다. 그래서일까. 큰아이가 태어나서 처음 배운 말에 음마, 아빠, 찌찌와 함께 '아대(안 돼)'가 포함되었다. 자기 대상인 엄마가 절박하게 외치는 단어를 자신도 소중히 여긴 것 같다.

아이가 기기 전까지는 3시간 동안 할 일 가운데 목욕이 큰 비중을 차지한다. 믿거나 말거나 산부인과 육아 교실에서는 6개월까지 매일 목욕을 시켜야 한다고 조언한다. 목욕을 시켜야 아이가 잘 자고 쑥쑥 큰다는 건 사실이다. 저녁마다 목욕을 시키려면 준비, 목욕, 정리하는 데 1시간이 후딱 지나간다. 나머지 2시간은 젖 먹이고 기저귀 갈아주고 물 먹이고 기저귀 갈아주고 울 때 안아주고 업고 돌아다니면 또 후딱 지나간다. 아이가 기분이 좋아 엄마 옆에 누워서 방글방글 웃으며 발차기나 하고 있을 때는 엄마가 다른 일을 해도 된다. 그런 아이가 너무 예쁘고 그 순간이 꿈만 같아서 다른 일이 눈에 들어오지 않지만 말이다.

아기 엄마들은 하루에 거짓말을 12번씩 한다고 한다. 저녁에 남편이 퇴근하면 낮에 아이가 고개를 돌렸다는 둥, 뒤집었다는 둥, 기었다는 둥, 수많은 무용담을 늘어놓지만 아기는 웬일인지 눈만 껌뻑일 뿐 꿈쩍도 하지 않는다. 하지만 엄마가 거짓말을 하는 것은 아니다. 아기는 3시간 동안 자기를 바라봐주는 대상에게만 어느 순간 살짝 웃어주고 뒤집고 고개를 돌리는 선물을 준다. 아마존 밀림에 숨겨져 있는 비밀의 꽃이랄까. 이 비밀의 꽃이 피는 순간이 너무 황홀해서 엄마는 밤마다 소쩍새 울음을 그리 듣는 것이다.

많은 엄마들이 첫아이를 낳은 직후 느낀 황당함과 두려움, 후회를 깡그리 잊어버리고 또 동생을 낳는다. 바로 비밀의 꽃의 황홀함에 넋이 나갔기 때문이다. 아이가 조금도 예쁘지 않다며 유난히 양육 스트레스를 호소하는 엄마들은 아직 비밀의 꽃을 볼 기회가 없었으리라고 생각한다. 마음을 비우고 매일 아이와 오롯이 3시간을 보내라고 말하고 싶다. 워킹맘이라면 이번 휴가 때 이름난 관광지 대신 밥을 하지 않아도 되는 공기 좋고 고즈넉한 곳에서 하루 종일 아이에게 집중해보라고 권하고 싶다. 3일이 지나기 전에 비밀의 꽃을 볼 수 있을 것이다. 그 꽃에 취해 집으로 돌아올 마음이 사라지는 것은 책임질 수 없지만 말이다.

자, 이제 기거나 걷기 시작하면 3시간을 보내는 방법은 더 간단해진다. 아이를 따라다니기만 하면 된다. 위험한 곳에 가면 제자리에 데려다 놓고 또 가면 또 데려온다. 매일 치워도 위험한 물건이 매일같이 나타나기 때문에 그때그때 올리고 던지고 장롱 속에 쑤셔 박다 보면 3시간이 후딱 지나간다. 아이가 기고 걷는 것은 다 공부이므로 위험한 것만 치워주고, 마음껏 돌아다니게 해야 한다. 엄마는 따라다니기만 하면 된다. 걷다가 멈추어서 움직이지 않는다면 엄청난 집중력으로 뇌를 개발하는 성스러운 순간이라고 보면 된다. 섣불리 손을 잡아끌며 방해하지 말고 옆에서 가만히 지켜보거나 놀아주시라.

아이가 좀 더 자라 앉아서 그림을 그리거나 책을 볼 수 있으면 엄마 옆에서 하게 하면 된다. 거실에 큰 상이나 식탁을 마련해서 엄마가 설거지를 하든 청소를 하든 엄마의 시선 안에만 있게 하면 아주 훌륭하다.

혼자 움직이기 시작하면 아이가 하는 대로 내버려두고 안전하게 지켜보면 된다. 아이는 강아지와 같아서 한순간도 가만히 있지 않으니 3시간 동안 무엇을 할지 고민하지 않아도 된다. 얼마나 발발거리며 엄마를 힘들게 하는지 오죽하면 아이가 잠들었을 때가 가장 예쁘게 여겨지겠는가. 하지만 3시간을 채우기 위해 엄마가 뭔가를 의무적으로 하지 않아도 되니 얼마나 다행인가. 아이는 엄마가 아침마다 프로그램을 입력시키고 저녁에 저장시킬 필요가 없다. 옆에서 사랑스럽게 지켜만 보면 스스로 알아서 자라고 발전해 간다. 아무리 비싼 컴퓨터도 2년이 지나면 속도가 느려지고 매력이 없어지지만 아이는 날이 갈수록 민첩해지고 더 영리해지며 평생 스스로 업그레이드한다. 엄마의 인생에서 이렇게 멋지고 근사한 대상은 만나기 힘들다. 태어날 때 엄마를 고통스럽게 한 것이 미안했던지 아이는 기를 쓰고 엄마에게 매일같이 색다른 즐거움을 선사하며 은혜 갚는다.

엄마가 옆에 있으면 아이는 하루 종일 세상을 탐험하며 즐겁게 지낸다. 좀 더 다양한 자극과 햇빛과 신선한 공기가 있는 자연에서 놀게 하면 금상첨화이다. 아이는 같은 곳에서도 하루하루 다른 즐거움을 찾아낸다. 하지만 어른들은 곧 지루해진다. 지루해진 어른들을 위한 요령을 하나 알려주겠다. 바로 책 읽기다. 3시간 동안 줄곧 책만 읽을 수는 없다. 전 세계 200만 독자를 사로잡은 《하루 15분 책 읽어주기의 힘》의 저자 짐 트렐리즈Jim Trelease는 자신의 경험을 토대로 하루 15분씩만 책을 읽어주어도 아이의 뇌를 깨운다고 말한다. 그리고 어렸을 때 책을 읽어준 아이들의 성적이 좋고 정서도 더 안정된다는 수많은 사례를 소개했다. 심지어 정신지체 아동이 정상 지능으로 회복되는 사례도 있었다.

엄마 아빠랑 함께한 건 다 좋아

책을 읽어주면 먼저 아이의 정서가 안정된다. 책 속 이야기와 그림을 통한 심리적 이완 효과도 영향을 미치겠지만 좀 더 중요한 요인이 있다. 바로 책을 읽어주는 시간 동안 엄마의 냄새와 온도를 얻을 수 있기 때문이다. 엄마가 화가 많이 났을 때는 책을 읽어주기 힘들다. 책을 읽어준다는 것은 엄마 마음이 안정된 상태라는 의미이다. 그 상태에서 전해지는 엄마의 나긋한 목소리, 익살스러운 동물 흉내, 따뜻한 숨결 등이 아이를 안정시키고 행복하게 한다. 나 역시 문제가 있는 어린이에게 책을 읽어주면 정상적인 발달을 할 수 있다는 짐 트렐리즈의 말에 동의한다. 다만 짐 트렐리즈가 책을 읽어줌으로써 지능을 발달시키는 면에 주의를 기울였다면 나는 책을 읽어주는 동안 엄마 냄새와 온도가 제공되어 아이의 마음의 문이 열리는 것이 더 본질적이라고 생각한다.

요즘은 보는 동화, 즉 영상 동화도 있다. 엄마와 함께 세련된 영상 동화를 보다가 잠든다면 좋겠지만, 어떤 광고에서처럼 직장 일로 힘든 엄마가 책 읽어달라고 보채는 아이를 떼어놓기 위한 방법으로 사용한다면 생각만큼 긍정적인 결과를 얻기 힘들다. 어떤 발명품도 엄마 냄새와 온도를 대체할 수 없다. 그리고 앞으로도 그런 대체품은 없을 것이다.

앞서 소개한 짐 트렐리즈의 말처럼 책을 읽어주면 성적도 좋아진다는 말은 사실일까? 책을 읽어주면 당연히 문자 해독 능력과 이해력이 높아진다. 하지만 여기에도 좀 더 본질적인 요인이 있다. 엄마와 같이 기분 좋게 무언가를 했던 경험이 책과 연결된다. 책을 떠올리면 아이는 저절로 엄마와 함께 있다는 안정감과 행복감을 느끼고 책을 좋아할 수밖에 없다. 이런 감정은 학교에 들어가서도 이어진다. 좋아하면 몰입하게 되고 좋은 성적을 낼 수밖에 없다. 아빠가 책을 읽어주면 더 좋다. 아빠의 냄새도 맡을 수 있고, 책 속의 남성적인 캐릭터까지 실감 나게 느껴져 정서 발달에도 좋다. 당연히 엄마하고만 하는 것으로 알았던 책 읽기에 신기하고 놀라운 경험이 덧붙여져 뇌 활동도 활발해진다. 뇌는 기본적으로 새롭고 신기한 것을 무척 좋아한다.

돌도 안 된 아이에게는 어떻게 책을 읽어줄까? 무릎에 앉혀놓고 그냥 읽어주면 된다. 그림을 보여주며 엄마가 하고 싶은 대로 말해주면 된다. 책이 없다면 신문도 좋고 광고지도 좋다. 광고지에 나오는 과일과 채소 그림으로도 충분하다. 다만 부모가 더 많은 수다를 떨어야 하니 좀 귀찮긴 하다. 사과를 짚으면서 사과와 관련된 재미있는 얘기를 들려줘도 좋고 그것도 기억나지 않으면 수박이 2만 원이라는데 가당치도 않다, 이 돈이 다 농부 손에 들어갈까, 어쨌든 엄마 아빠가 수박 살 돈을 벌었으니 대단한 사람이다, 너도 건강하게 잘 자라야 한다 등등 주저리주저리 아무 얘기나 해도 된다. 무엇이든 눈으로 보는 글자는 나중에 모두 학습과 연결된다. 단, 컴퓨터 앞에서 보는 화면 속 글자는 안 된다. 컴퓨터 중독이 될 수 있기 때문이다.

간혹 책을 읽어주라는 말을 조기교육을 시키라는 말로 오해하는 부모들이 있다. 책을 너무 빨리 읽으라거나 공부하라고 강요해서는 안 된다. 그저 부모가 함께 책을 읽어주며 자연스럽게 글을 이해하고 좋아하게 만드는 것이 중요하다.

책 읽기는 아이한테만 좋은 것이 아니다. 책을 읽으면서 부모는 아이의 생각을 알 수 있고, 자신의 생각도 다시 정리할 수 있다. 딸아이가 다섯 살 때 《알프스의 소녀 하이디》를 읽어준 적이 있었다. 내가 처음 이 책을 읽었을 때처럼 딸아이도 강한 인상을 받은 것 같았다. 딸아이는 하이디가 클라라네 집에서 예쁜 옷과 말랑말랑한 흰 빵을 먹는 것도 좋지만 산에서 염소 우유와 치즈와 빵을 먹고 하루 종일 뛰어노는 것이 더 부럽다고 했다. 아직 세상 물정을 몰라 선천적인 욕구를 그대로 드러내는 아이들은 대부분 클라라보다는 하이디의 생활을 더 동경하는 것 같다.

그런데 나는 어릴 때 읽은 이 책을 아이에게 다시 읽어주다 보니 클라라야말로 요즘 어른들이 꿈꾸는 엄친딸이구나 싶었다. 소아마비에 걸렸지만 재산과 학식을 갖춘, 남부러울 것 없는 집안의 외동딸이다. 흥미롭게도 이 소설에는 하이디와 클라라 모두 엄마가 없다. 어쩌면 작가는 이토록 순수하고 어여쁜 아이들의 엄마를 묘사하기가 무척 힘들었을지도 모르겠다. 만약 하이디나 클라라의 엄마가 있었다면 어떤 모습이었을까? 하이디 엄마는 아이가 자연 속에서 건강하게 자라는 것을 가장 중요하게 여길 듯하고, 클라라 엄마는 경제적 풍요와 사회적 명성을 중요하게 여기는 사람일 듯하다. 현재 대한민국에서는 클라라맘이 대세인데, 아이들은 클라라맘이 좋을까, 하이디맘이 좋을까? 또 아이들은 클라라가 되고 싶을까, 하이디가 되고 싶을까? 어떤 삶이 더 옳다는 답은 없지만 최소한 우리 딸아이가 하이디과인지 클라라과인지, 내가 하이디맘이고 싶은지, 클라라맘이고 싶은지는 알 수 있는 기회가 되었다. 그것만으로도 아이와 책 읽는 시간은 매우 가치 있었다.

어릴 때 악한 사람 열전에서 한 번도 자리를 놓치지 않았던 놀부, 뺑덕어멈, 팥쥐 엄마, 장화홍련의 새엄마를 나이가 어느 정도 들어 현실적인 차원에서 재평가해보는 맛도 쏠쏠하다. 아이들의 책은 고전적인 권선징악의 교훈도 다시 음미해볼 수 있고, 세상을 보는 관점도 새롭게 한다. 이러한 인지적 전환은 치매를 예방하는 데도 좋다. 장시간 드라마를 보게 하면서 뇌를 촬영하면 활동이 거의 일어나지 않는다. 습관적이고 반복적인 자극은 자극이 아니라 흔적에 불과하기 때문이다. 하지만 책을 읽으며 사고력을 가동하기 시작하면 뇌가 매우 활발하게 움직인다.

어차피 3시간을 주는 것, 아이도 즐겁고 부모의 뇌도 좋아지고, 먼 훗날 아이가 공부를 즐겨 하고 차분하게 자신의 인생을 잘 꾸려갈 수 있도록 책을 읽어주자. 이야기는 힘이 세다. 셰에라자드는 왕에게 1,000일 동안 이야기를 해주어 사형을 면제받았다. 책을 많이 읽어서 잘못된 사람은 보지 못했다. 어릴 때 부모와 함께 읽은 책은 평생을 살아가는 데 필요한 뇌력을 만들어준다.

아들과 3시간 놀기

책 읽어주기는 아이와 시간을 같이 보낼 때 정말 좋은 방법이지만 사실 딸에게 더 효과가 좋기는 하다. 대부분의 아들들은 정적인 활동보다 동적인 활동을 더 좋아하기 때문이다. 워킹맘들로부터 들었던 말이 있다. 첫아이가 딸이면 직장 복귀에 거의 문제가 없다. 반면, 아들이면 육아 도우미들이 많이 힘들어하여 복귀나 업무 몰입이 힘들 때가 많고 둘째까지 아들이면 남아 두 명을 키워줄 도우미를 찾지 못해 아예 일을 그만두게 된다는 것이다. 육아 경험이 많은 분들조차 남아를 건사하기 힘든 이유는 애들의 높은 활동성 때문이다. 남성이 아니고서야 빠르게 움직이며 오르락내리락하는 아이와 보조를 맞추기 힘들다. 이런 힘듦은 아들과 3시간을 놀아주려 할 때도 여지없이 나타난다. 결론적으로 말하면 엄마는 '딸'보다 '아들'을 키우기가 더 힘들다. 당연히 아들과 3시간 놀기도 더 힘드니 좀 더 쉽게 할 수 있는 방법이 필요하다.

아들이 딸과 차이가 나는 이유에는 단순히 높은 활동성만 있는 것은 아니다. 앞에서 언급했던 마시멜로 실험의 파생 연구에 관한 이야기를 한 번 더 하려 한다. 미국의 한 교사가 초등학교 2학년 학생들에게 자기 조절법을 교육하면서 마시멜로 실험을 재현한 적이 있다. 교사가 탁자 위에 마시멜로를 담은 접시를 놓자 당연히 아이들은 눈을 반짝이며 탁자 주위에 몰려들었다. 교사가 막 간식을 나눠주려는 찰나, 미리 약속된 지침에 따라 교무실에서 호출을 받고 교실을 나갔다. 그러자 모든 아이들이 탁자 주변을 에워싸고 이 유혹적인 간식을 쳐다보았는데 마침내 한 아이가 더는 못 참으며 필사적으로 접시에 손을 대려고 했다. 그러자 다른 아이들이 모두 그 아이를 말리면서 유혹을 참도록 도왔는데 아이를 설득하거나 다른 곳으로 신경을 돌리게 하거나 심지어 참을 수 있을 때까지 응원을 하기도 했다. 이어 교사가 돌아왔을 때 아이들은 자신들이 유혹을 참았던 것에 모두 기쁜 표정을 보였고 마시멜로에 손을 대려 했던 아이 또한 자기가 성공했다고 자랑하고 싶어 했다. 자, 여기서 깜짝 퀴즈! 참지 못하고 접시에 손을 댄 아이는 남자아이였을까, 여자아이였을까. 엄마들은 대번에 답을 찾을 것이다.

　모든 가정에서 다 그렇지는 않겠지만 평균적으로 아들은 딸보다 잘 참지 못하고 충동성이 더 강하다. 따라서 가만히 있는 걸 힘들어한다. 엄마 무릎에서 얌전히 동화책을 본다든지 거실의 한정된 공간에서 소꿉놀이를 해준다면 엄마들이 얼마나 편하겠는가? 하지만 아들은 5분도 안 되어 책을 던지고 거실 전체를 돌아다니면서 온갖 물건에 손을 대고 어지럽힌다. 엄마의 에너지를 뺏는 차원에서만 보면 부정적이지만 창의성과 호기심 차원에서 애써 긍정적으로 바라보자. 창의성과 호기심이 많은 아이들, 그중에서도 활동성이 높은 남자아이들은 한정된 공간에 가두어서는 역효과만 나며 자유롭게 풀어놔야 한다. 이것이 아들과 3시간 놀기의 1차 핵심이다. 따라서 집에서도 체육관 같은 구실을 하는 공간이 있어야 한다. 하지만 그럴 공간이 없는 집이 더 많을 것이고 요즘은 층간소음 문제도 있으므로 아들을 키울 때는 부모가 그저 무조건 밖으로 데리고 나가야 한다. 이것이 아들과 3시간 놀기의 2차 핵심이다. 또한 아이가 어느 정도 클 때까지는 깔끔하고 정돈된 집은 바라지도 말아야 한다. 아이가 얌전하게 있거나 점잖게 행동할 때 부모가 고마움을 표하면서 칭찬하면 그런 모습을 자주 보일 가능성이 높다. 그러니 정말로 아이가 부모가 원하는 행동을 하기 바란다면 그런 행동을 할 때 칭찬하면 된다. 하지만 얌전한 모습을 보이지 못한다 해서 인성에 큰 문제가 있는 것처럼 야단칠 필요도 없고 그래서도 안 된다.

댄 킨들론Dan Kindlon 역시 《아들 심리학》에서 소년들의 격렬한 활동성을 인정하고 있는 그대로 받아들이라고 하면서 네 아들의 어머니가 쓴 글을 소개했다. 글의 제목은 '남자아이들은 남자아이다워야 한다'이다. 잠깐 들여다보자.

여러분의 아들들에게 신경안정제를 먹이려 들지 마라. 저 옛날의 구식 교장들처럼, 그저 지쳐 나가떨어지게 만들어라. 남편은 해마다 우리 집 정원에다 링크를 만들어, 온 동네 소년들이 밤낮으로 와서 놀게 했다. 그 아이들은 스케이트를 신은 채로 집 안으로 들어와 화장실을 이용했다. 어린 여동생을 골대로 삼아 하키 놀이를 했다. 또 그 여동생을 몇 걸음 만에 뛰어넘을 수 있는지 내기를 하면서 바닥을 다 부수어놓았다. 난 그 소년들이 보고 싶다. 그들은 친절하고 멋지고 정직하고 재미나고 성실하고 자제심 있고 용감하고 너그러운 사람으로 자라났다. 난 그 소년들이 그립다.

_《록스버리 라틴어학교 회보》, 록스버리, 매사추세츠주
재인용 《아들 심리학》, 댄 킨들론, 마이클 톰슨, 아름드리미디어, 2007

대부분 아파트에 살고 방과 후 노는 시간이 거의 없는 한국의 상황에서는 이런 환경을 만들어주는 것이 대단히 어렵겠지만 아들 키우는 엄마들이 이 어머니의 마음만큼은 가져야 한다. 요점을 말하자면, 아들과 3시간을 보낼 때는 '오늘은 어떤 활동을 하도록 할까?'를 늘 질문해야 한다.

가끔 늦은 점심을 먹은 후 사무실 근처의 아파트 단지를 산책할 때가 있는데 금요일마다 보게 되는 할머니와 네 살가량의 손자가 있다. 금요일에는 어린이집의 오전반만 마치고 오는 것인지 그 시간에는 대부분 아이가 가방을 벤치에 놓고 할머니와 논다. 이런 경우 대개 할머니들은 벤치에 앉아 있고 아이 혼자 이리저리 돌아다니는데 이 댁은 내가 산책을 하는 30~40분 동안 할머니와 손자가 계속 어떤 활동을 한다. 네발자전거를 태워 끌어주고 미끄럼틀에 쉴 새 없이 올려주며 숨바꼭질이나 '무궁화꽃이 피었습니다' 같은 놀이를 하기도 한다. 때로는 할머니가 가방에 미리 낙엽이나 도토리 등을 넣어와 손자와 같이 단지 내 정원에 던지고 다시 주워오게 하여 뿌리기도 한다. 오후 작업을 위해 어쩔 수 없이 나는 사무실로 돌아가야 하지만 할머니와 손자가 같이 노는 모습은 특별히 재미있는 것도 아닌데 계속 보고 싶어진다. 남자아이를 어떻게 키워야 되는지를 아시는 매우 지혜로운 할머니이셨고 손자의 행복한 표정에 다 이유가 있다는 생각이 들었다.

아들과 놀기의 핵심이 '활동'이라는 말을 들었을 때 한숨부터 쉬어지는 엄마들은 이 어르신의 모습을 떠올렸으면 좋겠다. 어르신도 하는데 훨씬 젊은 우리들이 못할 것은 없다. 할머님들은 우리보다 한 수 위의 양육 전문가라고 할 수 있겠지만 남자아이와 활동을 하는 면에서야말로 젊은 엄마들이 오히려 훨씬 더 잘할 수 있다. 활동하는 것을 목표로 잡아놓으면 방법이야 얼마든지 찾을 수 있다.

대략 36개월까지는 엄마가 아들의 움직임을 충분히 쫓아다니거나 맞춰줄 수 있으므로 너무 부담 갖지 않아도 된다. 이후에는 자연스럽게 친구들과 놀게 되어 있으니 아이와 친구가 다치지 않게만 보호해주면 된다. 아이 친구의 엄마와도 친하다면 서로 번갈아 아이들을 봐주고 그사이에 각자 잠시 급한 집안일을 할 수도 있다. 집 안에서 논다면 블록 쌓기, 조립하기, 실내 볼링 등 무엇을 하든 아이가 움직일 수 있도록 해주면 된다. 특별한 공구나 장난감이 없더라도 퇴근 후 신나는 음악을 들으면서 같이 청소하거나 빨래를 개거나 마트에서 같이 장 보는 것처럼 일상 활동에서도 충분히 아이를 움직이게 할 수 있다. 빨래를 갤 때 같은 색의 빨랫감을 먼저 찾거나 마트에 갔을 때 미리 알려준 물건(예를 들어, 우유)을 아이가 먼저 찾으면 아이스크림을 사주는 식으로, 조금만 신경을 쓰면 활동도 하면서 머리도 좋아지는 두 마리 토끼를 다 잡는 좋은 방법을 찾을 수 있다.

물론, 아들의 활동성을 가장 잘 끌어줄 수 있는 사람은 아빠이다. 아빠는 몸 자체가 아들의 놀이터라 집 안에 체육관을 만들 필요도, 굳이 밖으로 데리고 나갈 필요도 없다. 아빠의 배나 등에 올라가 말타기 놀이를 하거나 아빠가 아이를 발에 올려 비행기 놀이를 해주고 목마를 태워줄 때 아이가 얼마나 즐거워하는지 영상을 찍어보면 아이를 행복하게 해주는 일이 의외로 쉽다는 것을 알게 된다. 이불에 아이를 태워 끌고 다니거나 흔들어주는 것만으로도 아이는 평생의 행복한 기억으로 간직한다. 정원이나 공원에서 공놀이를 할 때는 더 말할 것도 없다. 엄마들이 우스갯소리로 푸념하는 말이 있다. 아이를 매일 먹이고 입히고 씻긴 것은 엄마인 자신인데 아빠는 아이와 1시간 공놀이를 하는 것만으로 5년 동안의 수고를 엎어버리고 단박에 아이의 마음을 뺏어간다나. 엄마들이 푸념을 할 정도로 아이의 양육에, 특히 아들의 양육에 기가 막힌 무기를 갖고 있는 아빠들이 아들과 3시간 놀기에 적극적으로 참여하기를 바란다. 이에 대해서는 '아빠 냄새도 필요해(3장)'에서 한 번 더 다루겠다.

7

매직타임의 그림자, 블랙매직을 막아라

아이를 사랑손님처럼 대하라

하루에 3시간이 아니라 10시간씩 붙어 있으면서 최선을 다했는데도 아이가 잘못 자랐다고 혼란스러워하는 어머니들이 있다. 이런 결과를 초래한 것은 매직타임을 잘못 사용했기 때문이다. 시간을 같이 보내는 것이 가장 중요하지만 그 시간 동안 무엇을 하는지 또한 중요하다. 블랙매직, 즉 흑마술이란 마술의 힘을 잘못 사용한다는 뜻으로, 양육에서도 잘못된 말과 행동이 흑마술처럼 작용할 수 있다. 3시간의 매직타임이 블랙매직이 되지 않도록 주의해야 할 점을 살펴보자.

아이와 엄마는 서로에게 거울 같은 존재이다. 엄마의 감정, 행동, 말은 아이에게 고스란히 영향을 미친다. 아무리 아이와 많은 시간을 같이 있어도 불안 수준이 높아서 지나치게 안달복달하는 엄마라면 아이가 안정적인 정서를 갖기 힘들다. 아이가 늘상 보고 듣는 것이 불안과 관련된 감정과 행동이기 때문이다.

갓난아기들은 뱀을 무서워하지 않는다. 오히려 뱀은 화려한 색감이며 매끈한 감촉, 집을 난장판으로 만들지 않는 신중한 움직임 때문에 어떤 동물보다도 아이의 사랑을 받을 수 있다. 아이가 뱀을 무서워하기 시작하는 것은 뱀과 놀고 있는 아이를 본 엄마가 "으악" 하고 소리를 질렀을 때이다. 사랑하는 엄마가 그토록 소리를 지른다면 '얘는 분명 나쁜 놈이구나'라고 생각하며 아이는 그때부터 뱀을 멀리하고 무서워하기 시작한다.

뱀 정도야 무서워한들 아이 인생에 그렇게 해로울 것은 없다. 실제로 독을 가진 뱀도 있으니까. 하지만 아이가 살아가기 위해 어쩔 수 없이 접해야 하는 주변 상황과 대상까지도 불안과 불신으로 대한다면 아이는 부모의 시각을 자연스럽게 자신의 것으로 받아들여 자신의 의지와 무관하게 불안의 싹이 돋아난다. 싹이 점점 커질수록 자신감은 점점 낮아져 사회생활을 잘하지 못하고, 불안하다는 것을 보여주지 않기 위해 강박증이나 지나친 완벽주의와 같은 부적응 증상이 나타나기도 한다. 이것은 100미터 달리기를 할 때 남들보다 10미터 뒤에서 출발하는 것과 같다. 전력을 다해 질주해도 모자랄 판에 처음부터 부정적이고 비관적인 모습으로 뒤처져 있으니 좋은 결과를 얻기 만무하다.

부모의 불안은 각자의 경험에서 형성되었고 개인적으로 중요한 의미가 있겠지만 부모 자신이 풀어야 하는 문제이다. 새로 인생을 시작하는 아이에게 막무가내로 "엄마가 살아봐서 하는 말인데" 하며 강요해서는 안 된다. 이런 부모라면 아이와 시간을 많이 보내는 것이 오히려 좋지 않은 영향을 미칠 수도 있다. 부모에게 이것처럼 잔인하고 기분 나쁜 말도 없으리라. 하지만 얼마나 많은 청소년과 젊은이들이 상담실에서 "차라리 부모님이 없었으면 좋겠어요"라고 흐느끼는지 모른다.

러시아의 신비주의 철학자 바딤 젤란드Vadim Zeland는 아이를 손님처럼 대하라고 했다. 기가 막힌 표현이다. 손님을 맞이할 때면 집을 청소하고 맛있는 음식을 준비하는 등 정성을 다할 뿐 아니라 주인은 무척 예의 바르게 행동한다. 내가 어렸을 때나 지금 우리 아이들이나 집에 손님이 올 때는 묘한 감정이 생긴다. 엄마 아빠가 내게는 한 번도 보여주지 않던 환하고 멋진 웃음과 매너를 이름도 모르는 아이에게 보여주고, 내가 과자를 집으면 손등을 탁 때리다가도 친구가 집으면 더 가져가라고 아예 접시를 앞에 놓아준다. 이렇듯 주인의 극진한 대접을 받으며 최대한 즐겁게 있다가 가는 사람이 손님이다. 마찬가지로 아이도 내 품에 있는 동안 최대한 대접받으며 즐겁게 살아야 한다. 손님맞이는 사실 귀찮기 짝이 없다. 그래도 우리가 이 귀찮은 일을 하는 이유는 무엇일까? 손님이 올 때마다 집도 한번 정리하고 냉장고도 비우고 아껴두었던 은쟁반과 화려

한 커피 잔 세트를 자랑할 수도 있다. 하지만 가장 중요한 것은 내가 좋아하는 사람들이 내 초대에 응할 때 기분이 업되고 내 존재감도 확인할 수 있기 때문이다. 돈으로 살 수 없는 멋진 경험을 할 수 있기에 손님들이 간 후 산더미같이 쌓여 있는 그릇들을 닦으며 "내가 미쳤지" 하면서도 다음에 또 손님을 초대하는 것이다.

손님을 대하는 마음으로 아이를 키우면 블랙매직을 막을 수 있다. 손님이라는 단어가 너무 인간미 없다고 생각된다면 '사랑손님'을 대하듯이 해보자. 손님들에게서 즐거움과 고마움의 표정을 보고 손님맞이가 성공했음을 알 수 있듯이 아이에게서도 그런 표정을 볼 수 있다면 양육은 이미 성공한 것이다.

긍정적으로 말하고 일관성 있게 행동하라

우리 생활에서 가난이나 병에 버금갈 정도의 부정적인 영향력을 가지는 것이 바로 말이다. 현대에는 말 한마디로 천 냥 빚을 갚는 일보다 말 한마디로 상대방의 마음을 천 길 낭떠러지로 떨어뜨리는 일이 더 많다. 특히 어릴 때 들은 부정적인 말은 평생 동안 우리를 그림자처럼 쫓아다닌다.

어머니가 40세가 넘어 낳은 늦둥이였던 한 여성은 간헐적으로 자살 충동에 시달렸다. 자신이 하고 싶은 일을 하며 살아왔고 기본적으로 쾌활한 성격의 소유자라 자살 충동을 일으킬 만한 스트레스 요인을 찾을 수 없었다. 원인을 찾기 위해 어릴 적 기억을 더듬다가 일곱 살 무렵, 언니에게 "엄마가 너를 때리려고 간장을 먹고 언덕에서 굴렀는데도 이렇게 영특하니 그렇지 않았다면 넌 진짜 천재로 태어났을 것"이라는 말을 들었던 일을 생각해냈다. 아뿔싸! 이때 전해진 메시지는 '아무도 너를 원하지 않아. 너는 죽었어야 했어'였다. 비록 의식적으로는 즐겁게 살았지만 자기도 모르게 각인된 부정적인 메시지가 이 여성의 무의식 세계를 점령해 간헐적으로 자살 충동이 들었던 것이다. 심리 상담을 통해 자신도 모르게 부정적이고 자기파괴적인 생각의 영향 아래 놓여왔음을 깨닫게 된 그녀는 비로소 자유로워졌다.

부정적인 말의 힘은 아주 진득하다. 어릴 때 이모에게서 못생겼다는 말을 들은 후 그 이모와 평생 원수처럼 지낸 사람도 있다. '그렇게 속이 좁나?'라는 생각이 들겠지만 이성 뇌인 신피질이 발달하기 전의 아이는 원시 뇌인 변연계가 우세한 때이므로 경험을 이성으로 판단하지 못한다. 의미를 제대로 파악하지 못하고 느낌과 감정으로만 받아들인다. 오죽하면 변연계의 최고 나이는 다섯 살이라는 말이 있겠는가.

하지만 아이의 느낌과 감정을 섣불리 단정해서는 안 된다. 엄마가 웃으면서 "우리 못난이" 할 때와 이모가 아이 엄마에 대한 질투심으로 "에구, 이 못난이" 할 때, 좌뇌로 듣는 말의 내용은 똑같지만 우뇌로 감지되는 미묘한 감정 차이를 아이는 직감으로 알아차린다. 어른은 순식간에 이성으로 무마하고 농담이겠지 하며 넘기지만 아이는 말이 오갈 때의 느낌과 감정을 정확하게 파악한다. 동물적인 본능으로 어른보다 더 정확하게 알아차린다.

17년 동안 '바보'로 살았던 멘사 회장의 자서전적 이야기를 담은《바보 빅터》는 어른들이 생각 없이 한 말이 아이에게 얼마나 큰 악영향을 미치는지를 잘 보여준다. 빅터는 IQ가 173인 천재였으나 말을 더듬는 버릇이 있었다. 어릴 때 지능검사를 받았는데 선생님이 앞의 100을 뺀 73을 IQ라고 알려주었다. 말을 더듬는 빅터를 보고 173이라는 숫자가 오류일 것이라고 생각했기 때문이다. 선생님이 말해준 IQ 73은 이후 평생 빅터의 뇌에 박혀버렸다. 어떤 일을 해도 자신이 없었고 어쩌다가 창의적인 생각을 내놓았을 때도 사람들은 바보가 웬일이냐며 조롱했다. 빅터 역시 사람들의 반응을 당연하게 생각했다. 빅터가 자신의 IQ를 제대로 알고 멘사 회장으로서의 삶을 되찾기까지 17년이 걸렸다. 17년이 아니라 27년이 걸리더라도 자신의 모습을 찾은 것은 다행이지만 이런 경우는 매우 드물다는 사실이 문제이다. 대개는 17년 정도 다른 사람들의 부정적인 시선을 접하면서 스스로 자멸하는 예가 더 많다.

아이에게는 한결같이 긍정적인 메시지를 주어야 한다. 부정적인 메시지로 사고의 첫 단추를 잘못 끼우면 인생의 마지막 순간까지 그 영향이 미친다. 어릴 때 자주 하는 생각은 지속성을 갖게 되기 때문이다. 처음부터 그렇게 듣고 보았기 때문에 그렇게 산다. 냉정하고 폭력적인 부모를 보고 자라면 이 사람의 세계에서 폭력은 물처럼 흔한 것이 된다. 생애 초기의 강렬한 경험은 다른 상황에까지 일반화되기 쉽다. 어릴 때 맞고 자란 여성이 결혼한 후 남편의 폭력 행동에 둔감해지는 이유이다. 여러 번의 일반화를 경험하면 '나는 원래부터 매를 맞을 만한 사람'이라는 고정관념이 생긴다. 한번 고정관념이 생기면 다른 세상을 경험하기도, 받아들이기도 쉽지 않다. 그렇게 주눅이 들면 다른 사람도 나를 그렇게 여기고 신뢰하지 않으며, 나는 세상에 대해 또 눈치를 본다. 이렇게 악순환을 겪으면서 점점 변화하려는 의지는 사라지고 포기하게 된다. 원래 그렇지 않았던 사람도 세상이 보는 대로 행동하게 되어버린다.

인간의 뇌는 신기함을 넘어 엉뚱할 정도여서 사실과 상관없이 그렇게 믿으면 그렇게 본다. '보이지 않는 고릴라'라는 실험이 있었다. 농구 경기 중 고릴라가 경기장을 왔다 갔다 하는데도 경기에 몰두한 수많은 사람들은 고릴라를 전혀 보지 못했다. 이 기발한 실험은 우리나라 인천의 농구 경기장에서도 재현되었는데 그럴 리가 없다며 박박 우기던 사람들은 비디오로 고릴라(실제로는 고릴라 복장을 한 사람)를 확인한 뒤 경악했다. 눈을 뜨고도 앞에서 왔다 갔다 하는 고릴라를 보지 못했다는 사실을 믿을 수 없었다. 우리는 자기가 보고 싶은 것만 보며 생각하는 대로만 본다. 따라서 바보라고 생각하면 바보처럼 행동하고 못생겼다고 생각하면 못생기게 하고 다닌다.

심지어 생각만으로 죽기도 한다. 키르케고르S. A. Kierkegaard가 '죽음에 이르는 병'이라 일컬은 절망은 아무 희망도 없다는 믿음이

자 생각이다. 희망이 없다는 생각은 사람을 죽인다. 부모의 죽음이나 큰 경제적 손실 같은 외부적 요인뿐만 아니라 자기 안에서 만들어내는 생각도 절망으로 연결되면 순식간에 사망에 이르게 할 수 있다.

영하 30도의 냉동고에서 수산물을 처리하던 남자가 밖에서 문이 잠겨 갇혔다. 밤새 엄청난 공포에 시달린 남자는 저체온증으로 사망했다. 그런데 알고 보니 그날 밤 냉동고는 고장 나 있었다. 희망이 없다는 생각이 남자로 하여금 저체온증을 일으키게 한 것이다. 또 다른 남자는 10센티미터 대못이 발바닥을 관통해 엄청난 고통을 느끼면서 응급실로 실려 왔다. 소리소리 지르는 환자를 겨우 진정시켜 발바닥을 살펴보니 대못이 셋째, 넷째 발가락 사이로 교묘하게 통과했더라는 것이다.

이런 예를 인간 사고의 한계, 단점으로 생각하지 않아도 된다. 오히려 이런 속성을 이용해 긍정적인 자기개념을 가지도록 유도하면 장점으로 발전시킬 수 있다.

긍정적인 메시지를 주며 첫 단추를 잘 끼웠다면 그다음은 부모의 언행일치, 즉 일관성이 중요하다. 메시지는 긍정적인데 막상 부모의 행동이 그렇지 않다면 아이는 혼란에 빠진다. 언행일치는 특히 아이가 자랄수록 점점 중요해진다. 아이가 초등학교에 들어갈 때까지는 무슨 말을 할지 크게 고민하지 않아도 된다. 어쩌다 말실수를 해도 어차피 아이도 잘 알지 못하고 금방 잊어버린다. 하지만 아이의 전두엽이 발달하고 맹렬한 도덕적 사고를 시작할 무렵부터는 이야기가 달라진다. 엄마의 말 한마디 그냥 놓치는 법이 없고 정확하게 허점을 잡아 찔러댄다. 바로 초등학교에 입학하는 시점이다.

아이가 초등학교에 들어가면 몸 고생은 끝나지만 마음고생은 더 심해진다. 아이가 친절하지 못하다고 불친절하게 야단치는 엄마나, 아이에게 매일 물건을 제자리에 두라고 야단치면서 정작 본인은 마트에서 카트를 아무 데나 두고 가려는 아빠의 모습을 자주 보는 아이는 일찌감치 인생이 모순이라는 냉소적인 시각을 갖게 되어 삶에 대한 열망이 사그라진다. 아이가 어릴 때와 달리 부모 말을 잘 듣지 않는다면 부모의 언행 불일치를 많이 봐서 설득력이 없어졌기 때문일 수도 있다. 우리 부모들이 얼마나 모순되는 언행을 보이는지 하루 일과를 녹화해서 본다면 부끄러워 자리를 피하고 싶을 것이다.

부모는 정말 말조심해야 한다. 상담실에서 만난 부모들을 보면 속마음은 그렇지 않으면서 이상하게 말을 거칠게 한다. 습관적으로 하는 말을 한번 들여다보자. 도를 닦는 마음으로 좋은 말을 해주는 데 신경써야 한다.

그리고 또 하나! 성격상 하루라도 부정적인 말을 하지 않고는 못 견디는 사람이라면 그 정도를 지금보다 백배 낮추고 부정과 긍정을 오가는 변덕을 부리지 않도록 조심해야 한다. 어떨 때는 80점만 받아도 잘했다고 하고 어떨 때는 90점을 받아도 야단치거나, 만날 쌀쌀맞게 굴다가 100점을 받아 올 때만 힘껏 안아주며 관심을 보이면 아이에게 존경받기 어렵다. 뿐만 아니라 아이는 부모에게 조건적인 사랑만 받았기 때문에 자기 가치감이 떨어져 다른 사람들의 눈치를 보기 쉽다. 심지어 같은 자리에서 변덕을 부리며 냉탕과 열탕을 왔다 갔다 하는 행동은 매우 위험하다. 화가 나서 아이에게 소리를 지른다. "당장 안 나가?" 그래서 나가면 "나가라고 바보같이 나가?"라고 또 소리를 지른다. "말 좀 똑바로 해." 그래서 똑바로 하면 "얻다 대고 또박또박 말대꾸야?" 한다. 이런 부모 밑에서 자라는 아이들은 그들의 말버릇처럼 정말 미쳐버릴지도 모른다. 냉탕과 열탕을 왔다 갔다 하는 것은 전문용어로 '이중구속' 형태의 대화를 만들어버린다. 어느 쪽으로도 행동할 수 없게끔 양쪽에서 조인다는 의미로 아동 조현병의 원인 중 하나이다.

부모라면 세상 사람 모두에게는 그렇지 못하더라도 자식에게만은 온화해야 한다. 그럼에도 일관되게 엄마가 차고 냉정하다면, 아빠가 성질이 급하고 화를 잘 낸다면, 아이는 나름대로 살길을 찾는다. 냉정한 엄마나 불같이 화를 내는 아빠를 두어도 성공해서 잘 사는 사람들이 허다하다. 하지만 냉탕과 열탕을 왔다 갔다 하는 부모 밑에서 아이는 살길을 찾지 못한다. 처음에는 무력감과 혼란만 느끼지만 정도가 심해지면 통합적인 정체성을 갖지 못하게 된다.

다섯 개의 골드 스탠더드를 만들어라

아이에게 부정적인 메시지를 주지 않아야 한다는 원칙에 버금갈 만큼 중요한 것이 또 하나 있다. 아이에게 죄책감을 남기지 않는 것이다. 만약 종교적 이유로 원죄를 이야기할 수밖에 없다면 그 원

죄가 이미 사함을 받았다는 이야기도 반드시 해주어야 한다.

　죄책감은 자기 가치감, 도덕심, 애타심의 발달에 부정적인 영향을 미친다. 죄책감을 갖고 있으면 스스로 떳떳하지 않고 항상 눈치를 보며 기죽어 지내기 때문에 자기 가치감을 느낄 수 없다. 내가 죄가 많으니 당연히 남도 많을 것이라고 여겨서 항상 남을 의심하거나 깔보며 다른 사람의 권리를 존중하는 도덕심도 발달하지 못한다. 반대로 스스로 당당하다고 느끼는 사람은 남들도 나만큼 훌륭하다고 여기며 자연히 다른 사람을 존중하는 애타심이 발달한다. 어려서부터 고귀하고 당당하게 대접받은 아이가 그런 어른이 된다.

　물론 죄책감을 남기지 말라고 해서 잘못을 무조건 묵인하라는 뜻은 아니다. 잘못했으면 야단치고 스스로 잘못을 깨닫게 해야 한다. 아주 큰 잘못을 저질렀다면 그 대가를 치르고 진심으로 뉘우치게 해야 한다. 진심으로 뉘우친 아이를 따뜻하게 품어주고 잘못된 네 행동을 꾸짖은 것이지 너를 미워해서가 아니라고, 여전히 너를 사랑한다고 알려주는 것이 죄책감을 남기지 않는 방법이다.

　의과대학의 한 여학생이 엠티에 가서 남학생에게 성추행을 당했다. 말하자니 창피하기도 하고 일을 크게 벌이는 것 같아 불안하고, 가만히 있자니 분하고 억울해서 사촌 언니의 자문을 받아 학교 상담실에서 상담을 했다. 상담실에서는 가해 학생을 호출하여 사실을 시인하고 사과하길 바라는 피해자의 요구사항을 전달했고 그렇지 않으면 법적 처벌도 받을 수 있음을 고지했다. 그런데 그만 다음 날 남학생이 자살하면서 사건이 일파만파로 퍼져버렸다. 잘못했다면 잘못에 대한 대가를 치러야 한다는 것, 그리고 진심으로 뉘우치면 부모님이 여전히 나를 받아준다는 것을 어릴 때부터 배웠어야 했다. 잘못했다는 말 한마디를 하지 못해 남학생은 목숨을 끊었으며 부모는 자식에게 가르칠 것을 제대로 가르치지 못해 치열하게 공부해서 의대생이 된 아들을 한순간에 잃었다.

죄책감 없는 아이로 키우기 위해 네 살 무렵부터 골드 스탠더드를 만들어 지키게 하면 좋다(342쪽 참고). 살면서 꼭 지켜야 하는 원칙을 부모가 잘 생각하여 정하면 된다. 주의할 점은 다섯 개를 넘지 않아야 한다는 것이다. 개수가 많아지면 희소가치가 떨어져서 꼭 지켜야겠다는 마음이 사라진다. 몇 번 주의를 주었는데도 골드 스탠더드를 계속 어기면 매우 엄격하게 제재를 가해야 할 수도 있다. 내 기준으로, 이런 경우는 두 가지이다.

첫 번째는 자신을 해칠 때이다. 초등학생 기준으로 학교 끝나고 전화도 없이 1시간 이상 사라졌다가 왔을 때, 무단 횡단을 했을 때, 차가 오는데도 자전거를 다짜고짜 끌고 갔을 때 등 위험한 행동을 했을 때는 가차 없이 야단치고 그래도 안 되면 제재를 가해야 한다. 그래야 안전 의식이 확고하게 각인되고 자신을 소중하게 여길 줄 안다. 자신이 소중하다는 사실을 알면 나중에 속상하다고 옥상에서 뛰어내리는 행동은 하지 않는다.

두 번째는 남을 해칠 때이다. 상대방을 직접 때리는 것은 두말할 필요도 없고 욕하고 멸시하고 남의 단점만 찾아내는 못된 행동을 할 때도 가차 없이 야단치고, 그래도 안 되면 제재를 가해야 한다. 어릴 때일수록 엄마가 야단치면 울면서 잘못했다고 하는데, 이때 때리거나 욕하지 않고도 친구와 문제를 해결할 수 있는 방법을 알려주어야 한다. 전문가의 도움을 받아도 좋다. 처음으로 친구에게 주먹을 날린 날 바로잡지 않으면 평생 부모 가슴에 못을 박는다. 처음 잘못했을 때 3일 이내에 바로잡는 것은 대단히 중요하며 그 처음이 서너 살 때라 해도 그날을 그냥 넘겨선 안 된다.

친구들과 심심풀이로 문방구에서 지우개를 훔친 6학년 아이는 그것이 발각되었지만 추석을 앞두고 떡집을 개업해 눈코 뜰 새 없이 바빴던 부모에게 다음부터 그러지 말라는 간단한 꾸중만 들었다. 그로부터 6개월 후 이 아이는 자전거를 훔치다가 경찰서에 잡혀갔다. 처음 잘못했을 때 부모가 정신이 번쩍 들 정도로 야단치지 않았기에 바늘 도둑이 소도둑이 되어버린 것이다.

'거짓말하지 않기'는 당연히 지켜야 할 원칙이지만 골드 스탠더드에 포함될 정도의 원칙은 아니다. 지키기가 불가능하기 때문이다. 살다 보면 아빠가 싫어도 좋다고 해야 하고, 엄마가 할머니처럼 보여도 예쁘다고 해야 할 때가 있다. 이때 거짓말을 하면 당연히 야단맞고 거짓말을 못해도 영문 모르게 야단맞는 황당한 상황밖에 볼 것이 없으므로 이런 골드 스탠더드는 바람직하지 않다.

골드 스탠더드 두 개 정도는 아이가 좀 더 컸을 때 만들어도 좋다. 심리학 교과서에도 없던 하루 3시간의 법칙을 실천했던 친구는 딸을 예쁘게 키워내더니 요즘은 중학생이 된 아들에게 온 신경을 집중한다. 친구는 아들에게 이렇게 말하곤 한다.

"누구를 때리면 내 손에 죽을 줄 알아. 하지만 네가 살인자가 되어도, 감방에 들어가도, 너는 내 자식이고 엄마는 네 편이야. 반드시 너를 구해줄 테니까 무슨 일이 있어도 엄마한테 얘기해야 해."

사춘기가 되어 한때 폭력성이 증가한 아들에게 '엄마는 무섭지만 그래도 무조건 네 편'이라는 새 골드 스탠더드를 만들어 아들도 멋지게 키워내고 있다.

금쪽같은 골드 스탠더드의 빛이 바래지 않으려면 평소에 웬만하면 잔소리를 하지 않아야 한다. 이는 중요한 전략이다. 아무 때나 쉬지 않고 잔소리를 하다 보면 어느 날 작심하고 골드 스탠더드 위반에 대한 집행을 하려 할 때 말발이 먹히지 않는다. 무서운 것도 한두 번이지 매일 무섭게 야단치는 것은 훈육의 효과를 떨어뜨린다. 아이가 정말 잘못했을 때 제대로 한 번 무서운 모습을 보여야 효과가 있다.

상담실에 반항을 심하게 하는 아이들이 올 때가 있다. 이 아이들은 상담실에서도 엄마의 모든 말에 또박또박 말대꾸를 한다. 흥미로운 것은 그 아이들의 엄마 또한 10초에 한 번씩 잔소리를 한다는 사실이다. "그렇게 앉지 말랬지. 선생님께 공손하게 말하랬지. 코 훌쩍이지 말랬지…." 부모가 잔소리를 많이 할수록 아이도 반항을 많이 하는 패턴을 볼 수 있다..

이 분야에 오래 있다 보니 아이의 증상과 부모의 모습에서 연결 고리를 발견하는 일이 많다. 반항성 증상의 반대편에는 언어유창성 장애가 있다. 이런 말을 하면 대부분 고개를 갸웃한다. 언어유창성 장애는 말 그대로, 연령에 적절한 언어 유창성이 떨어지는 것인데 선천적인 원인도 있겠지만 이 아이들의 부모를 관찰해보면 하나같이 과묵하다. 왜 오셨냐고 해도 "글쎄요", 아이가 무엇을 잘 먹냐고 해도 "글쎄요, 그냥 골고루", 아이가 공부를 열심히 하냐 해도 "글쎄요, 그냥 대충" 하고 만다. 이렇게 부모가 말을 지나치게 아끼다 보니 선천적인 결함에 더해 후천적인 말하기 능력도 발달하지 못한다. 많이 들어야 말할 수 있기 때문이다.

부모가 입이 너무 가벼우면 아이가 반항하고 너무 무거우면 언어능력이 떨어진다니 그럼 어쩌란 말인가? 부모 입장에서도 답답하고 힘들다. 그래도 어쩌겠는가. 아이의 말문이 터질 때까지는 마구 수다 떨고 그 이후에는 최대한 말을 아끼다가 책 읽어줄 때, 눈 마주치고 얘기할 때, 아이가 질문을 할 때 갖은 신공을 다 발휘해야 한다. 아이의 눈을 보지 않고 따발총처럼 쏟아내는 훈계는 잔소리이다. 훌륭한 사람이 되라고 잔소리를 하지만 잔소리를 많이 들은 아이는 오히려 사람들의 말을 무시하는 독불장군이 되거나 지나치게 눈치를 보는 허약한 사람이 된다. 그러니 아이가 크면 말을 점점 줄이자. 말을 아끼라는 말이지 마음을 아끼라는 말이 아니다. 웃는 얼굴로 따뜻한 마음을 보여주는 것은 부모의 일상이 되어야 한다.

감정의 굴뚝 청소부가 되어라

정서적으로 안정된 엄마가 긍정적인 메시지를 주고 죄책감을 심어주지 않으면서 골드 스탠더드를 만들어 지키게 했다. 또 평소에는 말을 아꼈고 말을 해야 할 때는 왕창 했다. 이렇게 했다면 거의 완벽하다. 부모 역할의 최고봉에 거의 올랐다. 이제 중요한 마지막 관문이 있다. 바로 감정의 정화이다. 전문가들은 '벤틸레이션 ventilation'이라는 용어를 쓴다. 벤틸레이션이란 '환기'라는 뜻으로 굴뚝 청소를 떠올리면 된다. 꽉 막힌 굴뚝을 뚫어 연기를 빼주어야 집이 엉망이 되지 않는 것처럼 아이들의 꽉 막힌 감정을 그때그때 뚫어주어야 큰 탈 없이 자란다. 감정은 왜 막힐까? 두 가지 원인이 있다. 하나는 너무 감정을 억압해서, 또 하나는 제때 뚫어주지 않아서이다.

특히 동양권에서는 감정을 자유롭게 발산하는 것을 경망스럽다고 여기는 경향이 있어 어려서부터 감정을 억누르기를 강요하고 그런 사람을 점잖다고 칭찬한다. 하지만 도가 지나쳐 일찍 세상 이치를 깨치게 해준다고 빽빽 우는 아기에게 "자, 오늘은 3초만 더 울면 엄마가 안아줄게. 세상은 어차피 힘드니까 너도 그 정도 인내심은 키워야 해"라는 식으로 행동하는 엄마가 있다. 어떤 엄마는 책에서 봤다면서 9개월 된 아이가 이유 없이 울고 보채자 손으로 아기 얼굴에 찬물을 튀겨 감정을 억제하도록 했다고 자랑하기도 했다.

유아의 감정은 복잡하지 않다. '좋다' '나쁘다' 이 두 가지뿐이다. 아니, 어른도 그렇다. '저 사람이 냉정하고 까칠하고 도도하다'라고 아무리 현란한 표현을 쓴다 해도 요점은 저 사람이 나쁘다는 것이다. '이 사람은 따뜻하고 친절하고 배려심이 높다'라고 온갖 형용사를 늘어놓아도 요점은 이 사람이 좋다는 것이다. 그렇기 때문에 엄마가 어떤 복잡한 감정과 의미를 담아 아기에게 찬물을 튀기더라도 아기는 그저 그렇게 행동한 엄마가 나쁘다고 생각할 뿐이다. 감정을 억압하는 방법을 알려주었다고 절대 고마워하지 않는다. 설사 감정을 억압하는 방법을 배운다 해도 세상 사람들에게나 감정 조절법을 사용하지, 엄마에게는 감정을 부글부글 폭발시킬 것이다. 감정을 억압할 수 있지만 없앨 수는 없기 때문이다. 또 설사 억압이 가치 있다 해도 3세 이전 아이에게 가르쳐서는 안 된다. 그때는 얻는 것보다 잃는 것이 더 많다. 잘못하면 감정을 억제할 수 있는 성숙한 사람이 아니라 감정을 조절하지 못하는 괴물로 자랄 수 있다. 아이는 우는 것이 당연하다. 우는 것으로 말을 대신하기 때문이다.

엄마들은 '세 살 버릇 무서워하기'의 함정에서 벗어나야 한다. 세 살 먹은 아이가 독특한 버릇을 보인다면 "어머, 무서워라" 하면서 무조건 하지 말라고 할 것이 아니라 그 버릇을 보이는 원인을 파악해 건강한 해결 방법을 찾아야 된다. 어렸을 때는 무조건 많이 안아주어야 한다. 특히 우는 아이는 더 안아주어야 한다. 아기가 우는 이유의 80퍼센트는 배고프거나, 축축하거나, 졸리거나, 춥거나, 덥거나, 목마르거나, 배가 아파서 등 아주 단순한 이유이다. 엄마는 아이를 안고 냄새와 온도를 전하며 문제를 얼른 해결해주면 된다. 만일 엄마가 짜증이 많이 났다면 아기를 안아 요동치는 엄마의 심장 소리를 바로 들려주는 것보다 업어서 등에 귀를 대게 하는 것이 좋다. 화가 풀리지 않아 아이를 때리고 싶어도 업은 상태에서는 심하게 때려줄 수 없다. 불필요한 폭력을 막기에도 아주 좋은 방법이다. 할 수 있는 일을 다했는데도 아기가 계속 울면 병원에 데려가야 한다. 자기 버릇 여든까지 가져가려고 울어대는 아기는 절대로 없다.

딸아이가 초등학교 3학년 때 일이다. 3월 중순경 날씨도 따뜻해 보여서 가벼운 옷을 입혀 학교에 보냈었는데, 오후 2시쯤 휴대전화가 울렸다. 학교를 마치고 집에 돌아온 딸의 전화였다. 받자마자 딸아이가 소리를 빽 질렀다.

"엄마, 내가 오늘 얼마나 추웠는지 알기나 해? 얼어 죽는 줄 알았단 말이에요."

우리 아이들은 어릴 때부터 높임말을 썼는데 이날은 끝말만 높임말이지 거의 막말 수준이었다. 마침 같이 심리검사 결과를 검토하던 중인 제자에게까지 수화기 너머로 쨍쨍거리며 항의하는 딸의 목소리가 들릴 정도였다. 제자만 없었다면 "고작 그깟 일로 회사에 전화해서 난리야"라고 나도 언성을 높였을 텐데 체면 때문에 최대한 부드럽게 "그래, 미안하다. 엄마가 생각이 짧았네" 하고 전화를 끊었다. 한편으로는 웃음도 나왔다. 꽃샘추위에 몸을 움츠리면서 집으로 돌아오는 길에 얼마나 엄마에게 따지고 싶었을까, 볼을 붉으락푸르락하면서 얼마나 씩씩대고 걸어왔을까, 엄동설한도 아닌데 얼어 죽을 것 같았다는 과장과 협박이 귀엽기도 했다.

저녁이 되어 집에 가자 딸아이는 낮에 언제 그랬냐는 듯이 뛰어나와 안겼다.

"너는 아무리 추워도 그렇지, 직장에서 일하는 엄마한테 전화해서 그렇게 소리를 지르니?"

"헤헤, 죄송해요. 아까는 정말 나도 모르게 화가 났어요."

비록 체면 때문에 성질을 참고 딸아이의 말을 받아주었지만 덕분에 아이와 나는 하룻밤도 지나지 않아 기분이 좋아졌다.

아이도 학교를 오가는 길에서, 학교에서, 또 집에서 스트레스를 받는다. 그래서 누구에게든 그 분풀이를 하고 싶어 한다. 일단 분풀이가 끝나면 언제 화를 냈느냐는 듯이 다시 즐거운 시간을 보낸다. 그렇게 하루하루 인생을 헤치고 모으면서 아이는 성장한다. 이 분풀이가 바로 벤틸레이션으로, 올바른 성장을 하는 데 꼭 필요한 과정이다.

정신과에 내원하는 환자 대부분은 성장기에 제때 벤틸레이션을 하지 못해 분노와 허탈, 우울과 공허감이 누적되어 삶의 동기를 찾지 못하고 방황하다가 돈 내고 심리 상담 받으면서 벤틸레이션한다고 해도 과언이 아니다. 누적된 정서 억압은 사회 부적응 등 다양한 문제를 일으켜 본격적으로 심리 상담을 시작한다 해도 문제를 해결하기까지 많은 시간이 걸린다.

요즘 아이들이 학교에서 난폭한 행동을 보이고 심지어 교사에게 대드는 것도 스트레스를 풀 대상이 없기 때문이다. 낮에 학교에서 화가 날 수도 있고 모멸감을 느낄 수도 있지만, 저녁에 부모가 이야기를 들어주면서 그건 이렇고 저건 저렇다며 이해시키고 감정을 받아주면 아이는 그날의 스트레스를 잊고 다음 날 즐겁게 다시 하루를 시작한다.

아이의 말을 듣지 않는 부모보다 더 나쁜 것은 아이가 자신의 감정을 드러냈을 때 오히려 부모가 "그런 것도 참지 못하냐"라며 더 화를 내는 것이다. 그러면 아이의 마음은 집에서도 닫혀버린다. 화난 마음이 닫혔을 뿐 없어지지는 않았으므로 아이는 학교에서 그 화를 주먹과 욕설로 표출한다.

감정의 굴뚝을 그때그때 풀어주어야 하는 이유는 당연히 아이가 스스로 감정을 잘 처리할 수 없기 때문이다. 특히 아직 뇌가 충분히 발달하지 않은 초등학생 때까지는 더욱 조심해야 한다. 가령 이성적 판단을 할 수 없는 아이들을 유모차에 태워 시위에 끌고 나가거나, 단체 행동을 하는 중에 아이들이 보는 앞에서 삭발하는 부모들은 제 손으로 아이에게 지울 수 없는 상처를 입히는 셈이다. 대의명분을 위해 그런 행동을 했다 해도 아이는 그 당시 현장에서의 느낌과 감정만을 온몸으로 받아들인다. 부모의 행동이 옳았다는 이성적인 판단은 훨씬 나중에 할 수 있으며 그전에는 오직 '좋다' '나쁘다'는 감정적 판단만 있을 뿐이다. 엄마가 소리를 지르고 옆에서 무서운 동물들이(나중에 경찰임을 알게 되지만) 엄마를 죽이려 하고, 아빠의 머리카락이 잘려 나가며 흐느끼는 행동은 아이에게 말로 표현할 수 없는 두렵고 위협적인 인상으로 남는다. 두렵고 위협적인 인상이 뇌 속에 똬리를 틀고 있는 이상 나이를 먹어도 알 수 없는 불안에 시달린다.

심리 치료란 이러한 불안의 시발점을 찾아 성인의 시각에서 그 당시 일을 객관적으로 들여다보고 부모의 행동이 사실은 대의를 위한 행동이었으며 그때 나는 아직 어렸기 때문에 현실을 성숙한 눈으로 보지 못했음을 깨닫고, 부모를 이해하고 감정을 털어버리는 작업이다. 이 작업은 시간이 많이 걸리고 때로는 기대한 만큼의 결과를 얻지 못한다.

이성이 발달하기 전의 아이에게 부모의 가치관과 대의명분을 제대로 이해시키기는 불가능하다. 아무리 훌륭한 행동이라도 아이에게 불안을 줄 수 있다면 엄마 아빠 둘이서만 하는 것이 옳다. 아이가 안전하게 자라도록 보호한 다음, 어른들의 대의를 생각하자. 제2차 세계대전 중 독일과 처절한 전투를 벌인 영국은 그 와중에도 아이들은 최대한 보호했다고 한다. 가능하면 총성이 들리지 않는 시골로 아이들을 보냈다. 영화 〈나니아 연대기〉 속 아이들의 위대한 모험은 그렇게 탄생했다.

안전에는 과잉보호가 없다

감정을 억압할 일을 최대한 만들지 않는 것이 가장 이상적이다. 다시 말해 눈물 흘릴 일을 많이 만들지 않아야 한다. 자주 몸이 아프지 않게 해주고, 다른 아이들은 다 하는 것을 지나치게 못하게 해서 스트레스 받는 일이 없게 해주자. 아이에게 가장 큰 슬픔은 부모의 죽음, 별거나 이혼이다. 그런데 부모의 별거나 이혼이 아이에게 무척 큰 슬픔이라는 사실을 모르는 부모가 갈수록 많아지고 있다. 더욱이 이런 상황에 이르기 전 수년에 걸쳐 지속된 가정의 부정적인 분위기 속에서 아이들은 점점 자신의 목소리와 감정을 억압해간다.

눈물 흘릴 일을 많이 만들지 않으려면 무엇보다도 아이를 안전하게 잘 보호해야 한다. 이렇게 말하면 "과잉보호는 나쁜 것이 아니냐"라고 질문하는 부모들이 있다. 하지만 과잉보호에 대해 제대로 알아야 한다. 잘못해도 감싸는 과잉보호는 문제이지만 위험에서 아이를 지키는 과잉보호는 아무리 과해도 지나치지 않다. 우리나라는 아이를 보호하고자 하는 엄마에게 매우 싸늘한 시선을 보낸다. "그렇게 과잉보호하면 나중에 아이가 뭐가 되겠냐"라는 말도 한다. 아직 어린 자식을 철들 때까지만 제대로 보호하겠다는데 왜 그리 눈에 쌍심지를 켜는지 이해되지 않는다. 결론은 자기들 손에 맡기라는 것인데 그러다가 만에 하나 사고가 나면 "그러니까 사고이지요"라는 말만 돌아온다. 심지어 공부하라고 보내는 학원에서도 방학 때마다 꼭 놀이공원이나 수영장에 가는 행사를 기획한다.

아이가 초등학교 3학년 때 학원에서 단체로 수영장에 가는 것을 허락하지 않은 적이 있다. 엄마인 나도 수영장에서 바글바글 노는 아이들 중에서 내 아이를 찾느라 10분 이상 헤맨 적이 있어서였다. 그때 찬 물속에서도 진땀이 났다. 수영복을 입고 수영모를 쓰고 옆 아이와 30센티미터 간격으로 노는 아이들 속에서는 엄마라도 자식을 찾기가 쉽지 않은데 남은 더할 것이다. 이듬해 학원에서 놀이공원에 간다고 했을 때는 허락했다. 수영장보다는 아이들을 관리하기 쉬우리라고 생각했고 한 학년 차이지만 4학년부터는 자기 보호 능력을 어느 정도 갖추게 되기 때문이다.

몇 해 전에 너무나 안타까운 눈썰매장 사건이 있었다. 아이와 눈썰매장을 찾은 엄마들이 하루 자고 갈 요량으로 두 개의 방을 빌렸다. 그리고 '과잉보호하지 않으려고' 아이들만 다른 방으로 보내고 자신들은 가볍게 술을 마시며 놀았다. 자기들끼리 누워 있다가 심심해진 아이들은 몰래 방을 빠져나가 안전 요원 하나 없는 폐장된 눈썰매장 꼭대기에 올라가 썰매를 타고 내려오다가 멈추지 못하고 건물 벽을 들이받았고, 아이 네 명이 즉사했다. 살아남은 아이 또한 평생 지울 수 없는 상처를 입었다.

안전에 대해서는 과잉보호라는 용어가 성립되지 않는다. 과잉보호란 아이들이 다툴 때 자기 자식만 옳다고 편드는 경우에나 쓰는 말이다. 우리는 사고 위험성을 안고 있는 셔틀버스에 꼬마 아이들을 매일 아무렇지도 않게 태워 보낼 정도로 안전 문제에 둔하다. 유치원 때부터 시작한 셔틀버스 사랑은 초등학교 이후에도 수영장과 학원, 심지어 교회에 갈 때도 이어진다. 그것도 교통사고 발생률 세계 1위인 나라에서 말이다.

내 아이가 어떤 환경에서 위험하고 안전할지, 언제쯤 혼자 나가서 다치지 않고 놀 수 있을지, 부모라면 알 수 있다. 다른 아이가 혼자 잘 논다고 해서 내 아이도 그럴 수 있다고 단정해서는 안 된다. 적극적이고 용감한 아이가 있는가 하면 소심하고 겁이 많은 아이가 있다. 소심하고 겁 많은 아이이거나 산만하고 충동적인 아이라면 초등학교 입학 전이나 전학을 갔을 때 며칠 휴가를 내고 아이의 등하굣길 동선을 오가면서 어디에서 조심해야 하는지도 살펴야 한다. 그리고 나서 큰 도화지에 학교 주변의 지도를 그린 뒤 멋진 옷을 차려입고 전시 상황을 통제하는 장군의 말투로 하나씩 짚어가면서 말해주어야 한다. 요기 횡단보도는 차의 속도가 매우 빠르기 때문에 더 밑으로 내려가 조기에서 건너라, 이곳은 현재 공사 중이므로 저쪽으로 돌아서 가야 한다, 순이네 떡볶이집은 덮개를 덮지 않아 먼지가 많으니 정 먹고 싶으면 철이네 떡볶이집에 들어가서 먹기 바란다. 이상. 알겠나? 어기면 곤장 다섯 대이다. 알겠나?

중고생만 되더라도 친구의 협박과 구타 때문에 자살을 시도하는, 말도 안 되는 사건이 심심찮게 벌어진다. 자식의 눈에서는 눈물이, 부모의 눈에서는 피눈물이 나게 하는 일이 너무도 많이 생기고 있다. 조금만 더 주의를 기울여 자식 눈에서 쓸데없이 눈물 흘리는 일이 없도록 하자. 열 살까지는 반드시 과잉보호해야 하고 열여덟 살까지도 두 눈 똑바로 뜨고 보호해야 한다.

아빠 냄새도
필요해

3

책 제목이 '엄마 냄새'이다 보니 엄마만 육아하라는 거냐는 오해를 많이 받곤 한다. 절대로 아니다. 당연히 엄마 아빠 냄새가 다 필요하다. 다만 아이를 키우는 데 있어서는 어떤 상황에서도 1차적으로 책임을 지는 사람이 있어야 하기에 먼저 엄마들을 대상으로 썼을 뿐이다. 심폐소생술을 할 때 시술자는 쓰러진 사람의 가슴을 누르기 전에 주변을 둘러싼 사람들 중 한 사람을 분명하게 지목하며 "119에 전화해주세요"라고 말한다. 그렇게 하지 않으면 사람들이 '나한테 말한 건 아니겠지' 하면서 서로 책임을 전가하기 때문이다. 심폐소생술만큼 급박한 것은 아닐지라도, 하루를 1,000일같이 사는 아이에게도 역시 어느 정도 클 때까지는 하루 이틀 걸러 급박한 일들이 일어난다. 집 안팎에서 다치기도 하고 친구에게 맞기도 하고 반대로 친구를 때리기도 하며 장난으로 완구 같은 것을 입에 넣었다가 기도가 막히기도 한다. 갑자기 열이 나거나 배앓이를 하는 것은 아이 키울 때 이야깃거리도 못 된다. 신체적 위험만 있는 것도 아니다. 하루에도 몇 번씩 기분이 좋았다가 나빴다가 하면서 심리적으로도 늘 긴장 상태에 놓여 있다. 부모의 인생에 말할 수 없는 기쁨을 주는 아이이지만, 그렇게 될 수 있도록 건강하게 키워내는 과정은 늘 조마조마하기 때문에 양육의 책임자로 나는 엄마를 먼저 지목하기로 했다. 부모 모두 아이를 사랑하지만 아이를 최우선으로 생각하고 보호하는 면에서는 아빠와 엄마가 클래스가 다르다는 것이 현장에서 느낀 결론이기 때문이다.

아이가 정신과에 오면 부모에게도 심리검사를 한다. 검사 항목

중 "살아오면서 가장 슬펐던 일이 무엇인가?"라는 질문에 대해 대부분의 엄마들은 이렇게 말한다. "지금 내 아이가 정신과에 온 것." 엄마들은 이 말의 절박함과 먹먹함을 익히 아실 것이다. 하지만 아빠들은 좀 다른 답변을 내놓는다. "주식으로 돈 날렸을 때, 승진 좌절됐을 때"라거나 좀 감상적인 분들은 "첫사랑과 헤어졌을 때"라고 말한다. 주식으로 돈을 날리면 당연히 슬픈 건 맞다. 하지만 "지금 내 아이가 정신과에 온 것"의 표현처럼, 절절함이 농축된 사랑의 마음이 느껴지지는 않는다.

이런 이유로 이 책의 제목이 '엄마 냄새'가 되었지만 심폐소생술은 어디까지나 응급 상황에 필요하며 아예 할 필요가 없는 게 좋다는 것은 두말할 필요가 없다. 아이가 건강하고 안전하게 자라면 심폐소생술을 할 일이 없다. 그러려면 '아빠 냄새'가 필요하다. 아이가 엄마 아빠의 유전자를 받아 탄생한다는 사실을 모르는 사람은 없다. 하지만 아이가 그 유전자를 잘 발화시켜 엄마 아빠를 뛰어넘는 멋진 존재로 성장하기 위해 부모 양쪽에게서 정신의 자양분을 받아야 한다는 사실은 많이 간과되곤 한다. 이는 심히 안타까울 뿐 아니라 위험하기까지 하다. 반쪽짜리 육아는 이제 그만하자. 엄마 냄새에 아빠 냄새를 더하는 것은 반쪽들이 모여 한쪽이 되는, 1+1 같은 단순 덧셈으로 끝나지 않는다. 모든 긍정적 효과를 세 곱절, 네 곱절 늘려 아이가 안전하고 건강한 수준을 넘어 행복해하는, 눈부신 결과를 만들어낸다. 초판에서부터 당연히 이야기해야 했지만 한국의 육아 현실을 고려하여 잠시 미뤄두었던 아빠 냄새의 소중함과 필요성을 이제 말하려 한다.

반쪽짜리 육아는
이제 그만

육아하는 아빠가 세련되어 보인다

앞에서 아이를 최우선으로 생각하고 보호하는 면에서 아빠와 엄마의 태도가 다르다는 말을 했는데 어쩌면 이런 차이는 단순한 태도의 문제를 넘어 좀 더 뿌리가 깊은 것일지도 모르겠다. 아기의 울음소리를 녹음하여 들려주면서 엄마 아빠의 뇌 활동을 살펴본 연구가 있다. 부모 모두 뇌의 같은 부분에서 아기의 울음소리를 지각했지만 엄마의 뇌는 아기를 진정시키기 위한 신속한 행동을 하도록 바로 준비시키는 반면 아빠는 행동을 개시하는 다급함이 없었다고 한다. 아이를 살피고 위기 상황에 대처하는 엄마 아빠의 차이는 본능적인 수준에서부터 갈라지는 듯하다.

실로 엄마들은 어떤 상황에서도 아이를 먼저 생각하고 보호하려 한다. 여기서 말한 '어떤 상황'에는 기분이 나빠도, 몸이 아파도, 돈이 없어도 등이 해당된다. 엄마들은 애를 돌보느라 아플 새도 없으며 심지어 몸살이 날 것 같으면 미리 약을 먹기도 한다는 말을 하곤 한다. 나도 그렇게 아이들을 키웠지만 내 딸이 이렇게 산다면 애간장이 탈 것 같다. 그런데 이상하게도 내 아들은 이런 면에서 애간장을 태우지 않을 것 같다. 애간장을 태울 기회 자체가 별로 없을 것 같아서이다. 왠지 육아의 시늉만 낼 것 같은 생각이 든다. 아들이 철들 때부터 육아는 공동책임이라는 말을 귀가 닳도록 해주었음에도 왜 미덥지 못하게 느껴지는 걸까? 내가 보았던 세상이 그래서 그렇다. 조부모님과 부모님 세대는 말할 것도 없고 우리 세대와 후배들의 세대, 심지어 상담실을 찾아오는 현재의 여성들 세대에 이르기까지 내 눈으로 직접 목격할 수 있는 범위인 3세대를 넘어가고 있음에도 양육의 90퍼센트 이상이 엄마의 몫임을 매일 본다. 엄마들의 고통이 너무 심한 나머지 '독박 육아'라는 신조어가 생겼을 정도이다.

이러니 《하루 3시간 엄마 냄새》 개정판에 '아빠 냄새' 내용을 추가하자는 제안을 받았을 때 처음 든 생각은 '헛일일 것 같다'는 것이다. 아빠들이 읽을지 확신이 들지 않기 때문이다. 《하루 3시간 엄마 냄새》는 엄마들을 대상으로 언니, 선배, 친정엄마의 마음으로 썼다면 '아빠 냄새'는 마치 제부나 사위에게 글을 써야 할 것 같은 느낌이다. 공동육아의 필요성과 중요성에 대해 단순한 설명을 넘어 설득을 해야 할 것 같은 부담이 생기며 엄마나 여성이 아니라 아빠나 남성이 써야 조금이나마 효과가 있을 것 같다.

그럼에도 용기를 내게 된 것은 《하루 3시간 엄마 냄새》 초판이 나온 후 5년이 지나는 사이에 육아계에도 작은 지각변동이 생겼기 때문이다. 즉, 아빠 육아가 늘어났다! 방송이나 신문을 통해 서서히 알려졌으며 심지어 자신이 '독박 육아'를 한다며 하소연하는 아빠들에 대한 기사도 나온 적이 있다. 아빠 육아서도 꽤 많이 나왔다. 한 예로, 《아빠 육아 공부》의 저자 양현진 원장은 포스코에 근무하면서 포털사이트의 '좋은아빠 육아연구소'를 운영하는 다둥이 아빠로 아빠 육아는 더 이상 선택이 아닌 필수라고 하면서 아이를 낳으면 예전과 똑같이 시간 관리를 해서는 안 되기에 자신은 9시에 취침하고 4시에 기상하는 걸로 바꾸었으며 하루에 두 번 퇴근하는 셈 친다고 했다. 아이와 놀 수 있는 방법은 물론이고, "아내가 행복해야 아이들이 행복하다, 좋은 아빠는 좋은 남편에서 시작된다"라고 하면서 좋은 부부관계를 위해 나름 찾은 앵무새 기술(아내의 말을 따라 해준다는 뜻), 심호흡, 자기암시("나는 잘하고 있어"), 공간 분리 등의 방법까지 제안하고 있다. 내가 하고 싶은 말을 다 해주셔서 속이 다 시원하며 아빠 육아서 저자들께 힘을 실어드리고 싶다.

이런 변화에는 텔레비전의 육아 예능프로그램의 영향도 컸던 것 같다. 아내 없이 아이를 돌보는 아빠들의 서툴지만 애정 어린 모습은 엄마 미소, 아빠 미소를 유발했으며 그 인기는 아직도 시들지 않고 있다. 확실히 이제는 육아에 동참하는 아빠가 더 지적이고 섹시해 보이는 시대가 되었다. 전 국가대표 축구선수이자 맨유에서 훌륭한 활약을 보였던 박지성 선수도 텔레비전 프로그램에서 딸 바보의 모습을 보여준 적이 있다.

이런 긍정적인 변화가 시작되었음에도 불구하고 한국 아빠들의 전체적인 변화는 여전히 요원해 보인다. 통계청의 '2015 통계로 보는 여성의 삶' 자료를 보면 배우자가 있는 1,182만 5,000가구 중 맞벌이는 518만 6,000가구(43.9퍼센트)로 부부 10쌍 중 4쌍이 맞벌이를 함에도 맞벌이 여성의 가사 노동 시간은 하루 평균 3시간 13분이었던 데 비해 남성은 41분에 불과했다. 맞벌이 여성은 직장에서 평균 11시간을 보낸 후 가사까지 함으로써 하루 14시간 이상을 직장과 가정에서 노동한다는 결과이다. 또한 OECD '2015 삶의 질' 보고서를 보면 아빠가 하루에 아이와 같이 보내는 시간이 OECD 평균 47분인 반면 한국은 하루 겨우 6분으로 나타난다. 조금 전에 언급했던 박지성 선수가 농담처럼 흘린 말, "아이를 보느니 축구 두 경기를 뛰는 게 낫다"라는 말처럼, 아빠 육아는 여전히 '어머, 그 집에서는 아빠도 육아한대!' 정도의 수준에 머물러 있다. 육아 예능프로그램의 카메라가 꺼진 후의 리얼 육아는 여전히 엄마 몫이라는 사실을 다들 알고 있을 것이다.

위의 통계청 발표가 2015년의 상황을 보고한 것이라면 2018년에 중요한 정책이 발표된 후에는 좀 나아졌을까. 바로 7월 1일부터 시행된 주 52시간 근무제이다. 노동시간 단축 적용 기업에서 노동자에게 주 52시간 이상 일을 시키면 사업주의 근로기준법 위반에 해당하여 2년 이하 징역을 받거나 2,000만 원 이하의 벌금을 물게 된다는 내용이다. 이날 모든 신문에서는 이 내용을 헤드라인으로 실었는데 〈SBS 인터넷신문〉에서는 "이른바 '워라밸(일과 삶의 균형)'을 위한 노동시간 단축은 2004년 도입한 주 5일제 못지않게 노동자의 삶에 거대한 변화를 가져올 전망이다"라고 서술했다. 나는 이 정책의 시행을 앞두고 '워라밸'의 최대 혜택자가 아이들이 되지 않을까, 특히 아빠 육아가 전격적으로 늘어나지 않을까 기대했지만 부정적인 전망에 관한 다른 기사를 읽으면서 도로 한풀 꺾였다. 주 52시간제가 적용되는 곳이 상시 노동자 300인 이상 사업장, 국가, 공공기관, 지방자치단체 등에 한정되어 있어서 전반적인 변화가 생기기까지는 상당한 시간이 걸린다는 내용이었다. 이 외에도, 초과근무 수당이 없어져서 오히려 투잡을 하게 될 수도 있다는 내용, 일찍 퇴근하지만 대리운전 5시간을 한다든지 퇴근 도장 찍은 후 집에 가서 다시 일한다는 남성들을 인터뷰한 내용도 있었다.

이렇듯 아직도 갈 길이 멀지만, 어쨌든 한국의 근무 현장이 선진국의 모양새에 접근했다면 무엇이든 배움과 응용이 빠른 한국의 주춧돌인 아빠들이 현실의 어려움을 과감하게 건너뛰어 스칸디 대디처럼 되었으면 좋겠다. 스칸디 대디란 육아에 적극적으로 참여하며 아이와 많은 시간을 함께 보내고 교감하는 북유럽 아빠들을 지칭하는 단어이다. 그들은 당연하다는 듯이 육아휴직을 내어 아이들과 함께 많은 시간을 보내며 가사를 분담한다. 스칸디 대디를 롤 모델로 하자고 하는 이유는 북유럽 사람들의 행복지수가 세계 최상위권이기 때문이다. 세계 163위의 GDP 수준임에도 최상위권의 행복지수를 보이는 부탄 같은 나라도 있지만 한국인들은 GDP도 높으면서 동시에 행복한 나라를 동경하는데 그 나라들이 북유럽에 포진되어 있다.

세계사적으로도 두드러진 경제적 발전을 이루어낸 한국의 비결에 대해, 머리 좋고 지기 싫어하는 한국인들이 선진국의 시행착오를 간접 학습함으로써 실패율을 줄였다는 분석이 꽤 타당하게 받아들여지고 있다. 그 머리와 자존심을 경제적인 면에서만 발휘할 것이 아니다. 행복에 대해서도 우리는 선진국의 모습을 발판 삼아 시행착오를 줄일 수 있으며 당연히 그래야 한다. 2000년대 지구상에서 경제와 심리 모두에서 최적의 발전을 이루어낸 나라들은 아빠들이 육아를 즐겁게, 그리고 당연히 한다. 이것이 그들의 행복의 원인인지 결과인지는 알 수 없지만 행복과 육아가 결코 별개가 아니라는 사실은 분명하다. 그들도 그렇게 되기까지 많은 어려움을 겪었겠지만 우리는 시간을 단축할 수 있다.

한국인에게는 가난이 무엇인지 알고 그것을 극복해본 유전자가 내재되어 있다. 좁은 땅에서 현실적인 어려움을 이겨내도록 했던 희망은 항상 '사람'이었고 개인적으로는 '내 아이'였다. 투잡을 고려하는 이유도 결국 아이를 포함한 가족의 행복을 위해서이다. 여전히 아이는 우리들의 희망이자 보람이다. 그 희망을 꽃피우기 위해 돈을 열심히 벌기 시작했는데 언젠가부터 목적이 상실된 채 과정에만 죽고 사는 모습이 된 듯하다. 순수함과 열망으로 가득 찼던 원래의 목적을 되찾아 행복의 길에 다시 올라타야 한다. 돈 버느라 지쳐서 아이와 맘껏 웃지도 못하다가 나중에 행복하려 하다가는 어느 세월에 이룰지 알 수 없다. 두려워 말고 아이의 손을 잡고 성큼성큼 행복으로 바로 들어갈 수 있는 방법이 있다. 아이의 진정한 행복은 지금까지 책에서 썼듯이 돈이 아니라 부모와 함께하는 시간 위에 차곡차곡 쌓이기 때문이다. 그리고 아이의 행복은 당연히 부모의 행복을 배가시킨다. 아이들은 왜 산타클로스를 좋아할까? 그는 그 많은 선물 중에서 희한하게도 '내가 바라는 선물'을 주기 때문이다. 산타 아빠는 아이에게 줄 것을 이것저것 준비하느라 바쁘지만 아이가 지금 가장 바라는 것은 아빠와 매일 조금이라도, 그게 힘들면 일주일에 하루 이틀이라도 같이 노는 것이다. 아이가 바라는 선물을 주는 감각 있고 멋진 미스터 산타가 되기를 바란다.

아이의 탄생과 성장 다시 보기

아빠들 중에 혹시라도 이 책의 제목과 목차를 보고 이 장만 읽는 분들이 있을까 봐 아이의 탄생과 성장에 대해 다시 한 번 요약해보려 한다. 아기의 탄생과 관련하여 가장 중요한 것은 태어나서 뇌를 완성한다는 사실이다. 이 한 줄에는, 우리가 미처 깨닫지 못한, 혹은 깨달았지만 다른 것에 가려진, 엄청난 신의 섭리가 내재되어 있다. 뇌가 완전하게 성숙해서 나오려면 크기가 커져 엄마의 산도를 통과할 수 없게 된다. 그렇게 되면 10개월 동안의 기다림이 물거품이 되며, 만약 억지로 통과하겠다면 엄마가 사망하게 된다. 따라서 엄마 몸에서 나올 수 있도록 작되 생명 유지에 필요한 기본적인 기능을 갖출 만큼은 큰, 이 놀라운 뇌의 크기는 인간 위 존재의 작품이라고밖에는 생각할 수 없다. 결론적으로, 모든 아기는 어떻게 보면 '조산아'로 태어난다. 만약 아이가 조산아로 태어난다면 부모는 인큐베이터에 있는 아기를 매일 들여다보며 잠시도 마음을 놓지 못할 것이다.

조산아로 태어나 몸무게가 1킬로그램도 안되어 1년 넘게 인큐베이터에 있어야 했던 아기의 엄마를 알고 있다. 그녀의 소원은 단 하루만이라도 아이를 하루 종일 안고 있는 것이었다. 그녀의 간절한 기도가 응답되어 아이가 인큐베이터에서 나온 후 실제로 그녀는 아이를 품에서 내려놓지 않았다. 가족들이 오히려 아이의 발육이 늦어진다며 만류할 정도였다. 그녀가 아이를 내려놓은 것은 어깨 통증과 위염이 심해지고 나서였다. 하도 아이를 안고만 있다 보니, 아이에 대한 걱정에 사로잡혀 밥도 제대로 못 먹다 보니 생긴 병이었다. 불과 30대 후반의 나이에 60대 노인의 몸 상태로 진단받을 정도가 되어서야 그녀는 정신이 번쩍 들었다. 남들보다 늦게 성장하는 아이가 건강한 성인으로 크려면 부모 또한 남들보다 더 오래 아이 옆에 있어주어야 하는데 그러려면 자신이 먼저 건강해져야 한다는 생각이 들었다고 한다. 아름다운 그녀와 사랑스러운 아이는 지금 아주 건강하게 잘 살고 있다.

인큐베이터에 있는 조산아를 대하듯 조심스럽게 키워야 하는 것이 어린아이이다. 앞에서 말했듯이, 인간 아기는 작은 뇌로 출생한 후 뇌가 점점 커지면서 신경계도 폭발적으로 발달한다. 그러니 뇌 발달이 어느 정도 완성되기까지 아기가 극도로 안정된 환경에 놓여야 하는 것은 너무도 당연하다. 인생을 슈퍼컴퓨터에 비유한다면 슈퍼컴퓨터의 웅장한 기능을 결정짓는 기본적이면서도 필수적인 배선이 출생 후 몇 년 내에 설치되기 때문이다.

인큐베이터에 있어야 할 정도로 유독 작고 약하게 나온 아기들을 빨리 정상화시키는 방법이 있다. '캥거루 육아'이다. 하루 중 단 몇 시간이라도 인큐베이터에서 아이를 꺼내어 엄마가 배 위에 올려놓거나 안아서 엄마의 심장 소리를 들려주면 아기의 상태가 더 빨리 좋아진다는 연구 및 임상경험에 근거하여 지금은 대학병원을 비롯하여 웬만한 전문병원에서도 이 방법을 쓰고 있다. 좀 더 머물렀어야 했을 엄마의 자궁, 그 자궁 같은 엄마 품이 제공되면 아기는 엄마 냄새를 맡으면서 정상적인 발달을 다시 해나간다. 모든 아기들은 일종의 '조산아'이니 어느 정도 안정적으로 성장하기까지 부모의 품 안에 최대한 있게 해주어야 한다. 6개월 정도 지나 발발 기어 다니기 시작하는 아이까지 억지로 품에 가둬두라는 말이 아니다. 그렇게 기어가다가도, 더 커서 걸어가다가도, 아이는 항상 부모에게 돌아와 안긴다. 그들이 돌아오는 간격이 8시간을 넘어가면서 그사이에 부모의 시급한 개입이 거의 없어도 되는 그때까지는 우리 품은 늘 스탠바이 상태로 있어야 한다.

아이는 태어난 후 뇌를 발달시키기 때문에 동물의 새끼 중에서 인간 아이는 가장 긴 어린 시절을 갖는다. 인간의 어린 시절은 아동기에 해당하는 초등학교까지 포함해야 하지만 이 기간을 다 인정할 수 없다 해도 최소 열 살까지이다. 이토록 어린 시절이 긴 이유는 만물의 영장다운 뇌를 제대로 개발하기 위해 차근차근 단계를 밟아나가기 위함이다. 인간 아기가 다른 동물과 달리 출생 후 오래 누워 있는 것도 금방 일어서서 돌아다니면 뇌를 다칠 수 있기에 뇌를 잘 보존하기 위해서이다. 이윽고 열 살 정도까지 뇌의 기본 배선이 끝나면 괄목상대한 발달이 시작된다. 지적 자극을 본격적으로 주어야 하는 시기는 이때부터이다. 그 전까지는 정서적 안정이 최우선이다. 배고프지 않고 잘 자게 해주는 것은 물론이고, 깨끗하고 안전하게 해주어야 하며 외롭지 않게, 즐겁게, 행복하게 해주어야 한다.

연세대학교 심리학과 서은국 교수는 《행복의 기원》에서 진화학자들의 주장을 잘 정리해놓았다. 간추린 내용을 한번 보자.

> 호모사피엔스가 문명인의 모습으로 산 것은 진화론적 관점에서 보면 정말 잠깐이다. 인간이 농경생활을 하며 문명을 가진 것은 길게 잡아야 6,000년 전부터다. 세대로 따지면 약 250세대. 인간과 침팬지가 진화의 여정에서 갈라진 것은 대략 600만 년 전이라고 한다. 약 30만 세대 전. 막연한 숫자다. 이렇게 바꿔보자. 시간을 1년으로 압축한다면, 인간이 문명생활을 한 시간은 365일 중 고작 2시간 정도다. 364일 22시간은 피비린내 나는 싸움과 사냥, 짝짓기에만 전념

하며 살아왔다. 동물이기 때문에. 그러나 우리는 1년 중 고작 2시간에 불과한 이 모습에 너무나 익숙해져 있다. 그래서 어처구니없게도 우리는 더 이상 동물이 아닌 줄 안다. … 600만 년간 유전자에 새겨진 생존 버릇들이 그렇게 쉽게 사라질까? 절대 그럴 수 없다. 인간은 여전히 100퍼센트 동물이다. 바로 이것이 최근 심리학계를 뒤흔드는 연구들의 공통점이다.

_《행복의 기원》, 서은국, 21세기북스, 2014

행복을 주제로 쓴 책에서 왜 진화론을 이야기하며 인간은 동물이라고 주장하는 걸까? 진정한 행복을 찾겠다면 쓸데없이 너무 고상한 척하지 말고 우리가 동물이라는 것을 인정하는 데서 시작해야 한다는 것으로 나는 이해한다. 인간이 침팬지와 갈라선 것이 고작(!) 600만 년밖에 안 된다 해도 그 기간 동안 인간은 지구에 적응하는 수준을 넘어 지구 밖으로 나갈 정도로 대단한 발전을 이루어냈다. 하지만 침팬지로부터 단 한 발짝도 달라지지 않은 것이 있다. 먹어야 하고 자야 한다는 것, 그럼에도 불구하고 결국 죽는다는 것, 그리고 아이가 미숙한 상태로 태어나 오랜 기간 보살핌을 받아야 한다는 것이다. 인간이 어떻게 동물과 같으냐고 기분 나쁘다는 사람도 있겠지만 최소한 열 살까지는 동물이라는 것을 인정해야 한다. 그러니 아이는 동물처럼 품어서 키워야 한다. 침팬지가 밀림의 다른 공간에 새끼를 떨어뜨려 키우는 것을 본 적이 있는가? 어미 새는 먹이를 구하러 가는 불가피한 순간에만 아주, 아주 잠깐

196

새끼를 따로 둘 뿐이다. 진화학자들은 동물의 세계에서 새끼를 오 랫동안 따로 두는 것은 자살행위라고 말한다. 부모가 아이를 위해 돈 벌러 나가는 행위가 오히려 아이를 정서적으로 배고프게 하고 정신적으로 위험하게 하는 셈이다.

하지만 인간은 침팬지도 새도 아니기에, 나가서 일을 하고 돈을 벌어야 하며 아이와 좀 더 오래, 혹은 멀리 떨어져 있어도 된다. 하 지만 최대한 빨리 새끼 곁으로 돌아와야 한다. 이것만 명심하자. 좀 더 나가 있어도 된다. 하지만 최대한 빨리 돌아오라. 평생 이러자 는 것이 아니다. 최소한 아이가 열 살까지만이다. 불안 수준이 높고 유약한 아이라면 더 오래 같이 있어주어야겠지만 보통의 경우에 는 열 살이 넘으면 애벌레가 번데기를 벗고 나비가 되듯 동물의 때 깔을 벗고 인간의 길로 들어서기 시작한다. 스스로 생각하는 능력 이 부쩍 자란 아이들이 자주적으로 할 수 있는 영역이 늘어나게 되 어 비로소 인간 대 인간의 관계가 가능해진다. 양육 기간은 20년이 지만 후반 10년은 오히려 아이가 부모를 도와준다. 이때 제대로 된 도움을 받으려면 초반 10년 동안 부모는 전심을 다해 아이의 마음 을 얻어야 한다. 반면, 초반 10년을 허투루 보내면 후반 10년 동안 아이는 당신을 아주 힘들게 할 것이다. 때마침 사춘기라는 좋은 핑 곗거리까지 더해져 말 그대로 질풍노도의 시간을 맞이하게 된다. 양육을 경제용어로 표현한다면 선투자 후수익이지 선수익(돈 벌기) 후투자가 절대 아니다.

물론 쉬운 일이 아니다. 정말로! 예상했던 것보다 훨씬 더 힘들어서 아이를 낳은 후 오히려 부부 사이가 나빠질 정도이다. 엄마는 외롭고 고통스러우며 아빠는 짜증 나고 불편해진다. 행복하자고 낳은 아이가 오히려 행복의 방해물이 되는 듯한 착각이 하루에도 여러 번 든다. 하지만 힘들다고 본질을 외면하면 삶이 더욱 꼬인다. 서은국 교수의 책에도 언급된 저명한 뇌 과학자 마이클 가자니가 Michael S. Gazzaniga는 '인간의 뇌는 도대체 무엇을 하기 위해 설계 되었을까?'라는 질문에 대해 일평생의 연구를 토대로 '인간관계를 잘하기 위해서'라는 결론을 내렸다. 그의 말대로, 인간의 어린 존재 인 아이 또한 인간관계를 잘하려는 목적을 가진다. 수학을 잘하기 위해서가 아니라 수학을 잘하는 자신을 좋아하는 부모를 기쁘게 하는 것이 한때 유일한 삶의 목표이다. 그러다가 어느 순간 수학 자체에 흥미를 갖게 되는 게 다른 동물과 다를 뿐이다. 아이가 부 모에게 껌딱지처럼 붙어서 힘들게 하는 이유는 인간관계를 능숙하 게 해내기 위해 스펀지가 물을 빨아들이듯이 온 마음과 정신으로 배우고자 하기 때문이다. 아이는 모차르트보다도, 고흐보다도, 혼 을 다해 하루하루를 산다. 그나마 그렇게 배워야 부모 노릇의 힘듦 이 10년째 이후 감소되는 것이지 지지부진하게 배우다가는 20년, 30년 내내 부모가 힘들게 된다. 아울러, 아이가 앞으로 관계를 형 성할 사람이 여성만이 아니므로 남성 대표인 아빠가 같이 아이의 성장을 도와야 '인간관계를 잘하기 위한' 아이의 뇌가 올바로 자리 잡는다.

《사피엔스》의 저자 유발 하라리 Yuval Noah Harari는 《21세기를 위한 21가지 제언》에서 미래에는 인간의 일 대부분을 AI가 하게 되며 심지어 AI가 할 수 없다고 여겼던, 직관이 필요한 업무도 속속 해내고 있다는 증거가 쌓이고 있고 나아가 AI에게 인간이 지배당할 수도 있음을 경각시킨다. 그런데 하라리가 덧붙인 말이 있다. 천하의 AI가 침범할 수 없는 일이 아이 키우기라는 것이다. 그는 "단언컨대, 아이를 돌보는 것이야말로 세상에서 가장 중요하고 힘든 일이라는 사실을 깨달을 필요가 있다. 그러면 컴퓨터와 로봇이 모든 운전사와 은행원과 변호사를 대체하더라도 일이 부족하지는 않을 것이다"라면서 부모가 아이 키우기만 하면서도 먹고살 수 있도록 정부가 이 일을 떠맡아야 하고, 충분히 그렇게 될 것이라며 진지하게 제안한다. 이 책을 읽는 아빠들이 젊을수록 하라리의 예언이 맞다는 것을 보게 되리라고 확신한다. AI가 도래하는 시대가 순식간에 오리라는 것이 많은 과학자들의 결론이다. 그때는 아이를 잘 돌보지 못하는 아빠들이 먹을 것도 얻지 못하고 진화의 부적격자로 낙인찍힐지도 모른다. 부싯돌을 발견하여 불을 만들고 강 유역에 가족을 거주하게 하여 농사를 짓고 글을 만들고 비행기를 발명하고 컴퓨터를 만들면서 늘 인류가 잘 살고 진화하도록 이끌었던 아빠들이 미래에도 진화의 큰 축을 담당하게 되기를 바란다.

아이가 예쁘든 아니든 상관없이 양육은 스트레스가 분명하다. 스트레스에 대한 말 중 겉멋을 다 빼고 가장 현실적인 말은 "피할 수 없으면 즐겨라"가 아닌가 싶다. 양육, 피할 수 없으면, 아니, 인간이라면 피할 수 없으니 즐기자. 그런데 아이와 놀면 그 자체로

즐거우니 대단한 도전거리도 아닌 듯하다. 모든 일이 그렇듯 양육
또한 마음의 문제이다.

아빠의 소중함

최근 5년 사이에 국내에 아빠 육아서가 많이 나왔듯이, 해외에서
도 관련 연구가 많이 발표되었다. 그중 폴 레이번Paul Raeburn의
《아빠 노릇의 과학》과 리처드 플레처Richard Fletcher의《0~3세, 아
빠 육아가 아이 미래를 결정한다》, 두 권의 책에서 공통적으로 언
급하는 아빠 육아의 긍정적 영향을 살펴보자.

- 아이의 언어 발달에 엄마보다 아빠의 영향이 더 크다.
- 어린 시절에 아빠와 독서, 여행 등 재미있고 가치 있는 시간을 많
  이 보낸 아이들이 그렇지 않은 아이들보다 지능지수가 더 높고 학
  교생활을 더 잘한다.
- 아빠와 많은 시간을 보낸 아이들은 낯선 상황에 더 잘 적응하고 사
  회적으로도 더 성공한다.
- 자녀의 성장과 교육에 적극적인 아빠 밑에서 자란 아이가 우울증과
  충동성이 낮고 비행 행동과 거짓말 등을 덜하며 사회성이 더 좋다.

요약하면 아빠와 많은 시간을 보낼수록 언어능력, 지능, 도전성,
사회 능력이 높아 더 잘 적응하고 정신적으로 더 건강하며 성공할

가능성이 더 높다는 것이다. 이런 결과가 나온 것에 대해 레이번과 플레처의 해석을 통합하여 재정리해보면 다음과 같다. 첫째, 아이에게 잘 동조해주고 더 익숙한 언어를 선택하는 엄마에 비해 아빠는 아이에게 동조를 덜 해주는 대신 더 폭넓은 어휘를 사용한다. 그 결과 아이가 새 단어를 배우고 개념을 확장시켜 언어능력과 지능이 높아진다. 둘째, 아빠는 종종 어울리지 않는 방식으로 물건을 사용하고 거친 몸싸움이 섞인 놀이를 하는데 아빠의 짓궂은 괴롭힘이 아이를 불안정하게 하는 듯 보이지만 오히려 아이들은 아빠의 장난을 좋아하며 이런 경험을 통해 낯선 상황에 쉽게 도전할 수 있고 예기치 않은 일도 더 잘 다룬다. 셋째, 아빠와의 격렬한 신체적 접촉은 스트레스를 해소시켜 우울감이나 충동성이 자연스럽게 감소하고 비행 행동으로 연결될 가능성도 낮아진다. 넷째, 감성적으로 공감해주는 엄마에 비해 아빠는 좀 더 논리적이고 큰 시각을 갖도록 해주기 때문에 정신적 밸런스를 맞출 수 있다.

플레처의 설명을 좀 더 들어보자. 자녀가 친구와 싸우고 들어왔을 경우 엄마는 상대방이 받았을 마음의 상처에 대해 이야기하며 화해할 것을 가르치지만 아빠는 "다 싸우면서 크는 거야" "친구가 그 아이 한 명뿐인가? 다른 친구랑 놀아"라는 식으로 말하는데 엄마 입장에서 보면 이와 같은 발언이 무책임하고 비교육적이라고 생각되겠지만 아빠의 말에는 생각보다 많은 내용이 내포되어 있고 친구 사이에 갈등이 필연적이라는 점을 아이가 배우게 된다는 것이다.

어법에도 맞지 않는 이상한 말이나 지껄이고 아이를 함부로 던지고 심지어 발로 차기도 하며 친구에게 맞고 들어왔을 때도 위로해주거나 아이 편을 들어주기보다는 쌀쌀맞게 판정을 내리는, 생각 없고 몰인정해 보이는 아빠의 모습이 오히려 아이의 지능을 높이고 사회적응력을 높여준다니! 평소에 엄마가 아빠에게 못마땅해했던 행동과 태도에도 긍정적인 면이 있다는 것이니 참으로 다행이다.

사실 아이가 만날 사람들이 늘 친절하고 호의적일 수는 없으니 일찌감치 불친절과 위험에 면역되는 것도 필요하다. 아버지의 예측 불가능성을 일찍 접해본 아이는 다양한 시각을 갖게 되어 이후 복잡한 사회 상황에서나 새로운 사람을 만났을 때 당당하게 대처한다. 이런 면에서 보면 정말 아들에게는 아빠 양육이 필요한 듯하다. 아들은 딸보다 더 자주 몸으로 부딪치는 상황에 놓이기 때문이다.

내가 접해본 책 중 국내 아빠 육아의 거봉은 《아빠의 기적》 저자인 함승훈 이사장이다. 거창국제대학교 이사장인 그는 공동육아를 하는 수준을 넘어 아내를 병으로 잃고 홀로 다섯 살, 세 살 아들을 의사로 키워냈다. 얼마나 힘든 일이 많았을지 짐작되고도 남으며 진심으로 경의를 드린다. 많은 아빠 육아서와 마찬가지로 '아빠 양육은 선택이 아니라 필수'라고 주장하는 그의 책에 '아이에겐 때론 바짓바람이 필요하다'라는 글이 있다. 내용을 요약하자면 함 이사장은 초등학생 아들이 독서클럽에 함께 다니는 친구 아빠에게 억울하게 뺨을 다섯 대나 맞고 돌아오자 그 아빠의 사과를 받기 위해 소송까지 단행한다. 후에 친구의 아빠는 함 이사장의 아들에게 마음을 다해 사과한다.

함 이사장은 대부분의 엄마들은 자녀 교육에서 정면 승부를 두려워하고 싸우기보다는 화해하려는 경향이 있다고 지적한다. 아이에게 해가 될까 봐 두려워해서이다. 그가 소송까지 불사한 이유는 아이의 억울한 마음을 풀어주고 받아야 할 정당한 사과를 받기 위해서였다. 그는 아들이 이 일로 정의가 무엇인지를 배웠던 것 같다고 한다.

아빠만이 할 수 있고 또 잘할 수 있는 일들이 분명히 있다. 그가 말했듯이 아이를 키우다 보면 '바짓바람'이 필요할 때가 있다. 나는 이것을 '대범한 아빠 양육'이라고 바꿔 부르겠다. '섬세한 엄마 양육'에 대비되는 개념이다. 아이는 섬세한 배려뿐 아니라 대범한 방향 제시까지 같이 받을 때 최적의 발달을 해나갈 것이다.

100년 만의 폭염이라는 말을 들을 정도로 더웠던 2018년 8월 중순의 어느 주말에 나는 점심 후 잠시 산책을 하러 나갔다. 더위가 한풀 꺾였다고는 하지만 여전히 온도계의 바늘은 34도까지 치솟았다. 아파트 중앙에 있는 장방형의 화단을 끼고 초등학교 1학년 정도 되어 보이는 여자아이가 두발자전거를 타고 있었는데 아직 익숙하지 않아 숱하게 넘어졌다. 아이가 자전거를 타고 화단 주변을 달릴 때 엄마는 행여 아이가 크게 다칠까 봐 자전거 뒤를 계속 쫓아 달렸다. 가만히 앉아 있어도 땀이 흐르는 날씨였으니 계속 달리는 엄마가 안타깝게 느껴졌음은 물론이다. 그렇게 30분 정도 달리다 보니 아이도 점점 덜 넘어졌지만 그래도 코너를 돌 때는 어김없이 넘어지곤 했다. 엄마가 그때마다 계속 조언을 해주었지만 큰 효과가 없는 듯했다. 15분 정도 더 지나 아이 아빠가 하품을 하며 나타났다. 아이 엄마는 아빠에게 "이제야 기어 나오느냐"라고 잔소리를 했지만 아빠는 들은 척 만 척 멀찍이 앉아서 아이가 자전거 타는 것을 지켜보더니 아이가 코너를 돌 때 자세를 한 번 고쳐주었다. 그 후 두 번 만에 아이는 코너를 완벽하게 돌았고 엄마 아빠는 환호성을 질렀다.

나는 그 가족의 모습을 보며 우스운 생각을 해보았다. 나중에 아이가 이 일을 떠올릴 때, 온몸이 부서져라 자신을 따라다니며 안전하게 지키려 했던 엄마에게 더 감사할까, 단 한 번의 말로 자전거를 제대로 타게 도와주었던 아빠에게 더 감사할까. 알 수 없다. 하지만 아빠에게 더 감사한다면 엄마는 진이 많이 빠질 것 같기는 하다. 아이를 키울 때 기운을 다 쏟는 엄마에 비해 손가락 하나만 까닥해서 효과를 내는 사람이 아빠이다. 좀 얄밉기는 하지만 이런 '대범한 양육'이 없다면, 아이가 그저 불쌍하고 안타깝기만 하여 자전거를 배우는 것에서부터 그보다 더 복잡한 일들을 완숙하게 해내기까지 굉장히 시간이 많이 걸릴 것은 분명하다. 무엇보다도, 함승훈 이사장의 사례에서 볼 수 있듯이 정의나 도덕 같은 덕목은 세심한 양육보다는 대범한 양육에서 더 효과적으로 배울 수 있다. 그렇다고 대범한 양육이 무조건 좋다는 말은 아니다. 아이가 오랜 시간 다치지 않고 자전거를 타도록 엄마가 도왔기에 아빠의 한 수도 먹힐 수 있었다. '숲'도 중요하고 '나무'도 중요하다.

대범한 양육을 평균적으로 아빠들이 많이 한다는 것이지 고정적인 성역할로 봐서는 안 된다. 어느 집에서는 엄마가 아빠보다 더 대범한 지도를 하며 다음 장에 나올 사례인 별이 엄마 또한 대범한 양육으로 아이를 멋지게 키워내셨다. 요점만 알도록 하자. 엄마들은 아빠 육아의 강점에 대해 새로운 시각에서 바라보고 아빠들은 자신의 일상적인 행동으로도 아이에게 많은 것을 해줄 수 있다는 자부심을 느끼되 그 자부심을 아이도 같이 느끼도록 분발했으면 한다. 하나 더, 부부가 자녀를 사랑한다는 것을 확신할 수만 있다면 각자의 양육 방법에 대해 지나치게 간섭하거나 부정적으로 지적하지 않도록 조심하자. 너무 진부한 말이지만, 각자의 양육법은 '다른' 것이지 '틀린' 것이 아니므로. 부모 중 한 사람이 아이에게 개입할 때는 믿고 맡기겠다는 '육아 동맹'을 맺어서라도 육아 스트레스를 더하지 않도록 하자.

아빠 양육법

이제 아빠의 양육 방법에 대해 알아보자. 아빠 냄새를 주는 방법을 네 가지 측면에서 생각해보려 한다. 아이와 놀아주기, 아이 곁에 있어주기, 아내 도와주기, 사회 변화시키기이다. 아이와 놀아주기를 제외한 나머지 세 개는 간접적인 방법이라 할 수 있어 간단하게 살펴보려 한다.

엄마에게는 다짜고짜 무조건 3시간을 주라면서 아빠는 네 가지씩이나 나누어서 살펴본다니 엄마들이 서운해할지도 모르겠다. 아빠의 모습이 아빠들 내에서도 편차가 심하기 때문에 그런 것이니 이해해주기 바란다. 아이 때문에 상담실에 오는 엄마들은 거의 대부분 비슷한 모습이다. 아이에 대한 걱정으로 애가 닳으며 눈물 흘리면서 아이가 나을 수만 있다면 어떤 방법이라도 해볼 태세로 오신다. 하지만 아빠들 일부는 이런 모습이지만 또 일부는 여전히 아이에게 냉담하거나 아내의 잘못으로 돌리거나 팔짱을 끼고 혼자서 힘들어한다. 엄마와 아빠가 왜 이런 차이를 보이는지는 문화인류학자와 진화학자들의 도움을 받아 책 한 권을 따로 써야 할 판이니 여기서는 그런 현상 자체를 인정하고 바로 본론으로 들어가려 한다.

■ 아이와 놀아주기

말 그대로 따로 시간을 내어 아이와 놀아주는 것이다. 공놀이, 그네 타기, 미끄럼틀 타기, 자전거 타기는 흔하지만 불변의 매력과 가치를 갖고 있다. 이런 도구나 기구를 이용한 야외 놀이가 가장 좋지만 '아들과 3시간 놀기'에서 언급했듯이 아빠 몸 자체가 훌륭한 놀이터이므로 집 안에서도 얼마든지 아이와 즐겁게 놀아줄 수 있다. 아무래도 정적인 놀이를 많이 하게 되는 엄마와 달리 아빠는 신체적 움직임을 통해 아주 활발하게 놀아줄 수 있기 때문에 아이에게 큰 즐거움을 준다. 심지어 약간 위험하다 싶을 정도로 거칠게 놀아도 아이는 아주 재미있어하며 창의력도 좋아진다. 아빠 육아서에도 이 부분에 대한 비중이 클 정도로 아빠들이 아이와 노는 방법에 대해 고민도 많이 하고 좋은 방법을 많이 제안하고 있으므로 굳이 이 책에서 더 자세하게 언급하지는 않으려 한다. 아이와 놀아주는 것의 중요성만 인식한다면 아빠는 아이와 제자리 뛰기만 해도 아이의 의욕을 돋우고 기분 좋게 해줄 수 있다. 아이는 경계하지 않아도 될 사람한테는 자신의 소중한 (장난감) 접시에 소중한 (장난감) 바나나와 (장난감) 주스를 갖고 와서 대접한다. 그리고 황송하다는 듯이 두 손으로 받아 맛있게 먹어주는 사람을 최고로 쳐준다. 만약 지금까지 이런 대접을 한 번도 아이에게서 받지 못했다면 인생에서 가장 소중한 것을 놓치고 있을지도 모르니 서둘러 놀아주자.

아이와 놀아주기와 관련한 아빠들의 고민은 대략 두 가지 정도로 나누어볼 수 있다. 첫째, 아이와 어떻게 놀지 모르겠다는 것이다. 이럴 때는, 아이가 놀 때 그냥 맞춰주라. 모든 아이는, 아니, 모든 인간은 스스로 노는 능력을 천성적으로 타고난다. 5분 이상 가만히 앉아 있는 아이가 있다면 위대한 성인으로 태어났거나 심각한 병이 있는 것이다. 아이가 스스로 놀 수 있을지 걱정 말고 그 놀이를 따라가 보라.

칩 히스Chip Heath는 《스위치》에서 '5분 놀아주기의 힘'이라는 주제의 연구를 소개한다. 오클라호마대학 보건과학 연구교수 베벌리 펀더버크Beverly Funderburk의 '부모-자녀 상호작용 치료' 연구이다. 자녀를 학대한 부모 110명을 대상으로 했는데 이 부모들은 대부분 "내 아이는 그렇게 교육(학대)시킬 수밖에 없었다"라고 말했다. 이들 중 절반에게는 분노조절요법을 가르쳤고(분노조절집단) 나머지 절반에게는 아이와 노는 법을 가르쳤다(부모학습집단). 부모학습집단에게 연구자는 "하루에 5분씩만 놀아주세요. 규칙은 아이들에게 100퍼센트 주의를 쏟는 것입니다. 전화도 받지 말고 알파벳도 가르치려 하지 말고 그저 즐겁게 해주세요"라고 지시를 내렸다. 아이가 놀이 시간을 주도하게 하고 부모는 명령, 비평, 질문을 하지 않게 했다. 처음에는 부모가 힘들어했지만 어느새 아이에게 맞춰주게 되었고 이후에는 아이와 더 이상 갈등하지 않게 되었다. 연구자는 부모에게 실험실이든 집에서든 똑같이 하라고 요구했고 추가로 칭찬하는 법 등을 가르쳐주었다. 이후 3년 동안 추적 관찰을 했는데 3년 후 분노조절집단은 60퍼센트가 다시 아이를 학대한 반면, 부모학습집단은 20퍼센트에 그쳤다. 칩 히스가 "비록 학대 문제를 완전히 제거하지는 못했지만 그래도 결과는 놀라운 수준이다"라고 말했듯이 아이의 놀이에 맞춰주기만 해도 아이를 이해하게 되고 사랑스러움을 느끼게 된다. 5분이 아니라 30분 이상씩, 또한 3년 동안 자율에 맡기는 것이 아니라 지속적인 모니터링과 피드백을 해주었다면 부모학습집단의 학대율은 거의 제로 수준으로 떨어졌을 거라고 확신한다.

둘째, 아이가 자신과 놀기를 싫어한다는 것이다. 이럴 때는 아직 아빠가 낯설어서 그런 것이다. 즉, 아빠를 싫어하는 것이 아니라 낯설어하는 것뿐이다. 프랑스 이비인후과 의사 피에르 솔리에르Pierre Sollier의 말을 들으면 더 확실하게 이해가 될 것이다.《토

마티스 청지각 요법》의 저자이기도 한 솔리에르는 상당히 특이한 이력을 갖고 있다. 그는 이비인후과 의사로 일하던 중 우연히 주의산만장애, 난독증, 정서장애를 비롯한 발달장애 아동들에게 통합적인 사운드를 들려주면 크게 호전됨을 알게 되었다. 그의 이력만큼이나 연구도 특이하고 참신한 것이 많다. 이후 사운드테라피 sound therapy의 근간이 되었을 정도로 각종 소리의 치료 효과를 검증한 연구가 많았는데, 아기가 자궁 속에서 듣는 소리의 주파수가 8,000헤르츠이기 때문에 엄마가 동화를 녹음하여 이 주파수로 들려주면 아이가 안정된다는 등의 내용이다. 그중 엄마 아빠 목소리에 대한 연구가 있는데 그는 아기가 엄마의 목소리와 아빠의 목소리를 다르게 받아들인다는 것을 발견했다. 대부분의 아이들이 엄마 목소리는 들으려 하지만 아빠 목소리를 들려줄 때는 화를 내거나 헤드폰을 집어던지기도 했다. 솔리에르는 아버지의 목소리는 아기로 하여금 동화 속의 맹수나 괴물과 맞닥뜨리는 상황에 처하게 하는 것과 같다고 했다. 청지각 면에서만 보면 아이에게 아버지는 태어날 때부터 낯선 사람과 다름없다는 것이다. 자신을 자궁에 품었던 사람의 목소리와 나머지 사람의 목소리를 분명 다를 것이다. 낯설면 무섭고, 따라서 같이 놀 수가 없다. 이게 맞다면 아빠는 어떻게 해야 할까? 사랑이 담긴 부드러운 목소리를 자주 들려줌으로써 낯섦을 허물 수밖에 없다는 결론에 이른다. 조금씩 오래 놀아주면 어떤 아이라도 아빠를 좋아하게 되어 있다. 좀 다른 이야기이긴 하지만, 아빠가 잘 안 씻는다든지, 담배 냄새가 심하게 난다든지, 너무 강한 향수를 뿌린다든지 하는 경우에는 아이가 후각 자체에 불편함을 느껴 놀지 않으려 할 수 있다. 깨끗이 씻고 아무것도 더하지 않은 아빠 몸 냄새를 아이가 가장 좋아한다는 것을 명심하자.

아이와 놀 때는 한 '공간'에 있는 것보다 같은 '시간'을 보내는 것이 중요하다. 두 명의 아이와 놀이터에 있는 어느 아빠를 본 적이 있다. 아이 둘은 꼼지락대며 그네와 시소를 번갈아 타고 있었고 아빠는 조금 떨어져서 골프채로 스윙 연습을 하고 있었다. 분명 그 아빠와 아이들은 한 공간에 있지만 같은 시간을 보내는 것은 아니다. 아빠가 엄마의 성화를 못 이겼는지 일단 아이를 데리고 나온 것까지는 좋았지만 결국 그 시간마저 자신의 것으로 쓴다면 아이들은 아빠와 충분히 놀았다고 느끼지 않는다. 세상에 공짜는 없다는 속담이 양육에서처럼 맞는 경우도 없는 것 같다. 부모가 딴생각이나 딴 일을 하면서 아이가 거저 안전하면서도 즐겁게 자란다는 것은 참 힘들다. 아니, 거의 불가능하다.

부가적으로, 아빠가 아이와 오래 놀 수 있는 팁을 엄마에게 이야기하려 한다. '아빠 사용 설명서'랄까. 대부분의 아빠들은 집 안에서보다 밖에서 아이를 볼 때 훨씬 가정적이고 신사적이고 지적이며 매력적이다. 세상의 모든 긍정적인 '~적'을 다 갖다 붙여도 될 만큼 좋은 효과는 아빠를 아이와 함께 좋은 장소로 내보낼 때 나타난다. 놀이동산에 가자고 했을 때 투덜투덜, 꾸물꾸물대던 아빠가 막상 놀이동산에 들어가면 아이보다 더 신나 한다든지, 주말에 요리조리 핑계를 대며 혼자 빠져나가려 했던 아빠가 아이와 박물관에 가면 전문 안내원보다 더 열성적으로 아이에게 설명해주는 모습을 흔히 볼 수 있다. 하물며 밤하늘의 별을 본다면, 해돋이를 본다면, 산 정상에 오른다면, 희열감에 가득 차 아이를 격하게 포옹하는 모습까지 보게 될 것이다. 집에서는 꼼짝도 안 하면서 밖에서는 카레도 곧잘 만든다. 바비큐나 소시지구이는 의외로 많은 아빠들의 로망이다. 이쯤 되니, 주말마다 낚시 가는 아빠가 있다면 낚시 가방 안에 아이를 미리 넣어놓을 것인지 고민해야 한다. 요점은, 아빠가 아이와 야외에서 멋진 시간을 보내도록 엄마는 협조해주자. 새 차를 사야 할 때 아빠가 원하는 사륜구동 차를 사게 한다든지, 좀 비싼 캠핑 도구나 카메라 렌즈 등을 산다고 할 때 모른 척 넘어가준다든지 하는 것이다. 물론, 아이와 놀아준다는 조건이 전제이다. 엄마는 아이의 얼굴만 쳐다봐도 옥시토신이 분비되지만 아빠는 단순한 접촉을 넘어 아이를 자극하고 탐구와 관련된 놀이를 해야 옥시토신이 분비된다는 연구가 있다. 아빠의 특성이 그렇다니 너무 답답해하지 말고 그런 특성에 맞는 환경을 조성해보자. 그런 후에도 아이와 놀아주지 않는다면 그때 비난해도 늦지 않다.

마지막으로, 그래도 아이와 노는 방법을 가장 적극적으로 찾아야 하는 사람은 아빠임을 강조한다. 미국 예일대 육아센터 소장인 앨런 카즈딘Alan E. Kazdin이 《카즈딘 교육》에서 말했듯이, 아빠는 '양적인 시간의 가치'를 반드시 알아야 하며 자녀와 함께하는 의식과 일상사를 개발할 의무가 있다.

■ 아이 곁에 있어주기

아이와 놀기가 여러 가지 이유로 힘들다면 아이 곁에 있어주기라도 하라. 아이가 '아빠는 내게 관심을 갖고 계셔'라고 생각하게 하는 게 목표이다. 자주 있어줄수록 당연히 좋지만 짧게라도 진심으로 있어주면 된다. 노스웨스턴대학교의 그레그 던컨Greg J. Duncan 교수는 27년 이상 가정이 유지된 1,000가구 중 수백 가정을 대상으로 아버지 관련 요소 가운데 자녀의 향후 직업과 수입에 결정적 영향을 미치는 요인을 조사했다. 아버지의 가사 분담 정도, 여가 시간 활용(술집, 텔레비전 시청 등), 저녁 식사를 같이하는 빈도, 종교 활동 여부 등을 조사해본 결과 자녀가 사회에 진출하여 27세 때 벌어들인 수입에 가장 큰 영향을 미친 것은 놀랍게도 '아버지의 학교 운영위원회 참석'이었다. 즉, 아버지가 자녀의 학교 활동에 얼마나 관심을 갖느냐가 자녀의 미래에 큰 영향을 미친다는 결과였다. 노스캐롤라이나대학교 연구자들도 비슷한 결과를 보고했는데 11년 이상 결혼 생활이 유지된 가정의 아동 584명을 대상으로, 아이들이 7~11세 때 연구를 시작하여 10년 후의 양상을 살펴본 결과 아버지와 정서적으로 친근하고, 아버지가 학업 성취 등 여러 측면에 깊은 관심을 기울였던 아이들이 비행 빈도가 낮았다. 아이와 놀아주는 것이 최선이지만, 어렵다면 차선책으로라도 아이에게 시시때때로 관심을 보여야 한다는 것을 알 수 있다.

물론 이런 관심은 형식적으로만, 즉, 단순히 시간을 같이 보내는 것만으로 효과가 나타나지는 않는다. 댄 킨들론의 《아들 심리학》

에 '호출기 연구'라는 내용이 있다. 아버지와 아들에게 호출기를 채운 후 공동의 시간을 보내는 중에 임의로 호출하여 그 시점에 자신이 무엇을 하고 있는지, 기분은 어떤지 등을 일기장에 직접 기입하게 했다. 아버지들은 대개 "아들과 즐거운 시간을 보내고 있다. 내가 알고 있는 기술을 가르쳐주는 중이다"라고 보고한 반면 아들들은 "너무 지루하다. 게다가 아버지는 툭하면 내게 소리를 지른다"라는 보고를 했다고 한다. 아빠와 자녀 사이의 갭이 의외로 크다는 것을 알 수 있다. 이 책에 나오는 미국 시인 칼 샌드버그Carl Sandburg의 자서전 내용은 이런 갭을 함축적으로 보여준다.

성탄절 새벽, 나는 아버지의 손을 잡고 산책을 하러 나갔다. 며칠 전에 별에 관한 내용을 흥미있게 읽었던 터라, 하늘에 떠 있는 밝은 별들을 보니 가슴이 마냥 벅차오르는 것만 같았다. … "아빠, 저 별들 중에서 몇 개는 여기서 수백만 킬로미터나 떨어져 있대요." 하지만 아버지께서는 나를 쳐다보지도 않은 채 우습다는 듯이 콧방귀를 뀌면서 "그런 걸로 귀찮게 하지 마"라고 말씀하셨다. 잠시 후 몇 블록을 걸으면서도 우리는 한쪽 손만 겨우 잡은 채 단 한 마디도 나누지 않았고, 우리 사이의 공허한 거리는 수백만 킬로미터에 달했다.

_《아들 심리학》, 댄 킨들론, 마이클 톰슨, 아름드리미디어, 2007

이런 아버지 밑에서 시인이 되는 감수성을 유지한 것이 놀랍다. 아니, 아버지가 그랬기에 반작용으로 감수성을 키웠던 것일까. 자녀와 한 공간에 있어도 수백만 킬로미터의 공허한 심리적 거리에 있는 아빠들이 많다.

하지만 이런 거리감을 순식간에 소멸시키는 사람 또한 아빠이다. 앞에서 언급했던 리처드 플레처는 아빠 특유의 해결책을 보여주는 일화를 소개한다.

> 새벽 3시쯤 악몽을 꾼 열세 살 딸아이가 눈물 바람이 되어 침대맡으로 온다. 아이는 다시 잠을 청하려 애쓰지만 좀처럼 잠을 이루지 못하고 칭얼거린다. 내일 학교에 가야 하는데 깨어 있으려니 더 짜증이 나는 모양이다. … 아내는 영 깰 조짐이 없다. 결국 한숨을 푹 내쉬며 딸아이를 데리고 거실로 나간다. … 아빠는 딸에게 묻는다. "우리 좀 걸을까?" … 집에 다 왔을 때쯤 하늘은 서서히 밝아지고 둘의 대화는 … 두서없이 이어진다.
>
> _《0~3세, 아빠 육아가 아이 미래를 결정한다》, 리처드 플레처, 글담출판, 2012

아빠와도 이런 시적인 장면을 연출할 수 있다니 감동이다. 아니, 아빠만이 이것이 가능하다. 엄마는 하루 종일 아이를 먹이고 입히고 씻기는 생활에 시달려 시인이 될 엄두는 내지도 못한다. 딸과 둘이서만 어두컴컴한 길을 산책하는 것도 어렵다. 긴 시간을 같이 못 보내더라도 관심과 애정을 전할 수 있는 방법, 이를테면 자녀들에게 편지 쓰기, 직장 체험하게 해주기, 주기적으로 외식이나 여행하기 등 아빠의 상황에 맞는 방법으로 아이 곁에 있어주기를 바란다. 약간의 시적인 분위기, 혹은 판타지가 가미되면 더할 나위 없다. 요즘은 '좋은 아빠'가 되기 위한 정보도 많고 온오프라인 모임을 통한 아빠들 간의 교류도 활발하므로 혼자서만 고군분투하지 않아도 된다. '좋은 아빠 자가 테스트' 같은 것도 재미 삼아 받아보며 가족의 행복을 적극적으로 일구어냈으면 좋겠다.

인터넷에서 '웨딩드레스 입은 딸을 보는 아빠들의 표정'을 한번 검색해보셨으면 한다. 너무도 예쁜 딸을 보며 입을 막으며 놀라는 모습, 만감이 교차하며 눈물을 흘리는 모습 등은 보기만 해도 뭉클하다. 사진의 어떤 아빠는 얼굴에 주름이 자글자글했는데도 참 아름다워 보였다. 당신도 언젠가 자녀의 중요한 날에 자녀를 쳐다보고 있을 것이다. 당신이 놀랄지, 울지 확실하지 않지만 그날 세상의 모든 사랑을 담은 표정이 나오려면 평소 아이와 시간을 많이 보내야 한다는 것은 확실하다.

■ 아내 도와주기

아이와 놀아주기도, 같이 있어주기도 어렵다면 그것을 할 수 있고 해내는 아내를 도와주라. 집안일을 분담하면 제일 좋다. 쓰레기 분리수거, 대청소, 애완동물이나 화분 관리, 아이들 활동 지원 대신 해주기 등 각 가정에 맞는 일을 찾으면 된다. 그것도 어렵다면 아내를 기분 좋게 해주라. 칭찬해주고 작은 선물도 주고 휴식 시간을 갖도록 해주자.

사실, 아내를 도와주는 일은 매일 하는 게 맞다. 아이가 하루걸러 자라는 게 아니니 말이다. 설거짓거리와 빨랫거리도 매일 나온다. 앞서 언급했던 양현진 원장이 공동육아를 위해 하루 두 번 퇴근하는 셈 친다고 했던 말은 육아의 현실을 정확하게 파악하고 있는 데서 나오는 진솔한 고백이라고 생각된다. 엄마는 이런 아빠를 원한다. 아니, 아빠는 이래야 된다. 하지만 이렇게 하는 것이 어렵다면 적어도 규칙적으로라도 도움을 주어야 한다. 수요일과 금요일 저녁은 일찍 들어온다든지 주말에는 무조건 아이를 데리고 나간다든지 한 달에 둘째, 넷째 토요일에는 무조건 아내를 외출시킨다든지 하는 등이다. 매일이나 격일이 아니라 규칙적으로만 시행되어도 아내는 위로받고 재충전할 수 있다. 시간은 여전히 양이 차지 않지만 그 마음만으로도 큰 힘이 되며 휴식할 수 있다는 희망으로 고단한 일상을 견뎌낸다.

아내가 그 시간 동안 친구를 만나든 영화를 보든 네일 관리를 받든 다 지지해주어야 한다. 아내가 언젠가 직장에 복귀할 예정이라면 더욱 그렇게 해야 한다. 이 시간 동안 아내는 숨을 돌리면서 '아이 엄마'가 아닌 '인간'으로서의 품격을 되살려야 한다. 아이가 태어난 후 장롱 속에 처박아둘 수밖에 없었던 그 품격은 어느 날 갑자기 직장에 복귀한다고 저절로 복구되지 않는다. 직장에서 부스스한 머리를 한 채 일 처리도 잘하지 못하는 기혼 여성을 보면 기분이 어떤가? 당신의 아내가 그런 사람이 될 수도 있다. 그들이 그렇게 하고 싶어서 그런 것이 아니다. 육아를 하면서 품격과 능력을 지켜내기란 보통 어려운 일이 아니다. 아빠가 규칙적으로라도 엄마를 도와준다면 결혼하면서 꿈꾸었던 것들을 거의 이룰 수 있다. 경제적으로 넉넉해지고 아이들도 무탈하게 자라며 부부 또한 자신의 꿈을 계속 추진해나갈 수 있는, 행복한 가정의 모습이 쉽게 구현되는 것을 볼 수 있다. 부부가 서로에게 감사하는 표정으로 "이게 인생이지! 이게 사는 거지!"라고 말하며 기쁨의 탄성을 지르는 일이 영화에서처럼 실제로도 일어날 수 있다. 아이에게 엄마 냄새가 필수적이라면 엄마는 아빠 냄새가 필요하다. 그럼 아빠는? 아빠가 열심히 사랑의 냄새를 줄 때 바로 맡게 되는 아이와 아내의 냄새가 당신을 계속 매력 있게 하며 행복의 시간도 당겨줄 것이다.

동창회에서 친구들이 돌아가며 농담 반, 진담 반으로 남편 흉을 본 적이 있다. 여섯 명의 친구들이 모두 그러는 사이 유독 한 친구만 빙그레 웃으면서 자기는 남편에게 불만이 없다고 했다. 그 친구네 부부 금슬이 좋다는 것은 다들 알고 있었지만 너무 그러고 있으니 좀 얄미웠는지 다른 친구가 "네 남편은 어쩌면 그렇게 훌륭해?"라고 물었다. 그러자 이 친구가 "시어머니가 워낙 인품이 훌륭하신 것도 있지만 내가 남편에게 정말 잘해"라고 말했다. 그랬더니 질문했던 친구가 "야, 우리는 잘 안 하냐? 네 남편이 훌륭한 건 너랑 아무 상관없어. 그냥 훌륭하게 자랐든지 엄청 참고 살든지"라고 말해서 모두 한바탕 웃었던 적이 있다. 나는 상담 경험을 돌이켜볼 때 이 친구의 말이 맞다고 생각한다. 상담실에서 만나는 여성들은 참 다양한 배경을 지닌다. 공부를 많이 했거나 안 한 사람, 외모가 매력적이거나 평범한 사람, 애교가 많거나 없는 사람, 돈이 많거나 없는 사람, 헌신적이거나 자기중심적인 사람 등. 하지만 그 여성들의 남편이 아내를 배려하지 않는 것은 아내가 어떤 사람인지와 전혀 관련이 없다. 이를테면, 아내가 애교가 있으면 있어서 못마땅하고, 없으면 없어서 보기 싫으며, 헌신적이면 헌신적이어서 흥! 하고, 아니면 아니어서 칫! 하는 식이다. 아내가 어떤 사람인지와 관련 없는 것은 아내를 배려할 때도 마찬가지이다. 방향만 다를 뿐이다. 그 남편들은 "이 사람이 좀 덜렁대지만 참 착해요" "요리는 좀 못하지만 늘 책을 보고 그래서 존경스럽기도 하죠" 이런 식으로 말하곤 한다. 톨스토이 소설 《안나 카레니나》의 첫 소절에 나오는 말이 있다. "행복한 가정은 모두 엇비슷하고 불행한 가족은 불행한 이유가 제각기 다르다." 행복한 가정이 무엇이 엇비슷한지에 대해서는 사람마다 다른 답을 내놓겠지만 내 답은, '행복한 가정은 남편이 아내에게 잘한다는 것이 엇비슷하다'이다. 남편이 아내에게 잘하는데도 아내가 우울증에 걸리거나 아이가 잘못되는 경우는 지금까지 수십 년간 상담을 해오면서 다섯 손가락 안에 들 정도로 매우 드물다. 가정의 행복은, 아빠가 엄마에게 잘하면 결과는 볼 것도 없다.

다음은 드라마에 나오는 대사가 아니라 육아 현실에서 빈번하게 오가는 대화이다. 육아에 지친 아내가 남편에게 말한다. "애 좀 데리고 나가서 잠시 놀아줘. 그동안 청소라도 하게." 남편이 받아친다. "일주일 내내 뼈 빠지게 돈 벌었는데 애까지 보라고? 넌 양심이 있냐?" "난 노냐? 난 몸이 두 개냐?" "아, 몰라. 네 새끼니까 네가 알아서 해." "나 혼자 낳았냐? 네 새끼이기도 하잖아."

행복을 박살내는 이런 대화를 멈추게 하려면 무엇보다도 아빠의 결단이 필요하다. 육아에 있어서만큼은 엄마가 중원 사령관이다. 이는 엄마가 아빠보다 힘이 더 세거나 능력이 더 많아서가 아니라 육아의 구석구석을 파악하고 있기 때문이다. 아빠가 일주일 동안 힘들게 일했고 그래서 피곤하다는 것을 엄마가 모르는 게 아니다. 그래도 지금이나마 껌딱지같이 붙어 있는 자식을 잠시 떼어놓고 청소를 해야 아빠와 아이가 쉴 수 있는 공간을 만들 수 있다는 큰 그림에서 요청하는 것이다. 비록 그 요청이 공손한 말투로 나오지 않을 때도 있겠지만 사령관은 빠른 상황 종료를 위해 명령체의 말이 튀어나오기도 하며 이는 여성들이 아이를 낳은 후 상냥함이 많이 사라지는 이유이기도 하다. 그러니 엄마의 요청을 '힘의 우위'의 문제로 받아들여 아빠가 살벌하게 받아치지만 않아도 엄마는 계속 가정을 잘 이끌어나간다. 아빠들이 직접 실험해보라. 엄마의 말에 대한 아빠의 첫마디가 가정의 평화와 행복을 좌우한다. 길게 말할 것도 없다. "미안해, 당신 많이 힘들지? 나만 애랑 놀고 당신은 청소해야 해서 마음이 아프네"까지는 바라지도 않는다. "오케이" "알았어" "그러지 뭐" 같은 짧은 단어만 하나 툭 던지고 아이와 같이 나가 아이스크림이라도 드시라. 여기에 무슨 복잡한 이해타산의 여지가 있겠는가? 밖에 나가서도 집안일이 어른거리는 엄마와 달리 아빠는 금방 재밋거리까지 찾을 텐데 말이다. 여러 마디도 아니고 첫마디만 잘 해보자. 이렇게 간단한 행복의 비결도 드물다.

사랑으로 낳은 아이가 '새끼'로 둔갑하는 이런 대화가 정말로 드라마에서만 볼 수 있는 장면이 되어 케이 대디K-daddy라는 신조어가 생겼으면 좋겠다. 한글 가사인데도 독보적인 매력으로 세계인들의 마음을 훔친 케이팝처럼, 가부장적 문화가 팽배한 동양의 나라에 살면서도 육아와 행복의 본질을 성찰하고 생명우선주의와 상생의 정신을 실천하는 독보적인 한국의 아빠들을 지칭하는 가상의 단어이다. 부디 몇 년 후에 이 단어가 위키피디아에 등장하기를 바라본다.

■ 사회 변화시키기

마음은 굴뚝같은데 아이와 놀 수도, 시간을 같이 보낼 수도, 아내를 도와줄 수도 없다면 마지막 방법이 있다. 사회 변화시키기이다. 부모가 먹고사는 것에 대한 걱정 없이 저녁에 아이와 같이 있을 수 있도록, 아이가 세 살이 될 때까지는 최대한 부모가 키울 수 있도록, 정책과 제도가 만들어지고 지속되도록 사회를 변화시킨다는 뜻이다. 구체적으로 무엇을 변화시켜야 할까? 신문 기사를 통해 한 가지 방향을 짚어볼 수 있겠다. 아래 내용은 2018년 7월 〈서울신문〉 기사이다.

> 유럽의 선진국들은 휴직 기간 소득을 상당 부분 보전해주기 때문에 '쓰지 않으면 손해'라는 인식이 강하다. 그러나 우리 정부가 이번에 발표한 육아휴직 급여액은 부부가 모두 육아휴직을 사용했을 때 월 250만 원으로 현재보다 50만 원 올리는 데 그쳤다. 문제는 4개

월째부터다. 이때부터는 100만 원으로 급여가 급격히 쪼그라든다. 이 때문에 육아휴직 급여의 평균 소득대체율은 2006년 35.7퍼센트에서 2015년 32.1퍼센트로 오히려 후퇴했다. 인구보건복지협회가 지난해 육아휴직을 한 20~49세 남녀 400명을 대상으로 조사한 결과 육아휴직을 결정할 때 가장 큰 고민은 '재정적 어려움'(31.0퍼센트)으로 조사됐다. 반면 노르웨이는 49주의 육아휴직 기간 동안 임금의 100퍼센트를 보전해준다. 14주는 '아버지 할당제'로 준다. 스웨덴도 육아휴직 후 13개월 동안 평균 급여의 80퍼센트를 보전해주고 있다. 핀란드에서는 사회보장 담당 기관이 예산으로 육아휴직 급여를 제공해 소득의 75퍼센트까지 보장한다. 우리나라는 사업주와 근로자가 일정액을 내는 고용보험으로 급여를 주고 소득대체율도 최대 40퍼센트에 그치고 있다. (…) 근로시간 단축도 아직 갈 길이 멀다. 근로시간 1시간을 단축하면 임금을 100퍼센트 보전해주기로 했지만 1시간은 아이를 보육기관에 맡기거나 데려오기에는 빠듯한 시간이다. 주 52시간제 시행으로 사업주와의 갈등이 더욱 깊어질 우려도 있다. 네덜란드는 남성 근로자 중에서 일주일에 35시간 이하로 일하는 비율이 21퍼센트에 이른다. 20~30대 여성의 상당수는 일주일에 3~4일만 일한다. 그래서 첫아이를 낳고 직장을 그만두는 여성은 17퍼센트에 불과하다.

_〈서울신문〉, 2018년 7월 6일 자

요약하면, 출산 및 육아 정책이 아무리 그럴듯해 보여도 육아휴직 급여 수준을 현실적인 수준으로 맞추지 않으면 효과를 볼 수 없다는 내용이다. 앞에서 스칸디 대디를 롤 모델로 삼자고 했지만 스칸디 대디들이 그렇게 할 수 있는 것은 육아휴직 급여를 비롯한 정책적 지원이 막강하기 때문이다. 따라서, 지금 당장 스칸디 대디가 될 수 없다면 그렇게 될 수 있는 정책이 만들어지도록 아빠들이 앞장서면 좋을 것 같다. 방법은 다양하다. 선거, 투표, 공청회, 발의, 여론 수렴 등의 정치적 방법도 있고 올바른 양육 방법을 모색하고 공유하는 교육적 방법도 있다. 이런 방법은 아빠가 일하는 중에 잠깐 시간을 내어 인터넷을 이용해서도 해볼 수 있으므로 굳이 많은 시간을 내지 않아도 된다. 이 외에도, 새로운 정책을 만들기에 앞서 기존의 정책, 이를테면 탄력근무제, 아빠 육아휴직제 등을 눈치 보지 않고 당당하게 이용할 수 있는 사회 분위기를 조성하는 일도 아빠들이 나서면 빠른 시일 내에 정착될 것 같다.

집을 깨끗하고 안락하게 가꾸는 사람이 있다면 집이 안전하게 서 있도록 터를 만들고 길을 내는 사람이 있듯 무엇을 하든 아이의 안전과 행복이 목적이라면 누가 더 낫고 안 낫고의 문제는 아니다. 아빠들은 리드타임이라는 용어의 뜻을 잘 알 것이다. 설계가 끝난 후 생산이 시작되기까지의 시간을 뜻하는 기계공학 용어이지만 경제 및 사회 분야에서도 많이 사용되고 있다. 아이의 하루하루를 책임지느라 눈코 뜰 새 없는 엄마들에 비해 그래도 조금이나마 마음의 여유가 있는 아빠들이 아이의 탄생에서 성장까지의 긴 양육 기간을 '리드타임'의 시각에서 바라보며 올바른 사회적 변화를 '리드'해주었으면 한다.

    지구상의 생명체 중 외부의 도움을 받지 않거나 자연법칙을 따르지 않는 존재는 단 하나도 없다. 식물은 태양의 도움을 받아 생명 기제를 가동시키고 개미와 철새는 자기장의 변동을 지각하여 집을 짓고 이동하며 인간은 대표적으로 중력의 법칙의 지배를 받는다. 그리고 인간 아기는, 부모의 법칙에 따른다. 태어나면서부터 성장의 능력을 갖고 나오지만 그 성장의 방향은 늘 부모를 향해 있다. 엄마가 좋아하는 것, 아빠가 기뻐하는 것에 맞추어 발달을 시작한다. 아빠가 좋아할 만한 비유로 들어본다면 뇌의 기본 배선은 갖추고 태어나지만 부모가 무엇을 원하는지 살펴서 어느 배선을 온오프할지를 결정한다. 진정 아이가 훌륭하게 자라기를 원한다면 발달의 좌표가 되는 부모가 충분히 바라봐주는 것이 가장 먼저 할 일이다.

    양육은 아빠와 엄마라는 양대 산맥의 기운과 보호로 전개되는, 늘 현재진행 중인 지난한 '과정'이다. 태어날 때 한 번 들여다보고 수능 날 한 번 어깨를 두드려주는 '결과'가 아니다. 양육은 양대 산맥에서 생성된 물방울이 실개천을 이루고 강을 이루고 바다에 도달하면서 이룬 터전 위에서 새싹 아이가 나무가 되고 줄기를 뻗어 마침내 꽃을 피우는 대하드라마이다. 이 드라마의 연출가는 두 명이다. 공동연출가의 사랑과 노고가 골고루 담겨야 해피엔딩의 명작이 탄생한다는 것을 깊이 새겼으면 좋겠다.

작은 것을 얻기 위해
잃어버린 커다란 것들

4

인생은 길다. 그 긴 과정 중에 올라갈 때도 있고 내려갈 때도 있음을 우리는 이미 알고 있다. 그럼에도 수많은 오르막 내리막을 두루 섭렵한 날래고 용감한 우리 부모들이 이상하게 아이들에게만은 오르막만 요구하니 어쩐 일인지 모르겠다. 너무 힘들어서였을까? 그래서 자신이 살아온 삶을 통째로 부정하고 아이의 인생에서는 내리막도, 굽이진 길도 없으리라는 집단 최면에 걸려 있는 것일까? 최면은 희망이 아니며 깨어나면 허망할 뿐이다.

아이를 통해 우리의 희망을 꽃피우고 싶다면 '너는 내가 온 길을 가지 마라'는 식의 집단 최면이나 우격다짐 대신 아이의 발달 과정을 정확하게 파악하고 양육의 큰 그림을 볼 줄 알아야 한다.

하루가 다르게 쏟아져 나오는 유학 성공 사례나 엄친아의 모습을 따라 하다 보면 작은 그림만 그리게 된다. 배 속에 있을 때부터 음악을 들려주면 머리가 좋아진다며 모차르트 시디를 틀어주라더니 몇 년 뒤에는 모차르트 이펙트가 허구였다고 하는 등 매일 쏟아지는 새로운 양육 이론을 따르다 보면 작은 그림 정도가 아니라 아예 그림이 조각나버린다. 이런 주장은 소수에게만 효과가 있거나 일시적으로 효과가 있기 때문이다. 어떤 주장이 효과가 있다는 것을 확실하게 보장하려면 다수를 대상으로 장기간 입증해야 한다.

그렇다면 불확실한 정보의 홍수 속에서 어떻게 큰 그림을 그릴 것인가? 혼란스러울수록 기본을 봐야 한다. 콜라, 사이다, 맥주가 제아무리 맛있어도 우리에게 가장 필요한 것은 물이듯이, 화려한 양육 이론의 허와 실을 파악하려면 아이의 발달 과정을 지배하는

'뇌'를 아는 것이 기본이다. 인류가 정복할 마지막 영역이라고 할 정도로 뇌는 아직 밝혀진 것보다 숨겨진 것이 더 많은 신비한 기관이다. 가설과 이론이 계속 업데이트되지만 올바른 양육을 위해 세 가지 기본사항 정도는 확실하게 알고 가도록 하자.

첫째, 뇌는 다구조 다기능 多構造 多技能으로 이루어져 있다.

둘째, 뇌 발달에는 순서가 있다.

셋째, 원시 뇌가 안정되어야 고등 뇌 기능이 잘 발휘된다.

이 세 가지 기본을 무시하는 양육법은 일시적으로는 그럴듯해 보여도 소탐대실의 결과만 낳게 된다. 현재 대한민국에서 이루어지는 교육의 형태 가운데 소탐대실을 극명하게 보여주는 것, 얻는 것보다 잃는 것이 너무 많아서 위험하기까지 한 것은 바로 조기유학과 조기교육이다.

1

혼자 떨어진 아이의 뇌에서는
무슨 일이 일어나는가

사춘기는 두 번째 뇌 폭발기이다

서문에서 언급한 인간의 뇌 구조와 기능을 복습해보자. 인간의 뇌는 3층 구조로 이루어져 있다. 1층에 호흡, 체온 등 생명 유지를 담당하는 원시 뇌인 뇌간이, 2층에 희로애락의 감정과 욕구를 담당하는 정서 뇌인 변연계가 있으며, 생각하고 판단하며 감정과 충동을 조절하는 지성 뇌인 대뇌피질이 3층에 있다. 1층과 2층이 견고해야 그다음 3층이 번듯하게 올라갈 수 있다.

엄마 배 속에서 나온 뒤 생후 2년 동안 유아의 뇌는 뇌 신경을 둘러싸고 있는 시냅스 가지들이 과잉 발달해 성인의 2배까지 이른다. 나중에 어떤 뉴런이 필요할지 모르기 때문에 일단 많이 만들고 보는 것이다. 이후 3년째 되는 해에 뇌는 솎아내기에 들어간다. 즉 필요 없는 부분은 없애고 필요한 부분을 강화한다. 여기까지는 아이가 부모에게 자신의 뇌를 맞추는 시기로 1차 뇌 폭발기이다.

1단계가 잘 이루어지면 비교적 평안한 시간을 보낸다. 그러다가 약 10세경부터 인간을 인간답게 만드는, 뇌의 가장 앞쪽 부위인 전두엽 기능이 폭발적으로 발달하기 시작한다. 보통 10세부터 시작해 13세 이후 본격적으로 발달한다. 이 시기에도 생후 2~3년 때와 비슷한 뉴런의 급증과 솎아내기 현상이 다시 일어난다.

이 과정에서 뇌는 일시적으로 상당한 과부하에 걸린다. 따라서 질풍노도와 같은 혼란을 느끼고 잘못된 판단이나 위험한 행동에 쉽게 유혹된다. 3세쯤에도 엄청난 혼란을 겪지만 그때는 부모가 모든 것을 다 해주었기 때문에 아이는 비교적 힘들지 않게 그 시기를 넘길 수 있었다. 반면 10세쯤 되면 아이는 좀 더 독립적으로 대처해야 하고, 그동안 습득해둔 지식도 있어서 이를 통합하기 위한 고충이 더 심하다.

아이가 청소년기에 부모의 말꼬리를 잡고 늘어지면서 반항하듯이 보이는 것은 폭발적으로 발달하는 전두엽에 상응하는 뉴런 협응체의 발달을 준비하기 위해 전반적인 심리 기능에 과부하가 걸리기 때문이다. 아는 것은 많아지는데 그것을 소화하고 수용할 수 있는 능력은 아직 미약해서 혼란스럽다. 맞는 말만 골라서 하는 엄마한테 "아, 짜증 나!"라고 소리치지만 아이는 사실 자신에게 화가 나고 짜증이 나서 그러는 것이다.

이 시기 아이들은 모든 질문에 한결같이 "모르겠다"라고 대답한다. 반항하는 마음도 있겠지만 정말 잘 몰라서 그런다. 머릿속에서 수백 가지 생각이 떠오른다. 예전에는 "공부 잘해야지?" 하고 물어보면 당연히 그렇다고 생각했는데 전두엽이 발달해 사고력이 확장되다 보니 '공부를 꼭 잘해야 하나? 내가 잘하면 다른 애는 못해야 하는데 그래도 되나? 잘한다고 인생이 꼭 행복한가? 공부란 도대체 무엇인가?' 등의 생각이 꼬리에 꼬리를 물고 연속으로 터져 나온다. 하지만 답을 쉽게 찾을 수 없으니 짜증 나고 모른다고 할 수밖에 없다. 학교에서 가정통신문을 주면 예전에는 무조건 엄마에게 가져다주었지만 지금은 일단 자기가 먼저 읽어본다. 그리고 생각한다.

'아버지 교실을 한다는데, 이걸 꼭 해야 하나? 아버지는 이런 데 올 시간이 없다. 온다 해도 담임선생님하고 나에 대해 얘기한다면? 기분이 썩 좋지 않다. 아버지가 오지 못하는 다른 애는 어떻게 하나?'

그래서 가정통신문이 가정과 통신되지 못한 채 비행기가 되어 하늘로 날아가고 하필이면 그 비행기를 멋지게 가로챈 담임선생님이 아이의 전두엽을 톡톡 퉁긴다. 가뜩이나 골치 아파 죽겠는데 말이다.

이러한 전두엽 폭발 시기를 잘 보내려면 아이의 정서 뇌가 안정되어 있어야 한다.

정서 뇌는 뇌의 심부에 있는 변연계 부위를 말한다. 전두엽이 어떤 사건이나 자극을 분석하고 결론을 내리며 통합하고자 할 때 변연계, 그중에서도 편도체는 감정적인 부분을 담당한다. 즉 전두엽은 감정을 판독하고 유지하는 기능을 하는 편도체와 계속 회의하면서 일을 처리한다. 편도체는 신경전달물질인 도파민으로 가득 차 있고, 정서적으로 흥분되는 사건을 감지하면 기억과 정보처리를 담당하는 측두엽과 전두엽으로 도파민을 내보낸다. 정말 공부를 잘하고 싶으면 정서 뇌가 안정적으로 작동해야 한다.

서문에서 언급했던 매슬로가 심리적 욕구 위계 가설을 발표한 시기는 뇌 과학이라는 용어가 낯선 때였다. 하지만 매슬로의 이론은 현재의 뇌 발달 이론과도 잘 부합한다. 생리적 욕구는 뇌간에, 안전과 사랑, 소속, 자존감의 욕구는 변연계에 해당하며 자기실현 욕구는 대뇌피질에 해당한다. 자기실현 욕구는 안전의 욕구를 지

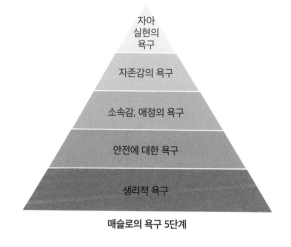

매슬로의 욕구 5단계

나 사랑과 소속, 자존심의 욕구를 지나야 온전히 발휘된다. 아래 단계의 욕구가 충족되지 않으면 상위 수준의 욕구를 흉내는 낼 수 있지만 만족스럽게 발현시키지는 못한다.

조기유학, 절대로 보내지 마라

이제 조기유학에 대해 이야기해보자. 기분이 좋아야 공부도 잘한다고 했다. 그런데 우리나라 부모들은 공부를 잘해서 성공하기를 바라면서도 자식을 일찍 분리시켜 정작 공부의 선행조건인 안정적 정서를 망가뜨린다.

전두엽이 폭발하는 시기에는 이미 과부하된 심리 기능을 정리하기에도 눈이 빠질 지경인데 낯선 곳에서 남의 나라말을 배우는 과업까지 수행하려면 많은 에너지가 필요하다. 그나마 우리 아이들이 머리가 좋기 때문에 버티는 것이다. 하지만 이는 신생아가 억지로 걷고 있는 모습과 다르지 않다. 태어난 지 일주일밖에 되지 않은 신생아도 팔을 잡고 억지로 일으켜 걷게 하면 발을 옮기는 걸음마 반사를 보인다. 하지만 이것을 보고 걸을 수 있다고 말하지 않는다.

조기유학으로 일찍 부모와 떨어져 지낸 아이들도 먹고 자는 생리적 욕구와 신체적인 안전 욕구는 해결할 수 있다. 하지만 정서적 안전의 욕구는 충분히 채워지지 못하고, 그에 따라 사랑과 소속의 욕구, 자존감의 욕구 또한 온전히 충족되지 못해 부지런히 영어 공부를 하면서 자기실현 욕구를 향해 달려본들 스스로 원해서라기보다 부모의 요구에 반사적으로 반응하는 것일 가능성이 높다.

생명체는 무엇보다 안전과 보존의 욕구가 먼저이다. 하버드대학교의 교육학자 커트 피셔Kurt Fischer는 이것을 자신의 아이를 대상으로 밝혀냈다. 그는 일주일마다 아이의 머리 크기를 재보았는데 생후 17~19주 사이에 성장이 멈추어서 살펴보니 감기를 앓았다. 생명체는 안전을 위협받으면 성장 체계의 활동이 멈춘다. 그리고 환경이 우호적이라고 인식한 다음에야 다시 활동하기 시작한다. 어미 쥐가 핥아주지 않은 새끼 쥐는 성장한 후 스트레스 호르몬이 더 많이 분비되는데, 스트레스 호르몬의 생산을 억제하는 단백질이 제때 분비되지 못하기 때문이다. 또 도망치느라 전속력으로 달리는 말은 번식 기능이 일시적으로 멈춘다고 한다.

나는 아이 혼자 조기유학을 떠난 상태를 심리적 안전이 위협받는 스트레스 상황이라고 본다. 겉으로는 열심히 공부하는 듯 보이지만 내적으로는 스트레스 호르몬이 많이 분비된다. 일시적으로는 적응하는 듯 보이지만 티눈이 있는 발로 걸음을 내딛는 것과 같다. 언젠가는 발의 모양이 변하고 통증이 생길 수밖에 없다. 조기유학은 뇌 발달의 기제에 역행하니 비효율적이고, 여기에 과도한 스트레스를 유발해 매우 위험하기까지 하다.

조기유학을 가서 다른 아이보다 영어를 잘하면 더 좋은 직장에 들어가고 더 많은 돈을 벌 가능성은 분명히 높아진다. 그렇다고 반드시 행복해진다고 말할 수는 없다. 나는 병원에서 이를 자주 확인하곤 했다. 병원에 있다 보면 정신과에 올 이유가 전혀 없을 만한 환자를 꽤 많이 본다. 명문대를 나와 좋은 직장에 다니는데도 이유 없이 우울하거나 알코올의존증, 약물중독에 빠지거나 몸이 여기저기 아파서 행복감을 느끼지 못하는 사람들이다. 살아온 이력을 추적해보면 일찌감치 부모와 떨어져 공부한 사람이 많다. 외국으로 조기유학을 간 경우뿐 아니라 우리나라 안에서도 좋은 학교에 다니려고 어린 나이에 부모와 떨어진 경우도 포함된다. 겉으로는 성공한 듯이 보이지만 그 과정에서 부모의 살뜰한 보살핌을 받지 못해 심리적 긴장과 불안이 누적되었다가 성인이 된 후 몸이나 마음의 병으로 나타난다. 이르면 20대, 늦으면 30~40대에 증상이 나타난다.

조기유학이 성인기의 질병과 연결되는 기제는 이렇다.

우리가 원시인이던 시절, 평온하게 쉬는데 갑자기 매머드가 나타났다. 갑작스러운 위급 상황이 닥쳤을 때 우리 몸의 부신에서는 스트레스 호르몬을 분비해 그 상황에서 벗어나도록 도왔다. 하지만 과잉 분비되거나 계속 분비되면 혈압과 콜레스테롤 지수가 높아지고 면역성이 떨어져 병에 걸린다. 심지어 뇌세포가 죽기도 한다. 매머드도 없는 현대사회에 스트레스 호르몬이 과잉 분비되는 이유는 딱 하나, 사회적 압력 때문이다. 성공 스트레스, 명예 스트레스, 승진 스트레스, 경제적 스트레스, 대인관계 스트레스가 매머드가 되어 인간을 쫓기게 한다.

조기유학이 다른 스트레스보다 더 위험한 것은 '조기'이기 때문이다. 자기를 보호할 능력이 충분히 발달하지 않은 어린이와 청소년들이 부모 곁에서 위로와 안정을 제공받지 못하고 계속 스트레스 상황에 놓인다.

외국에서 공부하고 돌아온 아이가 취직했다. 그렇지 못한 아이와 연봉 차이가 얼마나 될까? 평균 1,000만 원 정도 될까? 높게 잡아서 2,000만 원일까? 물론 연봉을 몇 억씩 받는 사람도 있지만 학력과 다른 능력이 같은데 영어 능력 하나 때문에 2,000만 원이나 차이 난다니 화가 날 만도 하다. 하지만 조기유학에 투자한 비용에 비해서는 어떠할까? 더구나 그렇게 되기까지 힘들었을 아이와 건강 문제까지 생각하면 병원비 차이가 그만큼 될 수도 있다.

그렇다고 조기유학을 가지 않은 아이들의 스트레스가 압도적으로 낮은 것은 아니다. 다만 부모 곁에 있는 아이들은 그 스트레스를 완화하거나 풀 수 있는 탁월한 피로회복제를 즉시 구할 수 있다. 언제든지 집에 상비되어 있는 피로회복제, 바로 부모 냄새이다.

앞서 조기유학이 뇌 발달 순서에 역행하고 스트레스를 유발한다는 면에서 위험하다고 말했는데, 내가 더 위험하다고 강조하는 이유는 바로 부모 냄새와 단절되기 때문이다. 부모 냄새는 대체할 수 없다. 아이폰으로 영상통화를 한다 해도 부모 냄새를 맡을 수 없고, 아바타로 부모 냄새를 만들어낸다 해도 인공일 뿐이다. 아무리 평소에 의젓하게 잘 버텨도 어느 날 큰비가 오고, 천둥이 치고, 음식을 먹고 체한 날, 친구의 싸늘한 시선이 생각나 잠을 이루지 못하고 새벽에 눈뜬 날, 누구에게 위로받을 수 있겠는가? 엄마 냄새로 긴장을 풀어야 한다. 신의 위로와 은총은 너무나 멀다. 신이 너무 바빠서 세상에 엄마를 만들었다는 말이 이처럼 들어맞는 때는 없다.

혼자 조기유학을 떠나 부모 냄새와 단절된 아이는 부모와 자식 간의 본능적인 유대 관계도 끊어진다. 그나마 엄마만은 필요하다고 생각했는지 대안책으로 대한민국에는 기러기 아빠가 탄생했다. 하지만 아이가 엄연히 아비 부父, 어미 모母의 자식인데 아비의 냄새를 3년 이상 맡지 못한다면 심리적 유대감이 단절된다. 아비는 허리가 휘게 돈을 벌어 투자했지만 아이는 같이 있던 어미만 사랑하고 아비는 돈 벌어 오는 사람으로만 인식한다. 아이의 잘못이 아니다. 아이가 철이 없거나 배은망덕해서가 아니다. 그것이 자연이고 본능이다. 보지 않아서 멀어지는 것이 아니라 냄새를 맡지 못해 멀어진다.

뇌 발달의 2차 폭발기가 언제 끝나는지에 대해서는 학자들마다 의견이 다르지만, 중학생 나이를 넘겨야 한다는 것에는 모두 동의한다. 최소한 17~18세, 좀 더 안전성을 보장받으려면 24세가 넘어야 한다. 그러니 통합적인 뇌 기능의 발달 수준을 확인할 수 있는 것은 대학교에 입학할 때가 아니다. 특히 우리나라 대학 입시는 암기식 지식에 의존하기에 더욱더 확인하기 어렵다. 부모들은 주입식 교육으로 훈련된 아이들이 버젓이 대학에 합격하는 것을 보고 자신의 양육 방식이 옳았다고 판단하지만 정작 문제는 대학 이후의 취직과 군대, 결혼과 부모 되기 과정에서 발생한다. 스트레스라는 단어로 압축되는 다양한 심리적 과업에 직면했을 때, 정서 뇌의 안정 없이 언어 뇌, 수리 뇌만 발달시킨 아이들은 금방 무너져버린다. 쉽게 포기하거나 부모에게 의존하거나 심지어 자살을 시도한다. 인간의 문제 중 머리를 써서 풀어야 하는 문제는 IQ 90만 넘으면 해결하는 데 큰 차이가 없다. 정말 인간답게 살기 위한 문제를 해결하려면 전체를 통합하는 지혜, EQ로 풀어야 하는데 입시에 내몰린 우리 아이들은 EQ를 가동할 정서적 밑천을 만들지 못한다. 그야말로 소탐대실이다.

EQ가 낮다고 전두엽이 발달되지 않는 것은 아니다. 오히려 정서 뇌 발달 단계를 건너뛰기 때문에 전두엽이 더 빠르게 발달할 수도 있다. 하지만 정서 뇌의 발달이 수반되지 않은 채 전두엽만 발달한 사람은 감정이 없는 슈퍼로봇에 지나지 않는다. 슈퍼로봇은 똑똑하지만 인간의 통합적인 사고력을 갖지 못한다. 정서적으로 불안정한 슈퍼로봇이 세상을 이끌어가는 것은 매우 위험한 일이다. 영화 〈쿵푸팬더〉에는 기술이 뛰어난 타이렁이 나온다. 전두엽의 측면에서 보면 타이렁은 포를 능가하는 뛰어난 지도자처럼 보인다. 하지만 감정이 불안정한 타이렁은 그저 이인자일 뿐이다.

미국 버지니아대학교와 로체스터대학교에서 이민자를 대상으로 영어 습득 능력을 연구했다. 예상대로 얼마나 일찍 왔느냐가 중요한 변수였는데, 테스트를 해보니 3~7세에 이민 와서 영어를 배운 사람들은 원어민과 같은 수준의 점수를 받았지만 10세가 넘으면 점수가 뚝 떨어져 50퍼센트까지 낮아졌다.

이민자도 이 정도인데 몇 년 영어 공부하러 간 조기유학자들의 점수 하락은 더욱 가파를 것이다. 연구자들이 추가로 언급한 내용이 있다. 이런 식으로 언어 습득 능력이 급격하게 떨어지는 현상이 제 2외국어뿐만 아니라 모국어에서도 나타난다는 사실이다. 모국어를 충분한 수준으로 습득하기 전에 제2외국어를 습득하면 이중언어 사용자가 될 수도 있지만 이중언어장애자로 전락할 수도 있다.

요즘 청소년을 보면 영어는 잘하지만 한국어 수준이 너무 낮다. 한류 열풍이 불면서 케이팝 가수들의 대형 공연이 심심찮게 열리고 있다. 그런데 텔레비전에서 케이팝 공연을 보다가 출연한 아이돌 가수들이 공연장의 뜨거운 열기에 대해 이구동성으로 "정말 장난이 아닌데요?" 하고 말하는 것을 보고 웃은 적이 있다. 요즘 아이들의 한국말 수준, 정말 장난이 아니다!

어차피 일곱 살 이후 시작한 조기유학에서 영어 습득 능력은 거기서 거기이다. "우리 애는 영어만 배우러 가지 않았어요"라고 항변할 수도 있다. 아이가 일찍 세상에 눈뜬다고 치자. 하지만 그런 깨달음은 부모의 살가운 사랑을 충분히 받아 정서 뇌가 안정된 상태에서 전두엽 기능이 온전하게 발달된 후에라도 늦지 않다. 오히려 좀 늦게 시도해야 더 성숙한 시각을 갖출 수 있다. 이 세상에 어떤 것도 한 가지로 100퍼센트의 효과를 얻는 일은 없다. 포도주는 심장에 좋지만 뇌에는 좋지 않다. 커피는 나쁘다고 알려져 있지만 당뇨와 치매 예방에는 좋다. 조기유학은 외국어 능력을 발달시키는 데 좋지만 안정적인 정서가 우선되어야 하는 뇌 전체의 발달에는 좋지 않다.

예술과 스포츠 영역의 조기유학은 위험성의 정도가 상대적으로 적다. 예술이 정서 뇌를 자극하고 정화하기 때문이다. 어떤 음악을 들으면 엄마나 할머니 생각이 나서 눈물이 난다. 이런 음악을 듣거나 연주하면서 감정이 정화되면 그나마 정서적 동요가 많이 가라앉는다. 운동 또한 끊임없이 몸을 움직임으로써 부모의 부재에 따른 정서적 긴장을 어느 정도 해소해준다. 그러나 예술과 운동을 한다 해도 부모 냄새를 맡지 못하는 것은 똑같다. 하물며 영어 실력 향상만을 목표로 하는 유학은 감정을 발산하고 정화할 기회가 거의 없어 몸과 마음이 이완되기 힘들다. 사춘기를 지나 전두엽의 폭발적인 발달이 안정기에 접어들었을 때, 그래서 이제는 가정통신문을 보고도 예전에 했던 수백 가지 생각을 우선순위로 정렬할 수 있을 때가 유학을 가기에 가장 좋은 시기이다.

물론 옛날에도 조기유학의 전통이 있었다. 조선 시대에는 양반집 자제들이 과거 시험을 보기 위해 한양으로 일찌감치 떠나곤 했다. 교통이 발달하지 않았기 때문에 과거 시험일에 늦지 않기 위해서 서둘러 출발하거나 세도가와 안면을 트기 위해 1년 전부터 한양 성읍 근처에 방을 얻어 공부했다. 하지만 그들은 결코 혼자가 아니었다. 방자가 동반했다. 시종이지만 친구이기도 하고 형이기도 했던 존재, 집 안의 냄새와 온기를 고스란히 간직한 부모의 대리자가 24시간 옆에 있어주었기 때문에 안심하고 공부에 전념할 수 있었다. 행여 공부하는 중에 기생에게 마음을 빼앗기면 방자는 부모에게 바로 고자질하지 않고 어떻게 해서든 마음을 돌이키기 위해 애쓰곤 했다.

방자도 없는 현대사회에서 아이를 안전하게 조기유학 보낼 수 있는 방법은 다음의 세 가지밖에 없다. 첫 번째는 부모와 아이 모두 같이 가는 것. 두 번째는 첫 번째 방법을 꼭 지켜야 하는 것. 세 번째는 두 번째 방법을 잊지 말아야 하는 것이다. 미국의 투자가 워런 버핏Warren Buffett이 말한 부자 되는 방법을 잠시 인용해보았다. 워런 버핏은 부자가 되는 방법으로 첫째, 원금을 절대로 잃지 말아야 하고, 이것을 절대로 잊지 말아야 한다는 두 번째, 세 번째 방법을 유머스럽게 이야기한 적이 있다. 조기유학을 잘못 보내면 원금이, 즉 다이아몬드 같은 아이의 가치가 오히려 손실된다. 아이가 혼자 유학을 가도 되는 나이는 전두엽 폭발이 안정기로 접어든 후이다. 최대한 당겨본다 해도 고등학생 시기는 넘겨야 한다.

내가 바라는 것은 빌딩 100채,
영어 능통, 총알 100개

20년 넘게 정신과에서 일했던 경험으로 한국의 정신 질환 추세를 어렴풋이 파악할 수 있다. 1990년에 정신과 심리실에서 수련을 받기 시작할 때는 정신과 환자들의 연령대에 일정한 패턴이 있었다. 유아기의 발달 지연 문제를 지나 유년기인 초등학교 입학 무렵의 적응 문제를 넘어가면 잠시 멈추었다가 일부 청년이 전두엽 기능이 폭발적으로 발달하는 시기를 감당하지 못해 조현병에 걸리는 것을 제외하고는 한동안 소강기에 들어갔다. 그러다가 50대에 갱년기 우울증, 60대에 노인 우울증과 치매가 발병하는 양상이었다. 당시 같이 공부하던 의사들끼리 농담 삼아 "우리는 모두 서른 살이 넘었으니 정신분열병(조현병의 옛 용어)은 걸리지 않겠다. 이제 치매만 조심하면 되네" 했던 기억이 난다. 조현병은 전두엽 기능이 폭발적으로 발달할 때 필요한 도파민 분비에 이상이 생겨 발생하니 그 시기를 잘 넘겼다면 당연히 앞으로는 사고의 혼란이 없을 것이라는 의미였다.

하지만 2000년대에 들어서면서 환자 연령대에 변화가 생겼다. 일단은 예전에 없던 왕따와 학교 폭력, 인터넷 중독으로 청소년 환자가 압도적으로 많아졌고, 한국인의 일생에서 가장 힘들다는 고3 시기를 잘 버텨냈음에도 20대 환자들이 눈에 띄게 늘어났다. 대학에서 적응하지 못하거나, 졸업한 후 직장을 얻지 못해 우울해하며, 직장에 가서도 적응하지 못한다. 애인과 헤어지면 바로 손목을 굿고, 할 수만 있다면 군대는 가지 않아야 한다고 생각하며, 군대에 가서도 적응하지 못한다. 청소년기의 혼란은 30대까지 연장되어 결혼을 해도 아이를 건사하지 못해 부모에게 맡기고 주식으로 한 방에 돈을 벌려다가 가정이 파탄 난다. 갱년기 우울증은 과거보다 10년이 빨라진 40대부터 나타난다. 한마디로 소강기가 없어졌다.

소강기가 없어지기 시작한 기간은 조기유학이 급증한 기간이기도 하다. 2010년 이후로 조기유학의 추세는 다소 꺾인 것으로 알고 있지만 오히려 명문대 진학의 압력은 더욱 기승을 부리고 있고 통합적인 뇌 발달을 목표로 하는 교육은 여전히 뿌리내리지 못하고 있다.

조기유학이든 명문대 진학이든 정말 아이가 행복하기를 원해 보내려는지 차분하게 생각해보자. 오늘 밤 아이가 무엇을 행복이라고 생각하는지 진심으로 얘기해보자.

정상적인 아이들, 혹은 잠시 경미한 적응 문제를 보이지만 부모가 조금만 개입하면 정상적인 생활로 돌아갈 수 있는 수많은 아이들은 문장완성검사에서 이렇게 쓴다.

'내가 가장 바라는 것은 부모님과 같이 건강하게 오래 사는 것.'

상당한 적응 문제를 보이고 좀 더 많이 개입해야 하는 어떤 아이들은 이렇게 쓴다.

'내가 가장 바라는 것은 빌딩 100채를 살 수 있는 돈, 영어 능통, 한 번에 총알 100개가 나오는 총.'

다른 것은 이해가 되는데 총은 왜 나올까? 모의고사 전국 1등을 해서 서울대 법대에 반드시 가야 한다며 잠도 재우지 않고 성적이 오를 때까지 밥도 굶긴 엄마를 칼로 찔러 죽인 고등학교 3학년 학생이 이 의문에 답을 준다.

오늘 밤 아이에게 '내가 가장 바라는 것은 _____'의 글을 완성시켜보자(346쪽 참고). 단, 심각한 얼굴로 하면 안 되며 부모와 아이 모두 기분 좋은 날 노는 듯이 자연스럽게 해야 한다. 아이가 돈과 재산을 원한다는 내용만 쓴다면 더 이상 일이 커지기 전에 양육 방식을 진지하게 되짚어보자. 그런 아이는 자기 먹고살 돈은 벌 수 있겠지만 진정으로 행복한 사람은 되지 못한다. 신기하게도 100억 부자가 되고 싶다는 아이들 중 80퍼센트는 먹고살 걱정이 전혀 없는 아이들이다. 부모의 시간 대신 돈을 투자받은 아이들은 이미 돈에만 집착하는 모습을 보인다.

아이를 조기유학 보내는 부모들과 얘기해보면 조기유학이 아이에게 줄 수 있는 최고의 선물이라고 말한다. 과연 그럴까? 우리가 자식에게 줄 수 있는 가장 큰 선물이 한 달에 몇백만 원의 돈일까? 분명 큰 선물이지만 최고의 선물이 될 수는 없다. 최고의 선물은 엄마이다. 그리고 아빠이다. 엄마 아빠는 실로 대단한 것을 갖고 있다. 본인이 모르거나 부인할 뿐이다. 가능한 한 오랫동안 자식을 옆에 두고 그때그때 관심과 사랑을 주는 것, 이 이상 최고의 선물은 없다.

수년 동안 전 세계 사람들을 대상으로 대체의학을 연구해온 캘

리포니아 하트매스 연구소는 부모의 행동이 아기의 뇌 발달에 끼치는 영향을 연구했다. 연구 결과 사랑, 관심과 같은 긍정적인 감정은 아동의 심장박동에 일관된 전기적 패턴을 만들어내지만 스트레스나 분노 등 부정적인 감정은 들쭉날쭉하고 일관되지 않은 전기적 패턴을 만들었다. 여기까지는 공부와 관련이 없는 듯 보인다. 그런데 이 심장박동은 정서 뇌에 위치한 편도체 쪽으로 정보를 피드백한다는 사실이 밝혀졌다. 그렇다면 편도체는 일관된 패턴과 들쭉날쭉한 패턴 중 무엇을 안전하다고 느낄까? 당연히 일관된 패턴의 규칙적인 심장박동이다. 심장이 규칙적으로 뛰려면 일정 기간 동안 익숙한 환경에서 익숙한 사람을 보고 늘 맡던 냄새를 맡고 늘 듣던 것을 들어야 한다. 규칙적인 심장박동은 편도체에 지금은 안전한 상황이라는 신호를 보내고 편도체는 다시 전두엽에 마음 놓고 이 상황을 지휘하라는 신호를 보낸다. 다만 심장박동의 범위를 조금씩 늘려주어야 예기치 않은 상황에 적응할 수 있으니 가끔은 캠프에 보내고 돈이 있으면 외국에 한두 달 보내는 것도 좋다. 하지만 아직 심장이 채 영글지 않은 아이에게 크기부터 키우라고 덥석 정글에 내려놓지 말자.

부모들이여, 중학교 1학년 교과서를 복습해보자. 배란, 수정이 되면 10주경 심장이 뛰기 시작한다. 심장이 가장 먼저 만들어진다. 25주에 척추의 구조가 형성되고 그다음에 뇌가 발달한다. 심장의 안정이 가장 먼저이다.

조기유학을 떠나는 가족에게는 잘 다녀오라고 해주자. 부모와 함께 외국의 문물을 접하면서 영어 능력도 키우는 가족에게는 진심으로 부러운 마음을 전한다. 하지만 그런 복이 없다면 다른 복을 빨리 찾으면 된다. 내 주머니 속에 있는 다이아몬드를 몰라보고 남의 보물에만 정신이 팔려 탐내고 질투하며 속상해하는 것만큼 시간 낭비가 어디 있을까. 세상에는 이런 삶도 있고 저런 삶도 있으니 어느 것이 진정 행복한 길인지도 알 수 없다. 우리 가족의 상황과 내 행복의 색깔에 맞는 길을 찾아갈 뿐이다.

생각해보면 우리 어머님들은 참으로 지혜로웠다. 땅에서 나는 보석이라는 인삼조차도 체질에 따라서는 맞지 않는 사람이 있다는 것을 알았다. 따라서 어떤 자식에게는 인삼을 먹이고 어떤 자식에게는 홍삼을 만들어 먹였으며 어떤 자식에게는 먹이지 않았다. 중국에서도 부러워했다는 최고 중의 최고 고려인삼이 나는 나라에서 말이다. 이런 어머님들의 후예답게, 최고 중의 최고 머리의 소유자인 아이들에게 엄마의 지혜를 제대로 보여주자.

②

일찍 시작한 공부가
아이를 망친다

조기교육 열풍을 일으킨 실험의 오류

일찍 그리고 더 많이 공부하겠다는데 그게 왜 문제일까? 한국청소년정책연구원의 '2016년 한국 아동·청소년 인권실태조사'에 의하면, 청소년들은 '학교 성적'(평균 41.9퍼센트)과 '가족 간 갈등'(평균 24.5퍼센트)을 '죽고 싶은 이유'로 가장 많이 꼽았다(〈한겨레〉, 2018년 11월 20일 자 참고).

공부에 대한 고민이 압도적인 비율로 1위를 차지한다. 이 수치가 안타까운 것은 공부 스트레스는 부모가 마음 한번 바꿔 먹으면 금방 해결될 수 있기 때문이다. 그런데 놀랍게도 공부는 부모의 스트레스 요인이기도 하다. 대한민국 부모들은 경제적 어려움, 부부

246

갈등 다음으로 아이의 공부 문제로 스트레스를 받는다. 아이도 스트레스이고 부모도 스트레스인데 아이와 부모 모두 피하거나 해결하려 하지 않고 비를 홀딱 맞고 서 있는 형국이다.

성격 유형 가운데 A 유형 성격이 있다. 이 성격에 해당하는 사람들은 경쟁심이 강하고 조급하며 충동적이고 기다리지 못하며 화를 잘 내고 성취 욕구가 강하다. 이 성격이 학문적으로 처음 관찰 대상이 된 것은 심리학 실험실이나 정신과 진료실이 아닌 심장내과에서였다. 심장내과를 방문한 환자 중에는 대기시간을 참지 못하고 쉽게 화를 내고 안절부절못하는 사람이 많아서 유난히 대기실 의자의 앞부분이 자주 닳았다. A 유형 성격의 사람들을 추적해보니 정상인에 비해 심장병에 걸릴 확률도 세 배나 높았다. 당연히 미디어에서는 이러한 성격과 경쟁적인 생활 태도를 경고했지만 이들은 자신의 생활 태도를 버리지 못했다. 그렇게 살아온 덕분에 성공했다고 생각하기 때문이다. 그 꿀은 너무 달았다.

공부 스트레스도 이와 같다. 공부 스트레스가 아이들을 힘들게 한다는 이야기는 이미 오래전부터 들어왔지만 부모는 요지부동이다. 이유는 두 가지이다. 하나는 A 유형 성격을 버리지 못하는 것과 같고, 다른 하나는 조기교육과 과잉 학습에 대한 진실을 모르기 때문이다.

세계적으로 조기교육 열풍을 몰고 온 동물 실험이 있었다.

그 실험 결과에 따르면 바퀴, 사다리 등의 장난감이 풍부한 환경(실험 박스)에서 자란 쥐가 아무런 자극도 없는 척박한 환경(텅 빈 박스)에서 홀로 자란 쥐에 비해 뇌세포 간의 접속점이 25퍼센트 많았다. '뇌세포 간의 접속점이 많다는 것은 높은 지능을 의미한다'라는 연구 결과가 발표된 후 전 세계 부모들이 아이들에게 가능한 한 일찍 자극을 주려고 난리가 났다.

하지만 우리가 지나친 중요한 사실이 있다. 영국의 심리학자 사라 제인 블랙모어Sarah-Jayne Blackmore가 《뇌, 1.4킬로그램의 배움터》에서 말했듯이 실험실에서 제공한 풍부한 환경은 사실 쥐들이 사는 평범한 보통 환경과 같다는 사실이다. 하수구는 결코 지루한 곳이 아니며 장난감 사다리 못지않은 수많은 장애물을 넘으며 먹이를 찾아야 하는 기억과 학습의 장소이다. 쥐는 실험실(실험 박스)의 풍부한 환경에 놓여 있지 않았어도 뇌세포 간의 연결점이 풍부했다. 오히려 숨을 곳이 하나도 없는 텅 빈 공간에 놓인 쥐는 낯설고 두려운 환경 때문에 당연히 편도체가 위축되고, 편도체와 상호소통하는 대뇌피질도 위축되어 뇌세포 간의 접속점이 적어질 수밖에 없었다. 조기교육 열풍을 몰고 온 그 실험은 풍부한 환경과 척박한 환경이 아니라, 평소와 같은 환경과 다른 환경을 비교한 것이었다. 즉 그 실험이 보여준 것은 평소와 같은 평범한 환경을 박탈하지 않는 것이 뇌 발달에 중요하다는 사실이었다.

아이에게는 집이 쥐의 하수구와 같은 환경이다. 집 앞 공원은 말할 것도 없다. 주변 환경 안에서 잘 놀기만 해도 피질은 두꺼워지기 마련이다. 인위적인 자극과 장난감만 피질을 두껍게 한다는 주장은 어디에서 시작되었는지 알 수 없는 해석 오류이고, 이 오류는 상업적 교육기관의 상술에 배타적으로 이용되었다. 은물, 가베, 블록 등의 허다한 완구와 장난감이 피질 두께용 요술 방망이로 둔갑했다.

《매직트리》의 저자인 미국 신경심리학자 메리언 다이아몬드 Marian Diamond와 재닛 홉슨Janet Hopson 연구팀에 따르면 자극이 풍부한 환경에서도 피질이 두꺼워지는 양은 고작 6퍼센트일 뿐이라고 한다. 연구팀은 더 나아가 풍부한 자극이 대뇌피질을 두껍게 만드는 효과보다 지루한 환경 때문에 대뇌피질이 얇아지는 위험이 훨씬 더 크다고 경고한다.

상업적 교육기관의 끈기는 대단하다. 이번에는 실험에서 단조로운 환경에 놓인 쥐들이 나흘 만에 정신적으로 퇴보했다는 결과를 거론하며 집에 가만히 있으면 지루하고 위험하니 뭔가를 또 하라고 부추긴다. 하지만 지루한 사람은 부모이지 아이가 아니다. 아이에게는 먹던 우유가 엎어지기만 해도 깜짝 놀랄 만한 세상이 펼쳐진다. 쥐는 단조로운 환경에서 급격하게 뇌가 퇴보하겠지만 쥐보다 몇천 배 뛰어난 전두엽을 가진 아이는 먹던 우유가 엎어지기만 해도 우유로 방바닥에 그림을 그리며 엄마의 혈압을 올린다. 일을 끊임없이 창조해낸다. 그러니 퇴보할 겨를이 없다. 더 중요한 점은 쥐 또한 낯선 텅 빈 박스를 탈출할 수 있었다면 친근하고 자극이 풍부한 하수구로 돌아가 퇴보한 정신을 되돌릴 수 있었을 것이라는 사실이다.

상업적으로 잘못 해석할 수 있는 연구는 이 외에도 수없이 많다. 2010년에 미국 플로리다대학교 연구진이 생후 1~2일 된 신생아들을 대상으로 한 실험 결과, 신생아의 뇌가 24시간 내내 활동을 멈추지 않는다고 발표했다. 이미 상업적 시각에서는 '아기가 자는 동안에도 뭔가 가르칠 수 있다'고 해석하는 것 같다. 아니, 그럼 살아 있는 아기의 뇌가 24시간 활동을 멈추지 않는 것이 당연하지 단 1초라도 멈추겠는가? 요점은, 어떤 하나의 연구나 발표에 너무 휘둘리지 말고 기본과 본질을 꿰뚫어보자는 것이다.

상업적으로 만들어졌다 하더라도 장난감을 갖고 노는 것까지는 나쁘지 않다. 문제는 장난감을 갖고 놀 시간에 글자를 가르치는 것이다. 자녀 교육에 관심이 많은 어머니라면 인간이 다른 동물에 비해 전두엽이 발달되었다는 사실을 알고 있을 것이다. 그런데 장난감은 전두엽을 가동시키지만 단순한 글자 떼기는 고작 측두엽만 가동시킨다는 사실을 모른다. 물론 측두엽은 기억과 학습, 정서까지도 관장하는 매우 중요한 영역이다. 하지만 인간은 단순히 학습을 기억하는 단계를 넘어 통합과 창조를 해야 하는데 부모들이 너무 측두엽 개발에만 열을 올리는 것 같아 안타깝다.

우리 아이들에게 정말 지루한 것은 오히려 획일적인 중고등학교 환경이다. 지루한 환경이 좋지 않은 이유는 뇌가 지루하다고 받아들이면 도파민이 더 이상 분비되지 않기 때문이다. 도파민은 흥미롭고 특히 예상하지 않았던, 도전해볼 만한 자극이 주어져야 분비된다. 텔레비전을 보는 아이의 뇌를 관찰해보면 처음에는 대뇌피질의 발화량이 늘어난다. 하지만 한참 지나면 피질 활동이 잠잠해지며 더 이상 반응하지 않는다. 뇌가 지루하다고 받아들이는 것이다.

많이 걷고 뛰어놀아야 공부를 잘한다

아동의 사고 과정을 체계적으로 연구한 스위스의 심리학자 장 피아제는 인지 발달을 감각 동작기(0~2세), 전조작기(3~7세), 구체적 조작기(8~12세), 형식적 조작기(13~16세)의 4단계로 분리했는데, 크게 전조작적 단계(7세 이전)와 조작적 단계(7세 이후), 두 개의 시기로 나누어볼 수 있다. 조작operation이란 심리적으로 내면화된 정신적 행위를 가리키는 용어로, 무언가를 비교하고 법칙을 알아내고 새로 만들어낸다는 의미이다. 이 조작이 제대로 된 모양새를 갖추려면 7세를 넘어야 한다. 7세 이전에는 되지 않거나 설령 된다 해도 불완전하므로 전前조작기라고 이름 붙인다. 7세가 넘어 조작을 할 수 있어도 12세까지, 즉 초등학생 때까지는 구체적 조작, 쉽게 말하면, 지금 내 눈앞에 보이는 사실에 대해서만 논리적으로 사고할 수 있다. 중학생이 되어야 비로소 형식적 조작, 즉 현실 세계를 넘어서는 추상적 사고를 할 수 있다.

피아제의 인지 발달 이론에 따르면 유치원 때까지는 조작이라는 것을 해보았자 한계가 있다. 아이들의 조작 행위에는 무엇이 있을까? 계산하기, 크기 비교하기, 색깔 구분하기, 모양이 다른 그릇에 담긴 100밀리리터의 물을 같다고 인식하기, 특정한 사물이 관찰하는 위치에 따라 모양이 다르게 보이지만 같은 대상임을 알기, 그리고 문자 습득 등이 있다. 듣기, 말하기는 선천적인 언어능력이지만 읽기, 쓰기는 조작 행위이다.

ㄱ+ㅏ+ㅇ=강, ㅁ+ㅗ+ㄱ=목이 된다는 사실을 이해하는 것은 조작을 할 수 있기 때문이다. 눈치 빠른 어머니들은 왜 이렇게 골치 아픈 음소 맞추기 이야기를 하는지 이미 알았을 것이다. 그렇다. 유치원 때까지는 한글 공부를 집중적으로 하지 않아도 된다. 시키니까 글자를 그리는 것이지 능숙하게 조작하지 못한다. 무엇보다도, 너무 일찍 시작하면 본격적으로 정신적 조작을 할 시기, 즉 공부를 해야 하는 시기에 흥미가 사라진다. 외부에서 시키니까 하는 수동적인 모방 학습에 치여 내부에서 유발되는 창의적이고 자발적인 학습에 대한 흥미를 잃게 된다. 벌써 뇌 회로가 그렇게 습관화되었기 때문이다. 너무 어릴 때부터 문자 교육을 권하는 것은 인지 발달의 기제를 모르는 것이다.

나는 피아제의 이론에 근거해 이름을 살짝 바꾼 양육 단계를 제안한다. 6세를 기준으로 이전은 감각 운동 양육기, 이후는 상징 사고 양육기라 하겠다. 감각 운동 양육기는 감각 능력과 운동 능력을 집중적으로 개발해야 하는 시기이다. 감각 가운데 시각의 예를 들어보자. 아기는 기본적인 시각 기능을 갖추고 태어나지만 3차원 입체시가 발달해 엄마가 앞에 있든, 옆에 있든, 웅크리고 자고 있든, 아파트 10층 창문 밖으로 자기를 내려다보든 '저 사람은 우리 엄마구나' 하고 알 정도로 정교한 조준과 파악 능력을 갖추려면 6세 정도가 되어야 한다. 운동 능력에는 걷고 뛰는 대근육 운동과 가위질하고 단추를 채우는 소근육 운동이 포함된다. 즉 6세까지는 감각 자극에 충분히 노출되고 많이 뛰어노는 것이 뇌 발달의 필요충분조건이다.

물론 요즘 세상에 어려운 일이기는 하다. 다치지 않고 많이 뛰어놀 공간도 부족하고 하루 종일 붙어서 아이를 보호해줄 시간도 없다. 그래도 6세까지는 뛰어노는 시간이 문자를 익히는 시간의 5배 이상 되어야 하며 초등학생도 3학년까지는 학원 가는 시간의 3배를 놀아야 한다. 아이들이 나라의 미래라고 믿는 정부라면 동네마다 황토로 뒤덮인 안전하고 큰 공터를 만들어 해가 질 때까지 아이들이 뛰어놀게 해주어야 한다. 특별한 프로그램도 필요 없다. 널찍한 땅에 몇 가지 도구만 있으면 아이들은 비석치기, 사방치기, 땅따먹기, 공기놀이, 고무줄놀이를 하면서 하루 종일 잘 논다. 성추행이나 유괴 등의 위험이 걱정된다면 일자리를 원하는 어르신을 2인 1조로 곳곳에 배치하면 어떨까. 어르신들도 햇빛을 받으며 몸을 움직이면 치매나 우울증에 걸리지 않을 테니 아이들과 좋은 짝이 되지 않을까.

많이 걷고 뛰어놀게 하면 뇌에서 비디엔에프BDNF: Brain Derived Neurotrophic Factor라는 뇌유발신경전달인자가 발생한다. 비디엔에프는 강력한 뇌 성장 요인으로, 이 물질이 잘 분비되어야 공부도 잘할 수 있다. 또한 이 물질은 스트레스 호르몬에 맞서는 기능도 한다.

뇌 발달 차원에서 보면 중고등학생도 아직 뇌가 발달 중에 있으므로 계속 몸을 많이 움직여야 한다. 하버드 의대 정신과 임상 교수인 존 레이티John Ratey는 체육 수업의 긍정적인 효과를 보고했다. 미국 사우스캐롤라이나주 고등학교에서 정규수업이 시작되기 전 0교시 체육 수업을 한 후에 학생들의 학습 능력이 17퍼센트 향상되었을 뿐 아니라 규율 위반으로 징계를 받은 비율이 이전 학기에 비해 83퍼센트나 감소했다고 한다. 꼭 체육 수업이 아니라 그냥 운동장을 돌게 하는 것도 좋다. 햇빛을 받으며 30분 이상 걷는 것만으로도 지금 학교에서 벌어지는 문제의 70퍼센트는 해결할 수 있다. 햇빛을 쬐며 친구들과 걸으면서 수다를 떨다 보면 긴장이 풀리고 친근감이 늘어나 학교 폭력도 줄어든다. 또 비타민 D가 합성되어 뼈가 튼튼해져 체력도 좋아진다. 무엇보다도 햇빛은 기분을 좋게 해준다.

계절성 우울증이라는 것이 있다. 일조량이 줄어드는 가을이나 겨울에 우울증이 심해지는 증상이다. 약물치료와 함께 라이트테라피를 하면 효과가 좋은데, 라이트테라피란 간단히 말해서 빛을 집중적으로 쪼여주는 것이다. 병원에서는 과학적으로 검증된 파장과 세기로 광선을 쪼여주지만 햇빛을 많이 쬐는 것으로도 청소년의 우울증을 충분히 예방할 수 있다. 내가 교장이라면 운동장을 최대한 넓게 확보해서 수학 2시간 연강하고 30분 운동장 돌게 하고, 영어 2시간 연강하고 30분 돌게 하겠다. 공부 잘해, 폭력 없어져, 체력 좋아져, 성격 좋아져, 그야말로 일석사조의 효과가 있는 교육법이다.

아이를 키우면서 한 가지 후회되는 것은 어릴 때 좀 더 많이 뛰어놓게 하지 못한 것이다. 많이 뛰어놀면 학원에 1년 보내는 것보다 머리가 더 좋아진다는 사실을 진작에 알았더라면…. 하지만 일주일에 하루 이틀이라도 마음껏 뛰어놀면 스트레스는 어느 정도 해소되니 너무 속상해하지 않으려 한다.

초등학교에 들어가는 나이가 되면 비로소 상징 사고 양육기에 들어서는 것이다. 본격적으로 상징, 즉 문자와 숫자를 익혀야 할 때이다. 이때 집중적으로 한글을 익히면 이전에 3~4년에 걸쳐 배운 것보다 더 빠르고 효율적이다. 가르쳐주는 족족 아이는 바로 흡수하고 활용한다.

이러한 아이의 발달 단계를 무시하고 감각 운동 양육기에 문자를 가르치면 스트레스가 된다. 이제 막 일어선 아기에게 자꾸 자전거를 타라고 하면 어떨까? 자전거가 스트레스가 되어 평생 꼴도 보기 싫을 것이다. 공부를 잘하려면 흥미와 동기가 반드시 필요한데 스트레스가 된 대상에게는 흥미도, 동기도 생기지 않는다. 또 문자 학습에 치여 감각 운동 능력이 충분히 발달하지 못하고 고작 글자만 아는 매우 협소한 인지 체계가 형성된다. 듣고 보고 걷고 뛰면 되었지 무슨 감각과 운동이 더 발달해야 하느냐는 부모님이 계실까 봐 말한다. 볼 수 있다고, 걸을 수 있다고 아이의 발달이 끝나는 건 아니다. 보기와 걷기가 합작해 어떤 상황에서도 넘어지지 않고, 장애물을 잘 피할 정도가 되어야 비로소 아이의 감각 운동 기능은 완성된다. 마데카솔과 후시딘 구입비가 눈에 띄게 줄어들었다면 비로소 이 단계에 이른 것이다.

미국 버지니아대학교 연구진은 메추라기에게 인위적 자극을 주면 감각이 빨리 발달하는지 연구하기 위해 수백 개의 메추라기 알 중 일부에 갑작스럽게 빛을 쬐였다. 정상적으로는 새끼 새가 부화된 후 빛을 쬐지만, 일찌감치 빛을 쬐면 시각 발달이 빨라질 것이라고 생각했다. 그런데 정작 알에서 깬 새끼 새들은 전혀 예상치 못한 문제를 보였다. 새끼 새의 뇌에 시각 발달이 지나치게 빨리 요구되면서 어미 새의 움직임과 목소리를 머리에 새기는 각인 능력이 발달하지 못해 부화한 후에도 어미 새를 따라가지 못하고 이리저리 방황했다. 자연의 흐름을 거스르는 교육은 오히려 정상적인 발달을 방해한다.

문자 학습 최적의 시기는 언제인가

유치원생과 초등생의 차이는 무엇일까? 아이들의 하루 일과를 떠올리며 생각해보자.

바로 낮잠을 잔다는 것이다. 좀 세련된 유치원에서는 아예 모든 아이들에게 낮잠을 재운다. 그렇지 않더라도 보통 아이들은 유치원에서 돌아오면 한숨 푹 잔다. 갓난아기는 하루 일과가 먹고 자고 놀고 자고, 그리고 또 자는 것이다. 우리 인생을 통틀어 6세 이전까지는 잠을 가장 많이 자는 시기이다.

잠이 많은 시기에 나오는 뇌파는 델타파와 세타파이다. 반면 깨어 있고 공부할 때는 감마파와 베타파가 나오고 명상, 이완 상태에서는 알파파가 나온다. 델타파와 세타파가 주로 나오는 6세 이전은 일종의 반수면 상태라 뇌가 공부를 할 수 있는 준비를 하지 못한다. 놀면서 만지면서 듣고 보면서 세상을 이해하고 살아가는 기술을 익힐 뿐, 책상에 앉아 공부할 수 있는 때가 아니다.

우리 인간은, 특히 아이는 상징보다 경험에 먼저 많이 노출되어야 한다. 앞서 말했듯이 구체적 조작기를 거쳐야 형식적 조작기로 넘어가는 발달 과정 때문이다. 사과를 글로 배우기 전에 만져보고 맛보고 빨간 사과, 파란 사과, 노란 사과가 있다는 것을 두 눈으로 똑똑히 봐야 한다. 상징은 지식 세계를 압축해놓은 것이다. 경험보다 압축된 지식을 먼저 접하는 것은 다양하고 맛있는 요리를 먹지 못하고 달랑 비타민 한 알만 먹는 것과 같다.

그래서 유럽의 선진국에서는 대부분 유치원에서 문자 교육을 금지한다고 한다. 집에서 선행 학습을 해도 교사에게 경고를 받는다. 실제로 영국에서 자녀를 유치원에 보내기 전에 알파벳과 숫자를 가르쳐 보냈다가 경고를 받았다는 한국 엄마에 관한 신문 기사를 읽은 적도 있다. 이 시기는 사실을 경험하며 집중력을 키워야 하는데 문자 교육이 집중력을 방해하기 때문이라는 것이다. 영재 교육법으로 유명한 이스라엘에서도 유치원까지는 문자나 수를 가르치지 않는다.

한글 공부는 초등학교 입학 1년 전에 시작하면 충분하다. 우리 아이 둘을 포함하여 수많은 아이들을 관찰하여 내린 결론이다.

첫아이가 네 살 때 한글 학습지 교사가 찾아와 한글 배우기를 권했다. 너무 빠르지 않냐고 했더니 "두 살부터 한 아이도 있는데요. 지금 시작해야 학교 가서 고생하지 않죠. 한글을 빨리 깨치면 책도 빨리 읽고 사고도 넓어져요"라고 말했다. 그때 나는 여섯 살 이전에는 한글 공부를 시키지 않으리라 생각했으므로 학습지 교사는 그냥 돌아가야 했다. 아이가 여섯 살이 되자 적극적으로 한글 공부를 시작하며 학습지를 신청했다. 공교롭게도 같은 회사의 학습지 교사가 방문했다. 공부를 시작한 지 한 달 후 면담을 하면서 인사치레 삼아 물었다.

"잘 따라가나요? 너무 늦지 않았을까요?"

"아니요, 딱 적기에 시작했어요. 스펀지처럼 쏙쏙 빨아들이고 있어요. 너무 어려서부터 공부한 아이들은 시작은 빠르지만 제대로 익히기까지 시간이 오래 걸려요. 결국 꽃은 비슷한 시기에 피는 것 같아요."

같은 학습지 회사의 교사가 한 말이다.

6세 이전에 문자와 숫자 공부를 시킬 필요가 없다고 해서 책을 읽어주지 말라는 뜻은 아니다. 앞서 말했듯이 책 읽기는 중요하다. 6세 이전에는 스스로 읽도록 지나치게 강요하지 말고 책을 많이 읽어주기만 하면 된다. 우리는 흔히 뇌를 우주에 비유한다. 복잡한 뇌세포의 구조가 셀 수 없이 많은 별로 구성된 우주와 비슷하기 때문이다. 엄마가 읽어주는 책을 듣고 이해하는 것은 우주의 오른쪽 끝에서 일어나는 일이다. 그리고 스스로 책을 읽는 것은 몇억 광년 떨어진 우주의 중간에서, 쓰고 문장을 만들어내는 것은 몇조 광년 더 떨어진 우주의 왼쪽에서 일어나는 일이다. 뇌의 발달 과정에 맞게 천천히 진행해야 탈도 없고 가장 효율적인 성과를 낸다. 만약 엄마가 책을 만날 읽어줬더니 아이가 어느 날 스스로 읽는다면? 물론 입을 틀어막을 필요는 없다.

그런데 여기서 잠깐 생각해볼 것이 있다. 다른 나라는 유치원 시기의 문자 교육을 금지하는데 왜 우리는 막지 않을까? 한 교육과학기술부 담당자의 말을 들어보자.

"허참, 학부모들이 조기교육을 선호하는 상황에서는 선행 학습을 막기가 힘들다 그 말입니다."

정부가 국민의 요구를 이렇게 성심껏 들어주다니 놀라울 따름이다. 담당자의 말이 거짓은 아닐 것이다. 그렇다면 수요를 만드는 엄마들이 멈추어보면 어떨까. 학원 심야 학습을 금지하는 안이 거론되자 엄마들이 엄청 들고일어났다. 금지하면 고액 비밀과외가 성행할 것이다, 누구 좋으라고 금지하느냐, 절대 반대한다…. 반대로 심야 학습을 허용하면 또 다른 엄마들이 들고일어난다. 사교육비 지출이 늘어난다, 절대 반대한다…. 참 희한하게도 우리나라에서는 어떤 상황도 사교육으로 연결된다. 경제적 문제 등을 벗어나인지 발달 과정을 제대로 알고 있다면, 무엇보다도 아이들 행복권 차원에서 이 문제를 본다면, 해답은 간단하다. 잠을 충분히 자지 못한 아이가 심야 학습을 하면 공부한 것이 제대로 저장되지 않으니 밑 빠진 독에 물 붓기이다. 뿐만 아니라 수명까지 단축시킨다. 돈을 주면서 오라고 해도 그런 사교육으로 아이를 내보낼 수는 없다.

학자들은 인간의 일생에서 뇌가 급성장하는 시기를 3세, 6세, 10세, 14세, 18세로 본다. 이 나이 때 시냅스의 접속량이 폭발적으로 늘어나며 뇌세포의 활동이 왕성해져 포도당 대사도 급격하게 늘어난다. 뇌가 폭발적으로 발달하는 시기에는 다른 것에 에너지를 빼앗기지 않도록 차분하고 안전한 환경을 만들어주어야 한다. 정서적으로 안정되게 해주어야 한다는 뜻이다.

과잉 학습이 우울증과 학습 부진을 부른다

대한민국의 부모들에게 나타나는 대표적인 공부 관련 오류 유형 두 가지가 있다. 하나는 본격적으로 공부를 시켜야 하는 나이가 되었는데도 전혀 관심을 갖지 않고 학교 숙제까지 무시해 학습 부진아를 만드는 유형이고, 또 하나는 반대로 아이의 공부에 노심초사 올인하여 과잉 학습아를 만드는 유형이다. 과잉 학습이란 '하루 일과 중 공부를 지나치게 많이 하는' 일반적인 의미도 있지만 성격이나 적성, 능력에 맞지 않는 공부를 지나치게 많이 한다는 의미도 포함한다. 지금 대한민국은 다행인지 불행인지 모르지만 과잉 학습파 비율이 학습 부진파보다 압도적으로 높다. 학습이 부진한 아이들은 남들이 인생을 달려갈 때 걸어가며 좀 천천히 살겠지만 열등감 같은 심리적 문제만 없다면 학교와 사회의 도움을 받아 언젠가는 회복될 수 있다. 또 스스로 공부하지 않아 생긴 결과이니 억울할 것도 없다. 문제는 과잉 학습파 아이들이다.

이 아이들은 말 그대로 극과 극의 결과를 만나기 때문이다. 부모의 기대대로 아주 똑똑하고 성공하는 예도 있지만 반대로 받지 않아도 될 스트레스 때문에 정신과까지 찾는 심각한 결과를 맞기도 한다. 그 결과 학습 부진파와 똑같은 상황에 이른다. 게다가 부모가 시키는 대로 열심히 공부했을 뿐인데 결과가 그러하니 억울함이 하늘을 찌른다.

적성과 능력에 맞지 않게 과잉 학습에 내몰리는 아이는 십중팔구 우울증에 걸린다. 우울증은 '바라는 자기'와 '실제의 자기' 간의 불일치가 심할 때 발생하기 때문이다.

특목고에 진학한 학생이 있었다. 대한민국 전체에서 보면 매우 우수한 성적이었지만 전교생 650명 중 600등으로 입학하는 바람에 상대적 열등감에 사로잡혔다. 그래도 열심히 노력해 1학년 말에는 전교 150등까지 성적을 올렸지만 더 이상 진전이 없자 심한 좌절감을 느꼈다. 고 3이 되어 도저히 스트레스를 감당하지 못하자 아이는 큰마음 먹고 아버지에게 말했다.

"아버지, 너무 힘들어요."

아버지는 짧게 말했다.

"고 3은 다 그런 거야. 참아야 한다."

아이는 참고 돌아섰다. 하지만 그날 이후 공부할 시간에 동네 놀이터에 나가 멍하니 서 있는 등 이상한 조짐이 조금씩 보이더니 급기야 심한 우울증으로 자살을 시도해서 입원했다. 특목고에서 650등에서 150등으로 성적을 올린 이 학생은 공부 능력이 매우 뛰어났다. 다만 경쟁적인 상황에서 하루 종일 공부하는 환경이 맞지 않았을 뿐이다. 성향을 고려해 좀 더 편한 환경에서 공부하게 했더라면 지금쯤 근사한 대학생이 되었을 이 아이는 여전히 병원을 들락날락하며 수능 준비는커녕 아무것도 하지 못하고 있다. 경험하지 않아도 될 무력감과 좌절감이 깊이 박혀버렸고, 아이가 이 지경이 되었는데도 여전히 한심한 놈이라고 무시하는 부모 때문에 자신의 자리를 잃었다. 아이는 장기 학습 부진 상태에 있다.

앞의 학생보다 용감한 중학생의 이야기이다. 초등학교 5학년 때부터 특목고를 목표로 공부한 아이는 중 3 중간고사를 마친 뒤 아버지에게 특목고에 가기 싫고, 더 이상 경쟁하며 살기 싫다고 당당히 말했다. 하지만 아버지는 세상 물정도 모르는 녀석이라며 들은 척도 하지 않았다. 그럼에도 아이가 뜻을 굽히지 않자 골프채로 위협하고 목을 졸랐다. 어머니가 겨우 말려 아이는 방으로 들어갔지만 이후 밖으로 나오지 않았다. 그리고 성적은 곤두박질쳤고 급기야 환청을 듣는 정신병적 증상까지 보여 정신과에 입원했다. 입원한 지 한 달 후에 환청은 사라졌지만 아이는 이미 세상에 대한 동기와 의욕을 상실해 무엇이든 새로 시작할 엄두가 나지 않는 학습부진 상태에 빠져버렸다.

이 아이의 아버지는 부자였다. 겉으로는 특별한 스트레스가 없어 보였지만 고등학교 중퇴라는 학력에 대한 열등감이 마음 깊이 자리 잡고 있었다. 열등감을 자식을 통해 보상하고자 했던 욕구가 너무도 강해서 특목고에 가지 않겠다는 자식의 말에 이성을 잃어버린 것이다. 한 발짝 물러서 보면 특목고에 가지 않고도 아버지의 한을 풀어줄 방법은 많았다. 하지만 아버지는 자신이 세운 인생 설계가 틀어지는 것을 참지 못했다. 아버지의 심리검사에서는 성의 없이 휘갈겨 쓴 문장완성검사 몇 개만 건질 수 있었다. 그는 "내가 젊어진다면 미친 듯이 공부할 것이다. 제대로 공부할 것이다"라고 썼다. 그 대상을 아이로 바꾸어 닦달하고 있었다. 아이의 목을 조르면서 자신의 과거, 그리고 자식과 자신의 미래까지 목 조른 것이다.

우울증에 걸린 초등학교 3학년 아이의 엄마는 문장완성검사에서 이렇게 썼다.

"내가 가장 바라는 것은 행복해지는 것이다. 하지만 아이의 성적이 문제이다."

이 아이는 반에서 1, 2등을 하고 있었다.

정신과에 오는 일까지 생기지 않더라도 이 아이들은 인생에서 그들이 원하는 결과를 얻기 힘들다. 조기유학을 다루며 여러 번 강조했듯이, 정서를 담당하는 편도체가 부정적인 신호를 보내면 기억을 담당하는 해마와 통합적인 사고를 담당하는 전두엽의 피질도 위축되기 때문이다. 스트레스 수치가 높은 사람이 낮은 사람에 비해 인지능력 점수가 50퍼센트 넘게 떨어진다는 연구는 수도 없이 많다. 공부에 관심이 많은 어머니들이 잘 알고 있는, 기억을 담당하는 해마에는 스트레스 상황에서 발화되는 코르티솔 수용체가 점점이 박혀 있다. 목숨을 위협하는 사건을 잘 기억하기 위해서이다. 코르티솔 수용체가 자주, 그리고 세게 자극되면 해마에도 영향을 미쳐 기억 기능이 떨어진다. 당연히 성적도 낮게 나온다.

남부러울 것 없는 강남의 치과 의사가 있었다. 아들이 네 살 때부터 병원 한구석에 공부방을 만들어놓고 진료 사이사이, 그리고 저녁마다 직접 공부를 가르쳤다. 아이는 아버지의 명석함을 닮아 전교 1등을 놓치지 않았지만 친구 사귀는 능력이 부족했는지 중고등학교 내내 왕따를 당했다. 아이가 괴로워하자 아버지는 그까짓 학교 필요 없다며 자퇴를 시킨 후 검정고시로 고등부 과정을 마치게 했다. 얼마나 시험을 잘 보았던지 검정고시 담당자가 직접 전화를 걸어 칭찬할 정도였다. 어김없이 명문대 의대에 진학한 아들은 역시 1학년 1학기에도 수석을 차지했다.

하지만 자신의 신체에 대한 자각이 생기면서 상황이 달라졌다. 아버지가 외모에 신경 쓰지 말고 공부만 하라고, 공부를 하려면 체력을 길러야 한다면서 무조건 많이 먹으라고 한 결과 대학생이 된 아들은 뚱뚱한 외모에 여드름투성이였다. 자신이 사교 능력이 부족하다는 사실을 깨닫지 못한 아들은 사람들이 자기를 싫어하는 이유가 외모 때문이라는 왜곡된 생각에 빠져들었다. 아들은 성형 수술에 대해 알아보고 비정상적일 만큼 헬스클럽을 자주 드나들어 성적과 학교생활 모두 엉망이 되었다. 본과에 진학할 학점에 미달하자 아버지는 다시 사법 고시를 준비하라며 아들을 고시원에 넣어버렸다. 그리고 두 차례 시험에 떨어진 후 어느 날부터 '아버지 말을 듣지 않고 외모에 신경 썼으니 벌을 받아야 한다'는 환청이 들리기 시작했다.

의사인 아버지의 마음속에는 어떤 상처와 무의식적 열등감이 숨어 있었을까? 아버지는 의사로 성공했지만 유난히 작은 키 때문에 어릴 때 친구들에게 놀림을 많이 받았다. 친구들을 제압할 수 있는 유일한 기회는 수업 시간이었다. 세상 사람들은 모두 나쁘고, 믿을 것은 실력밖에 없다는 생각이 뿌리 깊이 박혀 있었다. 그래서 사랑스러운 아들마저 올바르게 자라지 못하게 만들었다.

과잉 학습은 우울, 불안과 같은 마음의 문제뿐만 아니라 신체적 문제도 일으킨다. 고등학교 1학년 여고생이 대상포진에 걸렸는데 치료해도 차도가 없다며 정신과에 의뢰된 적이 있었다. 부모는 늦게까지 공부하며 피곤한 것 외에는 스트레스가 전혀 없다고 말하면서 지나친 공부 시간 자체가 스트레스라는 사실을 받아들이려 하지 않았다. 대상포진은 청소년이 쉽게 걸리는 병이 아니다.

전교 1등을 놓치지 않으려고 밤이고 낮이고 열심히 공부하는 삐쩍 마른 한 여고생의 꿈은 유치원 교사이다. 이유는 단 하나, 그동안 너무 힘들게 공부해서 나중에는 좀 쉽게 살고 싶어서란다. 나는 반대이다. 미래의 유치원 교사가 지금 전교 1등 하는 것도 반대요, 전교 1등 하는 아이가 나중에 유치원 교사를 하는 것도 반대이다. 시간 낭비, 돈 낭비, 인력 낭비이다. 유치원 교사가 될 사람이라면 책상에 앉아 지성만 최대치로 키울 것이 아니라 세상에 대해 많은 관심을 갖고 감성과 신체 능력을 최대한 키워야 한다. 사람의 에너지는 한정되어 있다. 나는 전교 1등 하는 아이가 중학교 교사가 되는 것도 반대이다. 그런 사람은 공부가 물 마시듯 쉬웠거나, 그냥 하니까 되었을 텐데 공부 못하는 아이들의 심정을 공감해줄 수 있을까 걱정된다. 그러니 또 반대이다.

한림대성심병원 소아청소년정신과 연구팀의 연구 결과에 따르면 하루 4시간 이하의 사교육을 받은 아이들 가운데 10퍼센트 정도가 우울 증상을 보인 반면 4시간이 넘게 사교육을 받은 아이들 중 30퍼센트 이상이 우울 증상을 보인다고 했다(〈조선일보〉 2017년 4월 3일 자 참고). 나는 연구의 결과보다 과정에 더 눈길이 갔다. 일주일에 4시간이 아니라 하루에 4시간이다. 선진국에서는 방과 후 공부 시간이 일주일에 7시간이라는데 이런 실험을 할 수 있는 우리 현실에 혀를 찰 뿐이다. 다른 나라에서는 구하지 못할 연구 대상이 가득하니, 연구 대상의 희소성 차원에서 노벨상을 받아야 한다. 얼마나 사교육을 많이 하면 2시간도, 3시간도 아닌 4시간이 집단 분류의 기준이 되었을까?

아이들이 하루에 제대로 집중할 수 있는 시간은 방과 후 최대 3시간이다. 어른도 회사에서 일할 때 집중적으로 몰입하는 시간은

3시간 정도이다. 나머지는 그냥 멍하게 있거나 습관적으로 일을 하거나 떠들거나 먹거나 회의를 한다. 학교 수업만 집중해도 이미 7~8시간 공부하고 오는데 이것을 제대로 활용하지 못하고 우리는 이 난리를 쳐야 하는 것인가?

공부는 인생의 한 단면일 뿐이고 평생토록 하는 것이다. 그럼에 도 언젠가부터 공부가 스무 살 인생의 전부가 되어 부모는 자신의 계획대로 되지 않는 아이의 공부 때문에 몸과 마음이 쓰리고, 아이 는 그런 부모를 멀리하는 지경에 이르렀다.

아이가 공부를 잘하는 것을 내 인생의 필연, 당연, 의무, 권리가 아니라 덤이라고 생각해야 한다. 쉽지 않다면 일부러라도 그렇게 생각해보자. 여러 번 되뇌이다보면 어느새 자연스레 스며들 것이다.

초등학교 3학년까지, 그리고 초등학교 4학년부터

공부는 평생 해야 하지만 열심히 해야 하는 시기가 있다. 그 분기 점이 초등학교 4학년이다. 앞서 3세, 6세, 10세, 14세, 18세가 뇌 폭발기라고 했다. 6세까지는 감각 운동 양육기여서 문자 학습은 오히려 독이 되며 10세 이전까지는 원 없이 놀아야 이후 뇌가 제 대로 발달한다. 10세, 즉 초등학교 4학년이 되면 이제 본격적으로 공부를 시작해볼 때이다.

아이가 유치원 다닐 때까지는 상냥하던 엄마가 초등학교에 들 어가자마자 억센 사람으로 변한다. 《헨젤과 그레텔》 속 마녀처럼 그동안 포동포동 살찌운 이유가 지금부터 공부를 해야 하기 때문이라고 하면서 공부를 하지 않으면 잡아먹겠다고 한다. 아이 입장에서 보면 초등학교는 유치원 때보다 훨씬 더 긴장되는 곳이다. 순식간에 엄격해진 환경은 문화 충격 수준이다. 한마디로 이때 아이들은 몸도 마음도 아직 인간이 아니다. 학교만 무사히 왔다 갔다 하면 이보다 더 좋을 수 없는 시기이다. 이때 좋은 성적을 요구하거나 성실한 시험 준비를 강요하는 것은 올챙이에게 얼른 멀리 뛰어보라고 채찍질하는 것과 같다.

초등학교 3학년까지는 실컷 놀게 하면서 학교 숙제만 지키게 한다. 숙제는 몸이 아플 때를 제외하고서는 반드시 지켜야 한다. 숙제는 사회와 하는 첫 약속이다. 이 약속을 지켜도 그만, 안 지켜도 그만이라는 듯 첫 단추를 잘못 끼우면 이후의 모든 원칙과 규율, 제재가 도통 먹히지 않으며 책임감도 길러지지 못한다.

간혹 유명한 학자들이 자신은 어릴 때 숙제도 하지 않고 학교생활도 엉망이었다고 말하는데, 그들은 천재라 어떤 상황에서도 공부를 잘했을 것이다. 그러니 이런 말에 넘어가면 안 된다. 당신의 아이가 천재인가? 그럼 마음대로 하셔도 된다. 천재는 성실하지 않아도, 아니, 성실하지 않았기에 먹고살 수 있으니까. 하지만 천재가 아니라면 숙제를 반드시 하도록 해야 한다.

4학년이 되면 아이의 적성과 성격에 맞는 공부 방법을 찾아 뇌의 개발을 도와야 한다. 사고 뇌를 집중적으로 발달시켜야 할 때가 되었다. 10세부터 20세까지는 인간의 발달 과정 중 뇌 발달이 정점에 이르는 기간이다. 이때 집중적으로 뇌를 단련해야 불이 활활, 물이 펄펄, 힘이 불끈불끈 솟아난다. 또 이 시기에는 성욕과 공격성이 늘어나 책을 통해 지식을 쌓는 시간이 없다면 쾌락적이고 감각적인 자극만 추구하게 되어 올바른 판단력을 기를 수 없다.

아이가 학교 공부에 전혀 흥미를 갖지 못한다 하더라도 너무 심란해하거나 야단치지 말고 뇌를 개발할 수 있는 다른 방법을 찾아보도록 하자. 공부에 흥미가 없는 아이라도 학교는 큰 의미가 있다. 친구를 만나고 함께 점심 먹고 사회생활에 필요한 기본 소양을 쌓는 곳이기 때문이다. 학교 수업을 마치면 다른 아이들이 학원 갈 시간에 도서관에 가서 만화책도 좋으니 책을 많이 읽게 하거나 동네 개천가를 자전거로 달리면서 식물과 곤충을 관찰하게 하는 등 아이가 좋아하는 것을 공부시키면 된다. 어떤 활동이든 몰입하기만 하면 크게 걱정하지 않아도 된다.

학교 공부를 열심히 하는 아이라면 딱 한 가지만 조심하면 된다. 잠을 충분히 자게 해야 한다. 수면이 부족한 상태에서 한 공부는 모래 위에 올린 성과 같다. 수면이 학습 능력을 높인다는 연구는 매우 많은데 몇 가지만 살펴보자.

잠이 부족하면 섭취한 음식을 이용하는 능력이 3분의 1 수준으로 떨어져 뇌가 포도당을 제대로 활용하지 못한다. 30세 성인에게 6일 동안 하루 4시간만 자게 했더니 신체 화학물질의 일부가 60세 노인 수준과 같아졌다는 연구도 있었다. 잠이 부족하면 정신 기능이 손상된다는 의미이다. 고등학생들에게 문제 풀기 훈련을 시킨 후 한 집단은 12시간을 꼬박 앉아 있게 하고 다른 집단은 12시간 중 8시간 동안 잠을 자게 한 후 문제를 풀도록 했다. 앞의 집단에서는 20퍼센트만 쉬운 방법을 찾아낸 반면 뒤의 집단에서는 60퍼센트가 쉬운 방법을 찾아냈다. 미로를 학습한 쥐는 잠들었을 때 뇌에서 미로 패턴이 재생된다. 뉴런의 활동으로 이를 알 수 있는데 속도가 매우 빨라 밤새 몇천 번이나 반복될 정도라고 한다. 이때 잠든 쥐를 깨우면 다음 날 미로를 빠져나가는 방법을 기억하지 못한다. 잠을 자면서 그날 공부한 내용을 통합한다는 것을 알 수 있다. 결론은, 공부를 잘하게 하고 싶으면 잠을 실컷 재워야 한다는 것이다. 증거가 더 필요하다면 대한민국 부모들이 신뢰하는 미국항공우주국NASA에서 발표한 희소식이 있다. 우주 비행사들에게 훈련을 시킨 후 26분 동안 낮잠을 자게 했더니 업무 능력이 34퍼센트나 향상되었다고 한다.

수면은 학습 능력을 향상시키고 정서적 긴장도 해결해준다. 우리가 격렬한 꿈을 꾸는 것은 낮에 경험한 부정적 정서를 내보내기 위해서이다. 아이가 떼를 쓰다가도 잠을 자고 나면 언제 그랬냐는 듯이 방긋 웃으면서 깨는 것처럼 우리는 자면서 부정적인 감정을 털어낸다. 잠이 모자란 아이는 꿈에서 날렸어야 할 부정적인 감정을 부모에게 하이킥한다. 대뇌피질을 두꺼워지게 하는 데 책보다 명상의 효과가 더 크다는 흥미로운 연구도 있다. 무언가를 계속 집어넣는 것이 아니라 잠시 자신의 내면에 주의를 기울일 때 오히려 뇌가 더 튼튼해진다는 것을 의미한다. 수면도 명상과 똑같은 효과를 가진다.

핀란드 아이들처럼 살게 하고 싶다

왜 이렇게 우리는 말도 안 되는 과잉 학습을 하게 되었을까? 과잉 학습을 부추기는 사회 분위기도 무시 못 하겠지만 무엇보다도 정부의 잘못을 이야기하지 않을 수 없다. 한마디로 수업의 난이도가 너무 높다. 수업의 난이도는 낮추고 변별력을 높이는 방법을 생각해야 하는데 반대로 난이도를 높이니 모두 직무 유기이다. 물론 이것이야말로 정말 난이도가 높은 문제이다. 하지만 해마다 60만 명의 수험생, 아름다운 청춘들이 시들어간다. 나라의 미래를 위해서라도 기를 쓰고 해결해야 한다. 일찌감치 나라의 불친절에 덴 아이들이 커서도 상황이 바뀌지 않자 나라를 '헬조선'이라 싸잡아 부르며 아이 낳기를 거부하는 바람에 조만간 수험생들이 50만 명, 40만 명으로 줄어들 기세이니 하루라도 빨리 해결 방안을 찾아야 한다. 그리고 심혈을 기울여 만든 교육안은 집권당에 상관없이 100년 동안 건드리지 않도록 법을 만들어야 한다.

중고등학생을 학과목에서는 지금보다 무식하게 키워도 된다고 생각한다. 고등학교까지는 생활에 필요한 기본 지식과 인문학적 소양을 쌓도록 하고 좀 더 전문적인 지식은 대학교에 가서 배웠으면 좋겠다. 그토록 비싼 등록금을 받는 대학교에 가서 본전을 뽑아야 하지 않겠는가?

이런 말이 황당하게 느껴진다면 핀란드의 교육 방식에 귀를 기울여보자. 2010년 EBS 〈지식채널 e〉에 소개된 핀란드의 매우 감동적인 교육 실험 내용이다. 핀란드가 700년 동안의 식민 지배에서 살아남자 마주친 현실은 생존이었다. 하지만 핀란드는 작고 자원도 없는 나라가 살아남기 위해서는 어느 아이의 재능도 잃어버리면 안 된다는 거시적 안목을 가졌다. 그에 따라 한 명의 학생도 낙오되지 않고 목적지에 이르도록 하는 실험을 시작했다. 1980년대 영국과 미국에서 경쟁 교육을 강조할 때에도 핀란드는 거꾸로 우열반을 폐지했으며, 이는 1971년 이후 정권이 바뀌어도 지속되었다.

그 이유는 경쟁이 아닌 협동이 생존에 더 실용적인 방법이라고 생각했기 때문이다. 학교에서 협동을 배우지 못한 학생들은 경쟁력 있는 사회를 만들지 못한다고 판단했다. 그들에게는 자기 목표를 얼마나 이루었는지 보여주는 성적표가 있었고, 경쟁 대상은 친구가 아니라 자신이었다. 그렇게 9년 과정을 마치면 단 한 번 일제 고사가 있었다. 시험의 목적은 앞에서 말했듯 단 한 명의 낙오자도 없게 하는 것이었다. 에르키 아호 핀란드 전 국가교육청장은 "우리는 잘하는 학생보다 못하는 학생에게 더 관심이 많다. 학습 부진아를 위해 책정되는 예산이 일반 아동 예산보다 1.5배 더 많다. 거꾸로 간 핀란드, 우리가 받은 최종 성적표는 OECD 주관 국제 학업 성취도 평가 연속 1위이다. 경쟁은 좋은 시민이 된 다음의 일"이라고 말했다. 놀라운 것은 핀란드가 학업 성취도에서 연속 1위를 차지함에도 정규수업 외 주간 공부 시간을 보면 7시간 정도밖에 안 된다는 것이다. 한국은 약 20시간 이상이다.

어느 해인가 세계 학력 평가에서 1위인 핀란드를 이어, 한국이 2위를 차지했을 때에도 OECD 교육국의 베르나르 위니에는 다음 과 같이 말했을 뿐이다.

"한국 학생들이 세계에서 가장 우수한 학생들에 속하는 것은 사 실이죠. 하지만 세계에서 가장 행복한 아이들이 아니에요. 공부를 많이 해야 하고 경쟁이 치열하니까요. 한국 학생들은 핀란드에 비 해 학습 의욕이 낮아요. 그래도 성적은 좋죠. 왜일까요? 바로 경쟁 때문이죠."

가보지도 않은 핀란드라는 나라에 큰 매력을 느끼는 이유는 30년도 아닌 700년 동안 다른 나라의 지배를 받고도 피해 의식이 나 열등감이 아닌 상생의 마음을 가졌다는 점 때문이다. 그리고 정 권이 바뀌어도 그 정신을 놓지 않기 때문이다. 높은 수준의 철학과 식견, 사회적 의식 수준이 결합되어야 가능한 일이다.

핀란드의 교육제도에 대해 얘기해주었더니 아들이 눈을 반짝이 면서 지구에 그런 나라도 있냐며, 다음 생에는 핀란드에서 태어나 고 싶다고 했다. 장난기가 발동해 "다음 생까지 기다릴 필요 없이 당장 핀란드에 보내줄까?" 했더니 가고는 싶지만 가족과 헤어지기 싫으니까 모두 같이 가거나, 안 되면 그냥 참으면서 한국에서 살겠 다고 한다. 이런 기특한 마음에 힘을 줄 방법은 정말 없을까? 한국이 핀란드처럼 될 수는 없을까?

핀란드는 공부를 못하는 아이들에게 투자하는 반면, 한국은 공부를 잘하는 아이들에게 투자한다. 거참, 이처럼 허무한 것도 없다. 왕년에 공부 좀 해본 사람들, 솔직하게 말해보자.

"당신이 공부 잘하게 된 것이 누구 덕분이었습니까?"

공부 잘하는 아이들은 자기가 똑똑하고 죽을 만큼 고생해서 잘하는 것이라고 생각하기 때문에 학교와 국가에 고마움을 느끼지 않는다. 고맙다는 말 한마디도 듣지 못할 아이들의 비위를 맞추느라 선생님은 왜 그렇게 동분서주하시는지? 공부를 못하는 아이들에게 집중적으로 투자해서 공부 이외에 잘할 수 있는 것을 찾아주는 것이 옳지 않을까? 이 아이들이야말로 선생님과 국가에 고마워하지 않을까 싶다.

우리 아이가 이런 좋은 스승을 만나지 못했다면 엄마라도 아이가 잘할 수 있는 것을 찾아주어야 한다. 아이가 공부를 잘 못하면 부모 마음은 천근만근 무겁다. 하지만 100년을 살 아이의 큰 인생을 그리며 찬찬히 생각해보면 '지금 잠시 성적표의 점수가 낮다'는 것뿐이다. 물론 이 사실도 받아들이기 쉽지 않지만 '그래, 자기는 얼마나 더 마음이 심란하겠나. 기죽이지 말고 바로 인생을 공부하게 하자'는 마음으로 찬찬히 생각하면 방법은 있기 마련이다. 그렇게 해도, 한동안은 아이를 볼 때마다 '아무리 그래도 인생이 얼마나 힘든데, 고깟 공부 하나 못하는 한심한 녀석'이라며 화를 내고 싶다.

그러나 아이가 한심할 때는 아직 희망이 있다. '한심'이라는 말의 '한'에서 'ㅗ' 꼭대기만 벗겨내면 '안심'이 된다. 너무 난리 법석 떨지 말고 대나무가 자라듯이 키워보자. 대나무는 4년 동안은 잠잠해 도대체 크는지 안 크는지 알 수 없지만 4년이 지나면 90일 만에 갑자기 20미터로 자란다고 한다. 내일이면 20미터가 될 대나무를 야단치고 절망감에 빠뜨려 씨를 아예 말려버리는 일이 없도록 하자. 에디슨이야말로 한때 한심한 정도가 아니라 아예 절망적이었다. 학교에서 도저히 아이를 가르칠 수 없으니 공부를 포기하라고 했다. 하지만 에디슨의 엄마가 교사의 멱살을 잡았거나 에디슨을 때렸다는 이야기를 들은 적이 없다. 에디슨 엄마는 "당신은 그렇게 보느냐. 하지만 나는 달리 본다"라면서 집에서 가르쳤다. 지금은 에디슨이 살았던 시대보다 꿈을 이루는 길이 몇만 배로 많아졌다. 어떤 상황에서도 소리 없이, 포기하지 않고 자식을 믿으면서 미래의 에디슨을 만들어내는 엄마들이 많다. 공부 잘하는 평범한 자식과 사는 것은 큰 행복이다. 하지만 유일한 행복은 아니다. 엄마도 아빠도 아이도 행복해질 수 있는 우리 각자의 길을 찾아보자.

우리는 지금
잘하고 있을까

5

아이가 어릴 때는 양육의 333 법칙을 실천하고, 블랙매직을 조심하면서 낙관적인 성격을 갖도록 키우자. 좀 더 성장하면 제때 제대로 공부하게 하고 스트레스 받지 않고 자신의 꿈을 찾도록 지켜봐준다면 아이는 건강하게 잘 자랄 뿐 아니라 놀라운 성취도 보여줄 것이다. 흔한 이야기 같지만 현장에서 아이들과 부딪치며 얻은 명백한 진리이다. 그런데 안타깝게도 그 시기를 놓쳤다면 어떻게 해야 할까?

괜찮다. 두려울 것도, 땅을 치며 후회할 것도 없다. 다시 시작하면 된다. 다만 시간이 좀 더 걸릴 뿐이다. 먼저 세 가지 마음의 준비가 필요하다. 어릴 때 부모에게 받았어야 할 것을 받지 못한 아이에 대한 미안한 마음, 지금부터라도 줄 수 있으니 다행이라는 긍정의 마음, 시간이 걸리겠지만 기다리면 반드시 좋아질 것이라 믿는마음.

부자는 망해도 3년은 간다는 속담이 있듯이, 지금 아이가 잘못되어 할 수 있는 것이 하나도 없는 듯 보여도 여전히 아이에게는 엄청난 능력이 남아 있다. 아이는 원래 1,000억 원짜리 다이아몬드이기 때문이다. 30년이 걸리더라도 내가 잘못한 것을 돌려놓겠다는 마음으로 시작하면 단 3년 만에 아이가 낫기도 한다. 상처를 받아 흠이 좀 생겼어도 다이아몬드는 영원하다. 다이아몬드 공정의 비밀 병기인 엄마 냄새와 온도를 지금부터라도 제공하면 다이아몬드는 다시 빛을 발휘하기 시작한다.

시간이 걸리는 이유는 그동안 겪은 결핍감, 분노감 때문에 반항심이 생겨 잠시 동안 엄마 냄새와 온도를 거부하기 때문이다. "엄마 얼굴도 보기 싫어, 입도 뻥끗하지 마"라고 반항하지만 이는 아이의 진심이 아니다. 엄마가 원래 갖고 있던 사랑의 냄새를 잘 정제해서 새끼손가락으로 저어 한약을 식히듯 정성스럽게 온도를 맞추어주면 뻗대기만 하던 아이가 어느 순간 와락 울음을 터뜨리며 엄마 치마폭에 얼굴을 묻는 때가 온다. 여기까지만 이르면 회복에 가속도가 붙는다. 제2의 심리적 탄생이 시작된다. 이 장에서는 별이라는 아이의 사례를 통해 그 감동적인 과정을 소개하려고 한다.

물론 아이가 제2의 탄생을 겪지 않는 것이 가장 좋다. 그래서 문제가 터지기 전에 지금 내가 잘하고 있는지, 아이에게 어떤 문제가 있는지 알아내서 대처하는 방법도 함께 안내하고자 한다. 뒤에서 소개할 유미네처럼 가족의 인생이 5분 만에 달라질 수도 있다.

1

아이의
마음을 읽다

집 앞에서 엄마 아빠를 기다리고 있어요

나의 육아법이 내 아이에게 맞는지 아닌지 알 수 있는 방법이 있을까? 이런 문제로 고민한다면 심리검사의 도움을 받을 수 있다. 요즘은 심리 치료실도 쉽게 찾을 수 있고, 심리검사의 필요성을 아는 부모들도 많다.

부모들은 지능검사, 적성검사, 진로검사, 학습능력검사 등 지능 수준과 진로, 직업에 대한 정보를 제공해주는 검사에 관심이 많지만 전문가가 선호하는 검사는 문장완성검사를 비롯해 그림검사, 성격검사 등 현재 심리 상태를 파악하는 검사이다. 문장완성검사는 앞에서 보았고 여기서는 그림검사에 관한 이야기를 하려 한다. 그림검사는 종이에 사람, 나무, 집, 가족 등을 그리게 하는 매우 간단한 검사이지만 그림 한 장이 백 마디 말 이상의 것을 보여주곤 한다. 특히 아이들의 그림검사는 대단히 매력적이며 감동적이다. 아이들은 스스로를 방어하지 않고 순수한 마음을 고스란히 보여준다.

초등학교 4학년인 유미는 아침에 가장 먼저 일어나 부모를 깨우고 스스로 학교에 갈 준비를 할 만큼 조숙하다. 스스로 공부하는 것은 기본이고 정기적으로 냉장고를 살펴서 엄마에게 치즈가 없다, 우유가 떨어졌다 할 정도로 야무지다. 은행 지점장인 아버지와 대학 강사인 엄마가 늦게 들어올 때도 알아서 밥을 먹고 숙제를 한다.

엄마가 아이의 심리검사를 한번 받아보고 싶다며 데리고 왔는데 면담하는 내내 아이의 얼굴에 그늘이 약간 있어 보이는 것 외에는 딱히 문제 될 것이 없었다. 지금도 잘하고 있는데, 뭔가 좀 더 보완해줄 것이 있는지 알고 싶어 온 것이려니 했다.

지능검사 결과 IQ는 예상대로 높았는데 그림검사에서 생각지도 못한 결과가 나왔다. 가족 그림을 그리라고 했더니 자신만 오뚝하게 그려놓았다. 그것도 집 앞에 혼자 앉아 있었다. 가족 그림에서 부모를 생략하는 것은 매우 드문 일이라 바짝 주의를 기울이며 다음 단계로 넘어갔다.

"이 아이는 지금 뭘 하고 있어?"

"집 앞에서 엄마 아빠를 기다리고 있어요."

아이 엄마에게 거두절미하고 그림을 먼저 보여주었다. 엄마는 눈물이 그렁그렁 맺힌 눈으로 그림을 보고 또 보았다. 아이가 이렇게까지 외로워할 줄 몰랐다고 했다.

그 뒤 곧바로 부모의 행동이 바뀌었다. 저녁에는 반드시 부모 중 한 사람이 아이와 함께했다. 아이의 얼굴이 밝아진 것은 물론이다.

1년 넘게 복통을 앓아온 여덟 살짜리 남자아이가 대학병원 소아과에 내원했다. 정밀 검사를 해도 원인이 밝혀지지 않자 정신과로 의뢰되었다. 면담을 해보니 맞벌이하는 부모님의 귀가 시간이 늦고 아이와 많이 놀아주지 못한다는 것 말고는 특별한 문제가 없었다. 네 살 위의 누나가 한 명 있는데 아이가 누나 말을 잘 듣는다고 했다. 아이에게 물어봐도 힘든 것은 없다 하고, 고개만 떨구고 있어서 바로 검사를 시작했고 가족 그림을 그리게 했다.

아이는 예전에 즐거웠던 일을 그렸다. 그림 속에서는 가족이 캠핑을 갔는데 아버지는 차에서 짐을 내리고 엄마는 음식 준비를 하고 아이는 구석에서 쌀을 씻고 있다. 그리고 누나는 그림의 가운데에 그린 돗자리에 엎드려 만화책을 읽고 있다. 순간 감이 잡혔다. 표면적으로 가장 힘이 센 사람은 맨 앞에 있는 아버지이고 가장 힘이 약한 사람은 구석에 있는 아이였지만 실제로 가장 힘이 센 사람은 다들 일하는데 혼자만 놀고 있는 누나였다.

나는 아이에게 조심스럽게 물어보았다.

"혹시 누나가 못살게 구니?"

비로소 아이는 1년 넘게 배 속으로 삼켜왔던 울음을 터뜨렸다.

어찌나 서럽게 울던지, 그동안 얼마나 불안했을지 내 손발이 후들거릴 정도였다. 그다음에는 일사천리로 면담이 진행되었다. 부모가 퇴근하기 전까지 누나는 동생에게 온갖 심부름과 궂은일을 시켰다. 엄마가 설거지를 시키면 동생에게 떠넘기고, 반항하거나 제대로 해놓지 않으면 바로 주먹으로 때리거나 발길질했다. 부모에게 말하고 싶어도 모두 항상 바쁘고 피곤해서 기회가 없었다. 말하면 죽는다는 누나의 협박은 병원에서도 진심을 터놓지 못할 만큼 큰 공포로 자리 잡았다. 고작 네 살 위 누나가 얼마나 영악한지 "네가 엄마한테 이른다고 쳐, 내가 야단맞는다고 쳐, 그럼 다음 날 낮에 넌 죽음이야"라고 했다고 한다. 말 못하는 불안과 무력감이 복통으로 나타난 것이다.

누나는 왜 그랬을까? 누나도 검사를 해봐야 알겠지만 이제 열두 살이 된 아이가 동생 밥을 차려주고 설거지하며 돌봐야 하는 것 또한 큰 스트레스였을 것이다. 그 스트레스를 상대적으로 약자인 동생에게 퍼부은 것이다. 그나마 이제라도 알게 되어 다행이었다. 아직 몸집이 작은 동생이라 누나에게 당하기만 했지, 조금만 더 진행되었다면 힘이 세진 동생과 누나가 싸움하는 그림을 그릴 뻔했다.

이 외에도 아이들의 마음이 유리처럼 투명하게 드러나는 예는 수도 없이 많다. 초등학교 5학년 여자아이는 가족이 모두 누더기를 입고 있는 흥부네 집을 그려놓았다. 집이 경제적으로 힘들어서 그런가 했더니 엄마가 외부 활동을 좋아해 매일 저녁 늦게까지 배드민턴을 치고 일주일에 3~4회는 동호회 모임에 나가며 노래방에서 사느라 아이들에게 밥을 제대로 차려준 적이 없다고 했다. 이 아이는 문장완성검사에서 '우리 집은 콩가루 집안이다'라고 썼다. 밥도 제대로 먹지 못하는 콩가루 같은 우리 집이라는 심리가 그림 검사에 고스란히 반영되었다.

중학교 1학년 남자아이는 어마어마한 스테이크를 나이프와 포크로 잘라 먹는 모습을 그렸는데, 다른 가족 없이 혼자서만 화난 표정으로 먹고 있어서 가족이 소통하지 않는다는 사실을 알 수 있었다. 부모는 우리 가족은 정말 아무 문제없다고 했는데 아이는 3층짜리 집을 그려놓고 1층에 아빠, 2층에 엄마, 3층에 자신이 산다고 했다면 이 가족이 현재 어떻게 살고 있는지 짐작할 수 있다. 특히 우리나라에서는 텔레비전이 가족의 한 구성원으로 등장하는 그림이 많다. 선진국의 가족 그림에서는 보기 힘든 특징으로, 심지어 텔레비전을 가장 크게 그리고 가족을 성냥개비처럼 그려놓은 아이도 있다.

심리검사는 아이의 자서전이다

그림검사 이야기를 하다 보니 행여 '그렇게 쉬운 검사가 있어? 그러면 아무나 하면 되겠네' 하고 생각하는 사람들이 있을까 봐 말씀드린다. 아이들은 그런 그림을 아무에게나 내놓지 않는다. 자기 마음을 이해하고 해결해줄 것 같은 사람 앞에서나 보여준다. 유미같이 착한 아이가 엄마가 눈물 흘릴 것을 뻔히 알면서 평소에 그런 그림을 그릴 리 없다. 아이들이 보기에도 전문가는 말과 표정이 다르다. 그래서 아이들이 마음의 빗장을 열고 속마음을 보여주는 것이다.

정식 심리검사에서 문장완성검사와 그림검사는 전체 검사 중 10분의 1 정도의 비중을 차지한다. 그럼에도 다른 검사를 언급하지 않는 이유는 심리검사 내용이 인터넷에 떠돌아다니고 자격 없는 사람들의 해석이 무분별하게 받아들여지기 때문이다. 진료는 의사에게, 약은 약사에게, 그리고 심리검사는 임상심리사에게 받아야 최적의 결과를 얻을 수 있다.

현재 우리나라에는 심리사 용어가 들어간 자격증이 많아서 혼란을 느낄 수 있다. 한국심리학회 산하 학회에서 발행한 자격증이나 국가 자격증을 확인하면 된다. 이 가운데에서도 '임상심리 전문가'나 '정신건강임상심리사'는 다른 어떤 자격증보다 심리검사에 대해 많이 공부하고 심리적 문제를 정확하게 판독하는 능력을 갖추기 위해 대학원에서 심리학 석사학위를 받은 후 정신과 수련도 받는다는 점에서 믿을 수 있다. 국가 자격증이 아니거나 심리학회 이외의 학회에서 발행하는 자격증은 해당 학회에 확인할 수 있다. 전문가는 자신의 자격증의 속성과 발행처를 공개할 의무가 있으므로 부모님들이 당당히 요구하시기 바란다.

전문가에게 제대로 된 심리검사를 받는 것보다 더 중요한 것은 검사를 받은 이후 과정이다. 문제가 있다면 바꾸겠다는 각오도 없이 대뜸 검사만 받으면 오히려 혼란만 야기한다.

이렇게 보면 앞서 이야기한 유미 어머니는 최상급 부모이다. 드러나지도 않은 어떤 문제를 걱정해 검사를 받게 했고 검사 결과를 보고 문제가 될 만한 상황을 단박에 변화시키는 대단한 내공의 소유자이며 용기 있고 강한 사람이다. 그것도 아이의 그림 하나만 보고서도 말이다.

나의 양육 방식이 올바른지 아닌지 심리검사가 다 말해줄 수 없지만 살면서 한 번쯤은 받아보는 것이 좋다. 간단한 검사가 당신과 아이의 인생을 바꿀 수도 있다. 심리검사란 마라톤을 앞두고 발의 상태를 살피는 것과 같다. 종기가 있다면 치료한 후 뛰어야 하니까 말이다.

그럼에도 심리검사에 거부감이 있는 분들을 위해 아이의 마음을 읽는 다른 방법을 소개한다. 첫 번째는 무언가를 시도했는데 아이가 갑자기 몸이 아프다고 하거나 얼굴이 어두워진다면, 또는 잠을 자면서 소리를 지르거나 밥을 잘 먹지 못하고 엄마의 눈을 잘 쳐다보지 않는다면, 그 즉시 멈추어야 한다. 아이에게 그 방법은 맞지 않다는 뜻이다.

두 번째는 아이가 '싫다'고 딱 부러지게 말하면 절대로 시키지 말아야 한다. 좋다는 원어민 영어 학원도 아이가 가기 싫다고 하면 일단 멈추어야 한다. 사랑하는 엄마의 말을 듣지 않으려는 아이는 없다. 다만 엄마들이 느끼지 못하는 두려움을 먼저 직감하고 싫다고 할 뿐이다. 반대로 무언가를 시도했는데 아이가 잘 적응하면 그것은 아이의 장점이자 적성이 된다. 어떤 아이들은 영어 학원을 매우 좋아하고 그 시간을 기다리기도 한다. 하지만 우리 아이가 그 과가 아니라면 멈춰야 한다. 그러면 영어를 싫어하는 아이에게는 절대로 영어 공부를 시키지 말아야 할까? 6개월이나 1년 후에 다시 시도하면 된다. 그래도 안 되면 1년 후에 다시 시도하면 된다. 어릴 때 빨리 영어를 시작할수록 발음이 좋아지는 것은 두말할 필요도 없지만 가기 싫다는 아이를 억지로 보내면 자신감과 동기가 없어진다. 발음은 안 좋아도 어떻게든 먹고살 수 있지만 자신감을 잃은 아이들은 무엇을 해도 먹고살 수 없다.

초등학교에서부터 쭉 따돌림을 받은 아들이 대학생이 되어도 계속 소심하게 지내자 아버지는 아이의 마음을 강하게 해준다며 해병대 지원을 강요했다. 하지만 결과는 당연히 기대와 다르게 나타났다. 지나치게 엄격한 해병대 분위기가 아들에게는 독으로 작용했고, 강압적인 분위기를 견디다 못한 아들은 선임을 구타해서 결국 불명예제대를 했다. 제대한 후 아무 일도 하지 못하고 칩거하던 아들에게 아버지가 "버러지 같은 놈"이라고 욕을 하자 아들은 아버지를 폭행해 정신과에 입원했다. 어려서부터 따돌림을 받아왔지만 그런대로 버텨온 아이는 대학생이 되면서 왕따의 저주가 풀릴 수도 있었다. 상황이 더 악화된 것은 해병대에 강제로 보내졌기 때문이다. 부모가 아이 상태에 제대로 관심을 기울였다면 훨씬 현명한 조치를 할 수 있었다. 약한 아이는 강요보다 지지하는 분위기에서 쉬운 일부터 시작해 조금씩 자신감을 갖게 해야 한다. 즉, 서서히 강해지도록 격려해야 한다. 강한 아이는 강한 면의 장점을 말해주면서 서서히 공존과 배려를 배우도록 해야 한다. 아이들의 행동과 모습은 세상의 스트레스에 대항하기 위해 만든 성castle이다. 그 성을 억지로 무너뜨리고 아이를 180도 바꾸려고 하면 부작용만 나타난다.

심리검사지의 부모에 대한 질문 항목에서 "아버지는 내 손을 잡아준 적이 없다, 엄마는 나를 안아준 적이 없다"라고 답하는 아이들이 있다. 이 말을 전해 들은 부모들이 입에 거품을 물고 "절대로 그러지 않았다. 자기가 기억하지 못하는 것"이라며 당장 허위 검사를 고발하겠다는 듯이 흥분한다. 당연히 사실이 아닐 것이다. 어느 부모가 자식의 손 한 번 잡지 않았겠는가? 심리검사는 사건 경위서가 아니다. 지금 아이가 부모를 어떻게 생각하느냐를 보여주는 일종의 자서전이다. 아이들은 매우 양심적이다. 미워했던 부모와 사이가 다시 좋아지면 "어렸을 때 엄마가 안아준 적은 없지만 지금은 내게 잘해주신다"라고 2절까지 꼭 말해준다. 아이의 자서전을 읽는 것은 두려운 일이기도 하다. 그러나 이 자서전에는 보물이 숨겨져 있다. 그 보물을 빨리 발견할수록 큰 그림 양육을 할 수 있다.
이토록 중요한 자서전과 같은 심리검사가 오락거리로 전락하지 않도록 방송과 언론이 조심해주었으면 하는 바람이다.

2

사랑은 절대로
뒤늦은 법이 없다

지금 그곳에서 다시 시작하라

아이가 내가 원하는 대로 자라지 않았을 때, 뜻하지 않은 문제를 일으킬 때, 부모는 많이 당황하고 슬프고 화가 난다. 학교에서 정신과에 가보라는 말을 들을 때, 경찰서에서 연락이 올 때, 아이 친구 엄마가 우리 집에 쳐들어올 때 하늘이 무너지고 땅은 꺼진다. 난 최선을 다해 살아왔는데 왜 이런 일이 벌어질까? 내키지 않지만 정신과에도 가고, 하라는 심리검사도 해보지만 "여태 뭐 했느냐, 애를 왜 이리 잘못 키웠느냐"라는 말만 들을 뿐 부모를 위로해주는 곳은 한 군데도 없다.

격랑의 시간이 지나고 나면 지금부터는 그만 울고 그만 화내자.

이제는 다시 살 궁리를 해야 한다. 아이가 잘못되어간다면 가장 먼저 할 일은 아이가 지금 무엇을 할 수 있는지를 파악하는 것이다. 아이가 세상에 막 태어났다고 생각하고 걸을 수 있는지 먹을 수 있는지 책을 볼 수는 있는지 다시 살펴봐야 한다.

내 아이가 왕따를 당한다고 가정해보자. 내 아이는 어떤 상태일까? 학교 식당에서 점심을 못 먹겠지. 그렇다면 교장 선생님을 뵙고 아이를 점심 먹인 후 다시 보내겠다고 해야 한다. 그런 전례가 없다 하면 교장실에서 먹게 해달라고 해야 한다. 끈질기고 진정성 있게 호소한다면 학교에서는 어떻게 해서든 방법을 찾아줄 것이다.

못하는 것이 있다면 이후의 모든 과정을 스톱시켜야 한다. 참자고 해서 아이가 참아낼 수 있는 일이 아니다. 학교에 가지 못할 정도로 몸이 아프다면 병가를 얻어 보살펴주어야 한다. 등하굣길에서 친구와 부딪치는 것이 무섭다고 하면 문제가 해결될 때까지는 고등학생이라도 부모가 등하굣길을 동반해야 한다. 그것도 못할 정도라면 자퇴시키고 몸을 추스른 후 검정고시를 볼 수도 있다. 어떤 상황이 벌어지든지 두려워하지 말고 지금 아이가 할 수 있는 것에서 다시 시작해야 한다. 남들과 다른 내 아이와 나를 향한 세상의 눈이 당연히 무섭고 부담스럽지만 잠시 내려놓고 오직 아이에게만 집중해야 한다.

문제가 생긴 대부분의 아이들이 부모의 사랑이 부족해서, 더 정확하게는 부족하다고 느끼기 때문에 거기에 이른 것이다. 지금부터라도 사랑을 주어야 한다. 사랑은 뒤늦은 법이 없다. 항상 사랑해

왔다면 지금부터는 지혜롭게 주어야 한다. 전문가의 도움을 받으면 훨씬 쉽게 지혜로운 사랑을 줄 수 있다. 상담실에 있다 보면 뒤늦은 사랑이 기적을 일으키는 놀라운 일도 만나곤 한다.

중학교를 졸업한 후 연락이 끊겼던 친구, 은이 씨에게서 전화가 왔다. 중학교 3학년 아들에게 문제가 있는 것 같아서 대학병원 정신과에 갔는데 자폐증이라는 진단을 받고 약물치료를 시작했다고 했다. 자신이 잘하고 있는지 궁금하던 차에 내가 정신과에서 근무한다는 얘기를 듣고 전화를 걸어온 것이었다. 서울에서 3시간쯤 떨어진 지방에 살고 있던 친구에게 심리검사 결과지를 복사해 가지고 아이와 함께 오라고 했다.

별이라는 이름의 아이는 얼굴이 멀끔하게 잘생겼지만 눈을 맞추지 않았고 '스타게이트, 블랙홀, 지구의 종말' 등 몇 가지 말만 계속 중얼거렸다. 한눈에 보아도 자폐증이었으며 심리검사 소견도 일치했다(현재 쓰이는 정식 용어는 자폐스펙트럼 장애이다). 다행히도 별이는 사회화 능력은 심각하게 손상되었지만 언어능력은 비교적 잘 발달되어 있었고 지능도 118로 우수했다. 병원에서 초기 진단을 아스퍼거장애로 받은 것도 이 때문이었다.

중학교 때 은이 씨는 공부도 잘하고 얼굴도 예쁘고 아주 당찬 아이였는데 오랜만에 만난 모습에서는 힘든 삶의 굴곡이 고스란히 보였다. 결혼 직후, 별을 낳은 은이 씨는 남편의 폭력과 외도로 정상적인 생활을 할 수 없었다. 남편에 대한 분노 때문에 아이를 때리기도 했고, 다른 사람들에게는 반듯한 인상을 주고자 끊임없이 아이를 씻기고 방바닥에 머리카락 하나라도 떨어져 있으면 소리를 질렀다. 그러는 사이 아이는 엄마와 눈을 마주치지 않고 슬금슬금 구석진 곳으로만 피하려고 하는 이상한 행동을 보였다. 하지만 이미 남편은 집을 나간 상태였고 괴로운 마음에 세상과 등지고 살다 보니 아이를 제대로 들여다볼 기회가 없었다. 별이 아홉 살쯤 되었을 때, 엎친 데 덮친 격으로 은이 씨는 유방암에 걸렸다. 심한 우울증까지 겹쳐 도저히 아이를 키울 자신이 없어진 은이 씨는 별이를 남편에게 보냈다. 그때는 아이를 보낸 후 죽겠다는 생각뿐이었고, 그래도 번듯한 직장에 다니는 남편에게 보내면 먹고살 걱정은 없으리라고 생각했다.

별이를 데려간 처음 2~3년은 아버지도 별이에게 관심을 보였다. 하지만 이상한 행동을 하는 아이를 병원에 데려가지 않고 자기 손으로 고쳐보겠다고 나섰다. 남자는 강하게 커야 한다면서 태권도를 시킨 것까지는 좋았지만 밤새 공부시키며 1등을 요구하거나 각종 경시대회에 나가기를 강요했다. 아버지의 시도 때문에 별의 인지 기능은 꾸준히 발달할 수 있었지만 심한 체벌 때문에 세상에 대한 불신으로 하루 종일 욕을 하고 혼잣말을 하는 증상은 더 심해졌다. 그리고 나서 아버지가 재혼하면서 친할머니에게 맡겨진 뒤에는 완전히 마음의 문을 닫았다.

융통성 없는 별이는 변덕이 심한 할머니를 버틸 재간이 없었다. 할머니는 불쌍한 놈이라며 밥은 챙겨주었지만 조금만 기분이 나빠지면 "바보 같은 놈"이라며 마구 때리기 일쑤였다. 집에서 이렇게 망가져가는 동안 학교생활 또한 엉망이 되었다. 교실에서 매일같이 욕을 먹고 얻어맞던 별이 그 아이들에게 맞서기 위해 칼을 갖고 있다가 발각된 적도 있었다. 그러던 차에 할머니가 돌아가시자 장례식장에서 아버지도 죽어야 한다고 유리창을 깨부수는 아이를 보고 시댁 식구 중 유일하게 말이 통했던 시동생이 수소문 끝에 별이 엄마를 찾아 연락한 것이었다. 은이 씨는 암으로 유방을 절제한 후 쇠약해진 몸으로 근근이 살고 있었지만 시동생의 얘기를 듣자마자 단 1초도 주저하지 않고 아이를 자신의 집으로 데려왔다.

은이 씨는 자신의 얘기를 하면서 가끔 울기도 했지만 이제 별을 자신이 다시 키울 것이라고 했다. 그것이 신이 자신을 데려가지 않은 이유라고 생각한다며 과거의 당차고 의연한 모습으로 돌아와 있었다.

별은 자폐증 증세를 보일 뿐 아니라 폭력성과 충동성도 높아서 약물치료를 받아야 했다. 다행히 별은 주치의를 좋아하며 잘 따랐다. 나는 은이 씨에게 그동안 잘해왔고, 별의 지능이 매우 우수해 치료에 큰 도움이 될 거라고 말해주었다. 하지만 지능이 우수하다 해도 마음은 다섯 살 정도이니 다시 아기를 키운다는 마음을 가져야 한다고 하자 잠시 은이 씨의 눈빛이 흔들렸다. 그러나 이내 평정심을 찾았다.

별은 치료를 받으면서 급격하게 호전되었다. 하지만 별이 달성

할 수 있는 목표는 폭력성을 줄이고 무사히 학교를 졸업하는 정도였다. 정상적인 사회생활을 할 때까지 시간이 얼마나 걸릴지, 끝이 어떻게 될지 아무것도 예측할 수 없었다.

미안합니다, 고맙습니다, 사랑합니다

은이 씨는 전문가들의 말을 절대적으로 따랐다. 주치의가 약을 먹자고 하면 먹였고 좀 두고 보자면 그렇게 했다. 별이 옛날 일 때문인지 엄마와 자꾸 거리를 두려고 한다는 말을 들었을 때 내가 별을 볼 때마다 '미안합니다, 고맙습니다, 사랑합니다'라는 주문을 최대한 많이 외우라는 뜬금없는 처방을 내렸는데도 바로 그렇게 했다. 농담 반, 진담 반으로 전문가 친구가 헛소리할 리가 없고 돈 안 들어가는 치료는 얼마든지 환영한다며 쉽지 않은 일도 굳게 믿고 따라왔다. 처음에는 눈물이 나서 말을 이을 수 없었지만 차츰 진정되면서 "아들을 방치해서 미안하다" "이만큼이라도 자란 것이 고맙다" 그리고 "사랑한다"라는 말을 하루에 백 번도 넘게 외쳤다고 한다. 마음속으로만 말했는데도 별이 자기를 바라보는 눈이 훨씬 따뜻해졌다고 했다.

사실, 이 주문은 하와이의 전통적인 치료 기법으로 알려져 있다. 이 주문을 외우는 것만으로도 많은 사람들이 치료된다고 하는데, 물론 이것만으로 마음의 병이 완전히 치료되지는 않겠지만 치료 효과를 높여주는 것은 분명하다. 사랑한다는 주문을 하루에 백번 외치는 엄마의 얼굴에서는 분명 이전과는 다른 사랑의 기운이 느껴지고, 그런 기운이 아이의 마음을 점차 안정되게 했을 것이다. 별은 세상에 태어나 14년 동안 부모에게 한 번도 이 말을 듣지 못했다. 그 말을 듣지 못해 병이 난 별이었다.

아이가 낫기만 한다면 지푸라기라도 잡겠다는 부모의 결연한 의지가 아이의 문제를 고치는 가장 중요한 요인이다.

딱 보기에도 화가 잔뜩 나 있고 얼굴에 독기가 오른 30대 중반 여성이 중학교 1학년 아들과 상담을 받으러 왔다. 체격이 다부진 엄마는 아이가 끊임없이 반항하고 특히 동생을 못살게 굴어 하루에도 50번 넘게 손찌검을 해야 한다며 아이를 어떻게 키우면 좋을지 방법을 알고 싶다고 했다. 엄마는 나에게 손찌검을 할 정도로 아이가 나쁘다는 사실을 말하고 싶었겠지만 오히려 자신이 무지막지한 엄마임을 고백하고 있을 뿐이었다.

심리 상담을 진행하기 어려운 대상 가운데 하나가 아이에게 직접 손을 대는 부모이다. 게다가 보통 상담실에 오는 부모는 어떻게든 자신이 잘못한 점을 감추려고 하는데 이 엄마는 '나 이런 사람이야. 건드리면 다 죽어' 하며 얼마나 대차게 나오는지 상담할 분위기가 아니었다. 엄마의 말을 듣던 나는 "뭘 더 알면 뭐 합니까? 당장 손찌검부터 멈추세요"라고 말했다. 하지만 엄마는 "왜 내 얘기는 들어보지도 않고 멈추라고 하죠? 얘는 다른 방법이 먹히지 않는다고요" 하고 우겨댔다. 잠시 침묵이 흐른 뒤 나는 아이를 상담실 밖으로 나가게 했다. 그리고 엄마에게 아이를 떠올리며 "미안합니다, 고맙습니다, 사랑합니다"라는 말을 해보자고 했다. 이 엄마는 완강하게 거부하며 "소개를 받아 일부러 왔는데 이런 걸 시키냐"라며 길길이 날뛰었다.

"선생님이 얘가 평소에 어떤지 못 봐서 그래요. 직접 보면 사랑한다는 말이 나오지 않을걸요? 내가 동생에게 웃어주거나 살짝 어깨만 두드려줘도 동생을 벽에 밀어붙이고 멱살을 잡고 식탁 위의 음식을 다 쓸어버리고 난리도 아니라고요. 완전 또라이라고요."

나도 물러서지 않았다. 오히려 짐작되는 바가 있어 더 강하게 밀어붙였다.

"만약 어머니가 남편이 다른 여자를 더 사랑하는 것을 보면 어떻겠어요? 아들보다 더 난리를 치지 않겠어요?"

갑자기 엄마가 울기 시작했다. 30분 이상 울고 나더니 남편의 외도로 이혼 직전이며, 자기가 남편과 싸우다가 식탁을 엎곤 했는데 아이가 그것을 배운 모양이라며 웅얼웅얼 고백을 이어갔다. 그러더니 "근데 그걸 어떻게 아셨어요?" 한다. 자식이 죽게 생겼는데도 이 죽일 놈의 호기심! "지금 그게 문제입니까?" 하고 되물으니 비로소 이 엄마가 배시시 웃는데 막상 웃으니까 숨겨져 있던 귀여운 표정이 드러났다.

안정을 찾은 엄마에게 다시 사랑의 주문을 시켰다. 체념했는지 이번에는 순순히 따라왔다. 그러다 천천히 한마디, 한마디 뱉으면서 또 울기 시작했다. 하지만 이번에는 아까처럼 차고 날카로운 눈물이 아니라 따뜻한 참회의 눈물이었다. 그리고 얼굴에서 독기와 화가 서서히 사라졌다.

"아이는 동생이 자기보다 엄마의 사랑을 받는 것을 참을 수 없는 거예요. 엄마가 자신을 사랑한다는 것을 충분히 느껴야 동생도 미워하지 않고 반항도 안 합니다. 억지로 해보았지만 막상 말하고 보니 아이를 아직 사랑한다는 거 아시겠죠?"

엄마가 고개를 끄덕였다. 아이를 절대로 때리지 않겠다고 약속하고, 함께 문제를 해결할 수 있는 방법을 찾아보기로 했다. 남편에게 화가 나서 상대적으로 힘이 약한 아이에게 화를 퍼부어대니 부부 치료도 꼭 받아야 한다고 말했다. 엄마가 하루에 50번도 넘게 아이에게 손찌검을 할 수 있었던 것은 아직 아들보다 힘이 세기 때문이다. 만약 그대로 더 진행되었다가는 아들에게 먹살 잡히는 최악의 상황에 이를 뻔했다.

지금까지 내담자들에게 이 주문을 말해보라고 한 것은 20건이 넘지 않는다. 그만큼 힘들다. 주문이라기보다는 '세상에서 가장 짧은 기도문'이라는 말이 더 맞을 것 같다. 이 기도문을 시키면 대부분 처음에는 못하겠다고 저항한다. 계속 요구하면 마지못해 해보는데, 막상 하기 시작하면 대부분 눈물을 흘린다. 그들의 마음이 뜨거워지는 것이 보인다. 이 말을 하는 것 자체만으로도 굉장한 마음의 힘이 필요하기 때문이다. 지금 당신이 미워하는 누군가를 떠올리고 이 기도문을 외워보라. 안 될 것이다. 소리 내서 말할 필요도 없고 마음속으로만 하려 해도 잘 안 된다.

'미안합… 미안해? 내가 왜? 네가 미안해야지. 사랑합… 미쳤어? 너 같은 것을 사랑해? 고맙… 죽어도 못해. 네가 나한테 고마워해야지….'

이런 생각만 들면서 도저히 말이 나오지 않는다. 하지만 내면의 힘든 과정을 견디고 이 말을 뱉는 순간 모든 내담자의 얼굴에서 빛이 난다. 아주 강력한 긍정적인 변화가 일어나는 것이 분명하게 보인다. 그래서 나도 가능하면 하루에 한 번씩 돈도 들지 않는 이 기도문을 꼭 외우려고 노력한다. 하지만 얼마나 바쁘게 사는지 하루 종일 한 번도 못하고 지나가는 날이 많은데, 저녁에 화장실에서 문득 생각나 변기에 앉아 중얼거리고 있으면 무심코 화장실 문을 벌컥 연 딸아이가 이렇게 말하곤 한다.

"엄마, 속이 그렇게 시원해? 아니면 복권 당첨됐어?"

스스로 빛을 내는 별이 되다

다시 별 이야기이다. 비록 은이 씨가 전문가를 전폭적으로 믿고 따랐다 해도 전문가를 만나지 않는 나머지 시간은 혼자만의 외롭고 고독한 시간이었을 것이다. 하지만 죽음의 문턱에서 살아나 정신을 바짝 차린 은이 씨는 뒤도 돌아보지 않고 어려움을 헤쳐나갔다.

새 학기가 되면 담임선생님을 찾아가 아이가 자폐 증상이 있지만 치료를 받고 있으니 잘 보살펴달라고 꼬박꼬박 부탁했다. 그럼에도 어느 날 아이의 뒷덜미가 빨갛게 부은 것을 발견했다. 그리고 담임선생님이 청소나 수업 준비가 느리다며 툭하면 별을 체벌한다는 사실을 알게 되었다. 은이 씨는 다음 날 바로 학교로 출동했다. 먼저 담임선생님에게 사과를 요구했고 담임이 시큰둥하자 교장실로 직행했다. 교장실에서 얼마나 악을 써댔는지 모든 선생님들이 달려 나올 정도였다. 부모가 간곡하게 부탁한 약한 학생을 제대로 지도해주지 못한 교사는 변명의 여지가 없었고, 교육부에 전화하겠다고 수화기를 들고 있으니 교장은 즉각 담임선생님을 불러 별과 어머니에게 잘못을 빌도록 했다. 별의 인생에서 처음으로 세상 사람들이 자신에게 "잘못했다" "미안하다"라고 말한 순간이었다.

이 사건을 계기로 별은 엄마에게 완전히 마음을 주었다. 진정한 자기편, 아버지나 할머니와 달리 자신을 믿어주고 곤란한 상황을 제대로 해결해준 엄마를 무한 신뢰하게 되었다.

별이 마음의 문을 열자 엄마는 좀 더 적극적으로 다가갔다. 별이 약속을 지키고 책임을 다했을 때는 아낌없이 칭찬하고 잘못하면 환자라고 무조건 감싸지 않고 그때그때 감정을 진정성 있게 표출했다. 교사의 차를 폭파시키겠다고 위협한 일로 학교에 불려 간 날은 "실망이다"라고 했고, 분위기에 휩쓸려 다른 아이들과 함께 소아마비 친구를 괴롭혔다는 말을 들은 날은 "치사한 놈"이라고 목소리를 높였다. 집에 있으면 세상에서 자기가 가장 불쌍한 줄 안다고, 자기보다 더 불쌍한 사람도 있다는 것을 알아야 한다며 봉사활동이 있으면 무조건 보냈다. 잘못을 지적해주는 엄마 덕분에 별은 올바른 현실 판단력을 조금씩 갖추게 되었다. 어느 날은 꿈에서나마 아버지와 화해하기도 했다. 세상에! 아빠 엄마와 같이 놀러 가서 웃는 꿈을 꾸었다고 한다.

은이 씨는 별이가 현실적으로 무엇을 잘하고 못하는지 파악했다. 버스 정류장을 자주 지나쳐 병원에는 엄마가 따라갈 수밖에 없지만 아침에 일어나면 군소리 없이 가방을 챙겨서 학교에 갔고 태권도 덕분에 체력도 좋았다. 고등학교에 진학한 후에는 아이들이 공부에만 신경 쓰느라 친구들끼리 관심도 거의 없어져 오히려 별의 숨통이 트였다. 좀 더 자유롭게 학교에 다닐 수 있었고 좋아하는 일에 더 몰두했다.

어려서부터 《삼국지》 만화를 좋아하던 별은 중국어 시간을 가장 좋아했다. 엄마는 이것을 놓치지 않고 중국어와 영어 공부를 틈틈이 시켜서 두 과목에서는 중간 이상의 실력을 갖추게 했다. 여전히 친구들과는 한 달에 한 번씩 삐걱거렸고 교사들과도 불편하게 지냈으며 정상적인 생활에서 약간 비껴 있었지만 이제는 3개월에 한 번만 병원에 오고 약을 먹지 않아도 될 만큼 증상이 좋아졌다.

1학년 2학기에는 중국어 성적이 반에서 1등이었다. 자신감을 얻은 은이 씨는 별을 전문대학교 중국어과에 보내겠다는 목표를 세웠다. 그런데 가족들이 강력하게 반대했다. 평범한 아이들도 어려운 대학에 보내려고 괜히 고생시키지 말고 편하게 살게 하자는 이유였다. 은이 씨는 별의 실력이 부족해서 못 간다면 포기하겠지만 대학 준비가 별에게 목표 의식을 심어주어 열심히 살게 할 것이며, 공부도 안 한다면 저 나이에 무엇을 하겠느냐, 게임밖에 더 하겠느냐, 어떻게든 자신이 입학금을 마련하겠다, 그다음에도 방법은 있을 거라며 밀어붙였다.

그리고 엄마의 예상은 정확하게 맞았다. 대학 얘기를 꺼내자 별은 믿을 수 없다며 기뻐했다.

"내가 그걸 할 수 있어?"

"물론 어렵지. 4년제 대학은 어려울 거야. 하지만 중국어는 아주 잘하니까 전문대학교 중국어과를 목표로 하자."

그러면서 별의 지능이 우수하다는 사실을 알려주었다.

엄마의 두 번째 예상도 정확하게 맞아떨어졌다. 머리가 좋다는 말을 들은 별은 또 한 번 놀라고 기뻐하면서 엄마의 제안을 받아들였다.

2년 후, 별은 수도권의 전문대학교 중국어과에 당당히 입학했다. 은이 씨는 어려운 대학 입시 요강을 수능 준비하듯 밑줄 그어 가며 읽어 지원할 수 있는 대학을 찾았고, 면접 예상 질문을 만들어 수도 없이 연습시켰다. 그래도 별이가 엉뚱한 말을 할까 봐 마음 졸이고 있었는데 두 번째 도전에 빛을 본 것이다. 와우! 그날의 감격과 기쁨이란!

직장에 있어 소리도 지르지 못했지만 이 일을 가지고 은이 씨와 한 달 내내 통화할 정도로 흥분되는 극적인 사건이었다. 그야말로 기적이었다. 은이 씨는 아이가 결혼할 때 주려고 모았던 돈으로 별의 등록금을 냈다. 등록금을 내자마자 일자리가 끊겨 난감했지만 별이 다닐 학교에서 가까운 곳으로 이사해 과외, 학습지 교사, 마트 계산원, 약국 접수원 등 여러 가지 일을 하면서 생계를 이어갔다.

그러고 나서도 기적은 끝나지 않았다. 인생의 큰 고비를 넘겨 탄력을 받은 별은 1학년 1학기 중간고사에서 과 수석을 했다. 듣고 있어도 믿기 어려웠다. 장학금도 받아서 엄마를 도왔다. 은이 씨는 "대학에 들어가니 하도 이상한 녀석들이 많아서 별이는 별로 눈에 띄지도 않는다"라며 까르르 웃었다.

하지만 정말 기쁜 일은 그다음에 일어났다. 별이 여름방학에 엄마와 같이 인사하러 왔기에 사회 적응력을 키워준다며 한 가지 과제를 준 적이 있었다. 관광지 근처인 별이네 집 주변에서 5~6명 정도 민박할 수 있는 깨끗한 집을 몇 군데 알아보고 전화번호를 알려달라고 부탁했다. 별은 선뜻 그러마고 했지만 막상 돌아가서는 먼발치에서 깨끗한 집인지 판단하는 데 일주일, 무슨 말을 할지 생각하는 데 일주일, 용기를 내서 물어보는 데 일주일이 걸렸다고 했다.

그 말만 들어도 몹시 흐뭇했다. 한편으로는 고생시키는 것 같아 그만하자고 마음먹었는데 가을쯤에 전화가 왔다.

"선생님, 또 엠티 안 가세요? 제가 집 알아봐드릴까요?"

우아! 우아! 감탄이 절로 나왔다. 자폐증 아이들 중에는 머리가 좋아 대학까지 가는 아이들이 더러 있다. 하지만 사회성이 발달하지 않아 정상적인 사회생활을 하기 힘든 것이 사실이다. 그런데 별이 스스로 다른 사람에게 도와주겠다고 말한 것이다. 학교 근처에서 헤매던 중국인에게 먼저 다가가 사정을 물어보고 길도 찾아주고, 과에서 엠티를 갔을 때 소아마비로 몸이 불편한 친구를 처음부터 끝까지 도와주었다고 한다. 별의 과거를 모르고 보면 요즘 웬만한 젊은이보다 더 친절하고 따뜻한 청년이다.

은이 씨가 겉으로는 태연하고 담담하게 행동했지만 별이 이렇게 자라기까지 속으로는 얼마나 애가 탔던지 대학 입학 합격 통지를 받은 후 심한 하혈을 했다. 그동안 누적되었던 긴장이 몸으로 나타난 것이다.

사랑의 물꼬가 터지면 기적이 일어난다

아이에게 사랑을 주기로 마음먹었다면 사랑은 절대로 뒤늦은 법이 없다. 별은 어릴 때 행복감을 느끼지 못했지만 뒤늦은 사랑으로 행복감을 회복했다. 별은 엄마가 교장실에 쳐들어간 순간 미움과 분노, 혼란과 무력감의 벽을 무너뜨렸다. 아빠와 달리 전문가의 도움을 받아 올바른 방향을 잡은 엄마는 과거와는 다른 모습으로 일사천리에 세상을 평정했고 그 과정에서 별은 크게 힘들지 않았다. 이것이야말로 아이가 어릴 때 부모에게 받았어야 하는 보호이다. 또 자신에게 함부로 한 사람들이 잘못했다고 하는 말을 들으면서 자존감을 느꼈다. 아빠는 강압적으로 1등을 요구했지만 엄마는 할 수 있는 것만 조금씩 해보자고 했으니 스트레스도 받지 않았다. 뿐만 아니라 늘 웃어주고 신뢰의 눈빛을 보내는 엄마에게서 세상에 대한 사랑을 느꼈다.

한번 물꼬가 터진 사랑은 기적을 낳아 무려 14년 동안 분노와 적개심으로 닫힌 마음의 문을 4년 만에 완전히 열었다. 별은 남들이 보기에 좀 특이해 보일 뿐 건강한 청년으로 자랐다. 마음을 치료하려면 아파온 시간의 2~3배 기간만큼 사랑을 주어야 한다는 나의 기준을 뒤집어놓았다. 포기하지 않고 너무 기대하지도 않으며 어제보다 1퍼센트만 더 잘해보자는 목표로 사랑을 주며 노력하다 보니 놀랄 만큼 빠른 시간 내에 아이의 문제가 해결되었다.

별의 사례가 더욱 가슴에 와닿는 이유는 별과 비슷한 연령대의 또 다른 친구 딸이 있었기 때문이다. 그 아이는 강남에서 중고등학교를 다니며 전교 1등을 할 정도로 공부를 잘했지만 막상 수능에서 평소보다 못한 점수를 얻는 바람에 부모님의 계획에 없던 대학에 가게 되었다. 온갖 지원을 받으면서 딸아이가 보낸 화려하고 격조 높은 시간과, 이곳저곳을 전전하며 갖은 구박을 당하면서 별이 보낸 결핍적이고 혼란스러운 시간은 도저히 게임이 되지 않는 하늘과 땅 차이였다. 하지만 별은 엄마의 사랑으로 4년 만에 다른 아이들과 동일 선상에 놓였다.

그렇다고 '별이 이겼다'고 말하고 싶지는 않다. 별은 다시 시작이다. 고등학교 때와 비교도 안 되는 다양하고 복잡한 사회적 상황이 이들을 기다리고 있고 이에 잘 대처해나가야 한다. 하지만 아주 큰 고비를 넘겼기에 예전처럼 힘들지는 않을 것이다.

아이에게 문제가 생겨 상담을 받으러 온 부모들이 처음에는 치료 지침을 잘 따르다가도 3~4개월이 지나면 슬슬 초조해하며 6개월, 1년이 지나면 왜 아직 낫지 않느냐고 화를 내기도 한다. 결론은 간단하다. 아이가 나을 마음이 없기 때문이다. 그렇게 되기까지 세상에 너무 치였기 때문에 상처가 빨리 아물지 않는다. 그들에게 나는 별이 엄마처럼 해보았냐고 묻고 싶다. 마음을 비우고 자신이 해야 할 것을 하면서 기다릴 줄 알아야 한다. 인생은 고생 총량의 법칙이 있는 듯하다. 고생이 시작될 때 화를 내고 울고 회피할수록 고생의 시간은 늘어난다. 하루라도 빨리 의연하게 받아들이고 할 수 있는 일을 하나씩 해나갈 때 새로운 길이 열린다. 그것도 예상보다 훨씬 빨리 열린다.

별의 사례는 20여 년간의 임상 경력 중에서도 결코 잊을 수 없는 사건이다.

첫째, 사랑을 바탕으로 한 기술이 놀랄 만큼 빠른 시간 내에 상처를 회복시킬 수도 있음을 알게 되었다.

둘째, 무엇을 기대하든 그 이상을 본 놀라운 사례였다. 별이 꿈에서 아버지와 화해한 것도 그렇다. 어려운 정신분석 치료 과정도 없이 별이 스스로 꿈에서 자신의 상처를 털어버렸다. 의식뿐 아니라 무의식 세계도 건강해졌음을 의미한다.

이 감동적인 이야기를 책에 담고 싶어 허락을 구한 후 "가명을 뭘로 할까?"라고 물었더니 은이 씨가 또 감동적인 멘트를 날렸다.

"별로 하자. 별 자체로 빛나듯이 모든 아이들은 타고난 빛이 있는 것 같아. 나는 이 아이의 빛이 다시 빛나게 도와주었을 뿐이야."

비록 한때 자신의 상처 때문에 아이를 잠시 방치했지만, 상처와 고통을 잘 이겨낸 사람이 얼마나 아름답고 강해질 수 있는지를 보여주는 은이 씨에게 나는 틈만 나면 말한다.

"자리 깔고 앉아!"

내가 하도 이 말을 해서 요즘은 조금 마음이 생겼는지 그럼 '수암골 아줌마'라고 해달란다. 별이 최근 폭탄선언을 했기 때문이다. 전문대학교를 졸업하면 4년제 대학으로 편입해서 공부를 더 하고, 졸업한 후에는 정식으로 중국어 통역사가 되고 싶다고 한다. 짧은 시간이었지만 안전과 사랑, 자존심의 욕구가 채워진 아이가 이제 자기실현 욕구를 보이는 것이다.

엄마와 별은 넉넉하지 않지만 소박하고 안정적으로 살고 있다. 먹고 자는 안전의 문제가 해결되었고, 사랑을 주는 엄마가 있고, 대학교에 진학해 잘 적응하다 보니 별의 하위 수준 욕구가 4년 만에 충족되어 다음 단계로 나아가고 싶다는 생각이 든 것이다. 망설이던 가족에게 별은 중국어 인증 시험 인정서를 갖고 와 꼼짝없이 수용하도록 했다. 그러면 또 돈이 들 테니 은이 씨는 수암골 아줌마라도 할 기세이다. 별과 은이 씨가 앞으로 얼마나 더 놀라운 일을 보여줄지 즐거운 마음으로 기다릴 뿐이다.

아이가 이미 잘못되었다면
다시 돌아오는 길은 정말 쉽지 않다.
하지만 용기 있는 부모가 되어 한 발짝씩 나가야 한다.
사랑은 결코 늦은 법이 없다.

지금부터 다시 시작하세요.

- 전문가를 믿으십시오. 전문가가 개입하는 시간에는 홀가분하게 자신을 벗어던지고 쉬세요.

- 아이의 상태에 대해 좋아졌네, 나빠졌네 하며 일희일비하지 마세요. 절대 포기하지 말고 그저 자신이 지금 할 일을 하세요.

- 이 모든 상황에 자신의 책임이 있다는 것을 딱 한 번만 진심으로 인정하세요. 눈물이 나온다면 크게 우세요. 하지만 그 뒤로는 더 이상 죄책감을 갖지 말고 죄책감을 느낄 시간이 있다면 한 번이라도 더 아이를 안아주세요.

- 세상에서 말하는 '정상적인 모습'에 목숨 걸지 마세요. 사회에서 요구하는 일관된 모습에 아이를 맞추려고 실망하고 좌절하지 말고 조금 다른 현재 모습에서 아이가 할 수 있는 일을 하나씩 찾아나가세요. 단, 정상이라는 기준을 완전히 무시하지는 마세요. 정상이라는 기준은 아이가 이 세상에서 편하게 지내는 데 도움이 되기 때문입니다.

- 아이가 이렇게 된 이유는 부모의 사랑이 부족하다고 느꼈기 때문임을 인정하세요. 전문가가 아이 다루는 몇 가지 기술을 가르쳐줄 것입니다. 그 지침은 반드시 지켜야 하지만, 기술 100개보다 중요한 것은 사랑 결핍감을 채워주는 일입니다.

그래도
엄마가 답이다

6

지금까지 한 모든 이야기를 한 줄로 말하면 '아이에게 최대한 엄마 냄새를 많이 맡게 해주자'이다. 하지만 이미 최선을 다하고 있고, 이미 숨이 헉헉할 지경인 엄마들이 '왜 또 엄마만 갖고 그래?'라며 원망할 것도 같다. 그럼에도 마음의 병을 앓고 있는 수많은 아이들을 오랫동안 보아온 전문가로서 '하루 3시간 엄마 냄새'는 우리 아이를 행복한 사람으로 만드는 데 그 어떤 기술이나 기법보다 먼저 실천해야 할 양육의 본질이라고 거듭 강조한다.

혹시라도 '왜 나만 갖고 그래' 하며 억울한 마음이 드는 엄마들이 있다면 '그래도 내가 답이라니 다른 방법이 없네' 하며 평화로운 수용의 마음으로 바뀌기를 바라며 그렇게 중요하다고 주장하는 엄마 냄새의 본질은 무엇인지, 왜 부모 냄새보다 엄마 냄새를 우선 강조하게 되었는지 말하고자 한다. 아울러 그토록 중요한 엄마 냄새를 스스로 가두지 않고 아이에게 온전히 주기 위해서는 어떤 마음의 준비를 해야 하는지에 대해서도 말하고 싶다. 대한민국의 엄마, 아니 세상의 모든 엄마들이 자신이 가진 이 놀라운 능력을 반드시 아이에게 전해줄 수 있기를 바란다.

첫아이를 임신했을 때 마침 직장 노조에서 사내 어린이집을 만들어달라고 요청한 적이 있었다. 하지만 한 해, 두 해가 흘러도 어린이집이 생길 조짐은 보이지 않았고 어느새 7년이 흘렀다. 이후 노조에서는 '어린이집 만들어달라고 했던 임신부, 벌써 학부모 되었다!'라는 플래카드를 내걸었다. 내 상황과 똑같아서 감탄했던 기억이 난다. 그로부터 몇 년 후 드디어 어린이집 부지를 모색하기 시작했고, 다시 또 몇 년이 지나서야 간절히 원했던 어린이집이 준공되었다. 나처럼 아이를 키우면서도 계속 직장에 다닐 수 있었던 운 좋은 사람들을 제외하고, 플래카드를 걸었던 사람들 중에 준공식까지 본 사람은 많지 않았다.

어린이집은 결국 만들어졌다. 다만 시간이 걸렸다. 언젠가는 대한민국이 매직타임 3시간에 시계를 맞추는 날이 반드시 올 것이다. 그 역시 시간이 걸릴 것이다. 그동안 엄마들은 각자의 전쟁을 계속할 수밖에 없다.

힘들어도 돌아가도
아이에게는 엄마가 답이다

엄마 냄새가 갑자기 사라진다면

정신과에 오는 아이들의 부모 중 가장 많은 유형은 엄마는 너무 약해서 아이의 든든한 벽이 되어주지 못하고, 아빠는 돈 버느라 가족에게 관심이 없는 유형이다. 이런 부모 아래에서 자라는 아이는 가족 간의 친밀감이나 소속감을 느끼지 못하고, 자기 가치감이 낮다. 게다가 부모에게 문제 해결 능력을 배우지 못해 학교와 사회에서도 자신감이 없고 우울감, 불안감을 많이 느낀다.

하지만 그런 가정이라도 가정의 모습을 유지하며 하루 세끼 밥 먹으면서 살아가면 아이가 입원까지 하지는 않는다. 입원할 만큼 심각해질 때는 아버지가 아이 말을 전혀 들어주지 않고 오히려 아이와 아내를 무시하고 때리거나, 엄마도 아이 말을 전혀 듣지 않고 오히려 욕을 퍼붓고 밥도 주지 않는 경우이다. 그리고 이런 폭력이 없어도 아이가 총체적 난국에 빠지는 때가 있다. 엄마가 갑자기 영원히 가출한 경우이다.

화가 날 때마다 자기 안의 데이먼이 시키는 일이라며 소리 지르고 욕을 하는 중학교 1학년 남자아이가 있었다. 아이는 공부도 잘하고 순응적이어서 교사들이 좋아하는 모범생이었다. 하지만 집에서는 가족에게 관심이 없는 내향적인 아버지, 냉정하고 우울한 엄마, 그런 엄마를 못마땅해하는 조부모, 대화가 없는 누나와 여동생 속에서 큰 즐거움을 느끼지 못한 채 자랐다. 소심하고 겁이 많아 친구들에게 자주 괴롭힘을 당했지만, 부모가 자주 싸워도 그러려니 하고 넘기는 조숙함 때문에 큰 문제는 없었다.

그러다 4학년 때 2박 3일의 임원 수련회에 다녀온 사이에 엄마가 집을 나가버렸다. 며느리를 미워하던 시어머니가 아이가 없는 새에 나가라고 내쫓은 것이다. 조숙한 아이는 그 상황에서도 눈물 한 방울 보이지 않고, 불평 한마디 하지 않았다. 예전에도 엄마가 가출한 적이 있었기 때문에 이번에도 돌아오리라고 생각했다.

하지만 엄마는 3년이 지나도 돌아오지 않았다. 아이는 점점 기력을 잃어가고 성적이 떨어졌다. 그러던 중 친구들이 유난히 심하게 괴롭힌 어느 날 "내가 도대체 무엇을 잘못했냐"라고 소리를 지르며 쓰러져 병원 응급실에 실려 왔다. 잠시 후 정신을 차린 아이는 갑자기 변한 목소리로 화를 내고 사람들을 때렸다. 데이먼이 된 것이다. 이렇게 심하게 화를 내다가 잠이 들면, 다시 깨어난 후에는 자신이 한 행동을 기억하지 못했지만 화가 날 때마다 증상은 되풀이되었다.

아이는 내색하지 않았지만 예고 없는 엄마의 가출에 큰 충격을 받았다. 겉으로는 문제가 없어 보여도 마음은 무너지고 있었다. 할머니, 할아버지는 여전히 잔소리를 했고 아버지는 여전히 겉돌았다. 변한 것은 엄마가 없어진 것이다. 아이는 평소 엄마를 좋아하지 않는 듯이 보였다. 그런데도 엄마가 가출한 후 아이는 무너져버렸다. "도대체 내가 무슨 잘못을 했기에 이렇게 힘들게 하느냐"라며 절규했다. 마음이 여린 아이는 혼자서는 절대 해결할 수 없었던 고통과 분노를 가짜 자신, 데이먼을 통해 표출했다.

아이가 무너진 것은 엄마 냄새가 갑자기 사라졌기 때문이다.

엄마 냄새가 사라졌다고 해서 모든 아이들이 병에 걸리진 않는다. 아이의 누나와 동생은 이런 문제를 보이지 않았다. 하지만 이 아이는 다른 형제들에 비해 유난히 소심하고 예민했다. 정신이 유약한 아이에게 사라진 엄마 냄새, 마음의 준비가 전혀 안 된 상태에서 어느 날 갑자기 사라진 엄마 냄새는 너무도 큰 스트레스가 되었다. 누나와 동생에게도 사라진 엄마 냄새의 영향이 전혀 없을지는 좀 더 두고 봐야 할 것이다.

냄새의 정확한 본질은 무엇일까? 사랑의 냄새는 어디에서 나올까? 누구나 한 번쯤 들어봤을 '옥시토신'이라는 호르몬이 있다. 우리는 옥시토신을 사랑의 호르몬이라고 부른다. 특히 여성의 자궁 수축과 젖 분비를 촉진하며 모유수유를 할 때 옥시토신이 다량 분비된다. 옥시토신을 사랑의 호르몬이라고 부르는 이유는 엄마와 아빠가 서로를 애무해서 아이를 만들게 하고, 자궁을 수축해서 아이가 빨리 나오게 하며, 아이가 먹을 젖이 나오게 하고, 젖을 물릴 때 엄마 눈에서 하트가 튀어나오게 하는 등, 온통 사랑과 연관되어 있기 때문이다. 옥시토신은 남성의 뇌에서도 분비되지만 여성의 자궁과 유방에 옥시토신 수용체가 잔뜩 몰려 있어 사랑의 냄새는 여성이 훨씬 더 진하다.

여성에게는 남성이 갖고 있지 않은 기관, 자궁이 있다. 게다가 젖과 꿀이 흐르는 유방이 두 개 더 있다. 여성은 남성보다 세 개의 방을 더 가지고 있는 것이다. 그래서 나는 남자의 몸값이 1,000억 원이라면 여자는 300억 원짜리 방 한 개, 100억 원짜리 방 두 개, 합이 500억 원 더 비싸다고 말한다. 그 방에 엄마 냄새, 즉 사랑의 호르몬인 옥시토신을 가득 담고 있기 때문이다.

게다가 아이는 엄마 냄새를 가까이에서 맡는 정도가 아니라, 10개월 동안 엄마 몸속에서 순도 100퍼센트의 냄새를 공유하다가 이 세상에 나온다. 그러니 아이에게 엄마 냄새는 생명의 냄새이기도 하다.

앞서 엄마가 가출하면 아이는 정신과에 입원할 정도로 무너진다고 했다. 하지만 아빠가 가출한 집은 어떨까? 아주 복합적인 경우를 제외하고 아빠가 가출한 집에서 입원할 정도로 상태가 심각해지는 아이는 아직 보지 못했다. 아빠들에게는 서운한 말이겠지만 아빠는 가출해도 집에 흔적이 없기 때문이다. 어차피 밥을 해주지도 빨래를 해주지도 않았고 엄마처럼 아이를 따뜻하게 안아주지도 않았다. 아빠가 갖다주던 만큼의 돈만 있다면 엄마 혼자서도 아이에게 밥을 해주고 학교에 다니게 한다. 그러니 아이들에게는 엄마가 답일 수밖에 없다.

갇혔던 엄마 냄새를 돌려주는 법

아이에겐 엄마가 답이다. 엄마가 열쇠이다. 그래서 남편들은 아내에게 잘해야 한다. 그래서 엄마 열쇠가 잘 돌아가도록 회사와 정부가 앞장서야 한다. 안타깝게도 엄마들이 자신의 엄청난 존재감을 잊어버리고 자물쇠가 되어버릴 때가 있다. 아이를 올바로 키우는 열쇠인 사랑의 냄새를 온몸에 간직하고 있으면서도 꽁꽁 숨기고 잠가버린다. 한국 엄마들이 엄마 냄새를 가두는 가장 큰 이유는 두 가지이다.

하나는 남편에 대한 순종을 강조한 전통적 아내의 역할을 잘못 해석하고 남편만 바라보는 남편바라기가 되어서이다. 그 결과 어려운 상황에 닥쳤을 때 남편만 바라보는 망부석이 되어 오로지 남편이 모든 것을 해결하기를 바라고 화만 내다 지쳐 아이를 방치하기도 한다.

또 하나는 명백한 스트레스이다. 오랜 기간 정신과에 내원한 환자들을 볼 때 경제적 스트레스와 대인 갈등 스트레스가 엄마 냄새를 잠그는 요인 1, 2위를 다툰다. 대인 갈등 중에서도 남편과의 갈등, 특히 남편의 외도는 엄마 냄새와 엄마 마음을 가둬버리는 초강력 마비제이다. 남편의 외도는 아내의 지적 수준에도 맞지 않는 터무니없는 행동까지 하게 만든다.

문제를 해결하는 방법에는 두 가지가 있다. 하나는 다른 사람과 상황을 바꾸는 것이고 다른 하나는 내 생각을 바꾸는 것이다. 갑자기 큰비가 온다고 치자. 비가 많이 오면 땅이 질척대고, 춥고 기분이 좋지 않다. 비가 그만 왔으면 좋겠는데 내 힘으로 비를 멈출 수도 없다. 이럴 때는 내 생각을 바꾸면 된다.

'비가 오면 산에 나무들이 건강해져서 여름을 시원하게 보낼 수 있겠다. 가을에는 맛있는 햅쌀밥을 먹을 수 있겠다.'

이렇게 생각하면 기분이 좋아진다. 생각을 바꾼 것만으로 지금 내가 놓인 상황이 순식간에 달라진다. 비가 오지 않게 하는 것만이 유일한 해결 방법이 아니라는 사실만 깨달으면 된다. 비가 와도 불편하지 않거나, 불편하지만 처음보다 낫다면 그 또한 문제가 해결되었다고 볼 수 있다. 내 생각 바꾸기는 문제를 가장 빨리 해결하는 방법이다.

이렇게 문제를 해결하는 태도는 가정에서 특히 중요하다. 내가 화가 나 있는 동안에도 아이의 성장이 멈추지 않기 때문이다. 아이는 나의 불안과 분노까지 받아들이며 매일 자라고 있다. 아직 자라고 있는 연약한 꽃줄기 같은 아이는 외부에서 주어지는, 특히 부모가 쏟아붓는 감정과 분위기를 걸러낼 능력이 없다. 잠시 불안감을 느끼는 것이야 불가피할지라도 최대한 빨리 안전감을 느끼도록 해 주어야 한다. 내 생각 바꾸기를 통해 일단 급한 불을 꺼야 한다. 아이 때문에 급한 불을 꺼야 한다고 말했지만 길게 보면 결국은 엄마 자신에게도 이득이 된다.

심리 상담을 하다 보면 상황을 바꾸는 방법을 택한 사람들은 시간이 지나도 증세가 쉽게 나아지지 않는다. 처음 1년은 분하고 억울해하다가, 그다음 1년은 자신을 불쌍히 여기다가, 그다음 1년은 그사이 몸이 약해져 병원을 들락거리다가, 그다음 2년은 절, 교회, 등산, 여행 등으로 마음을 비우러 다닌다면서 시간을 그냥 흘려보낸다. 하지만 마음속 응어리는 여전히 남아 있다. 상대방은 여전히 그대로이고 나는 여전히 피해자의 마음으로 살고 있으니 그렇다. 그러다 겨우 정신을 차려 가정을 돌보려고 하면 몇 년 동안 엄마 냄새를 잃었던 아이가 새로운 짐을 안긴다. 엄마는 또다시 힘들어진다.

하지만 자신의 생각을 바꾸는 방법을 택한 사람들은 처음에는 훨씬 더 억울하고 힘들어하는 것 같지만 빨리 마음을 비우고 이내 다시 안정을 찾는다. 어떤 식으로든 삶은 정리되고 무엇보다도 아이가 비뚤어지지 않는다.

생각을 바꾼다는 것은 무슨 뜻인가? 긍정적인 면을 생각하는 것이다. 긍정적인 면을 찾아야 부정적인 쪽으로 되돌아가지 않는다. 지금 내 현실에 긍정적인 면이 하나도 없다고 생각하기 때문에 부정적인 쪽에 붙박여서 만신창이가 되는 것이다. 물론 남편의 외도와 같은 스트레스는 아무리 생각해도 긍정적인 면을 찾아볼 수 없다. 이럴 때는 더 나쁜 상황이 벌어지지 않는 것에 감사하자. 홍수가 나서 우리 집 마당이 잠겼다면 안방까지 잠기지 않았음을 감사해야 한다. 안방까지 잠겼다면 가족이 다쳤을 텐데 그렇지 않았음에 감사하자.

어떤 부정적인 상황에서도 긍정적으로 생각하겠다고 마음먹으면 바로 거기에 새로운 시작이 있다. 긍정적인 생각은 우리에게 고난에서 벗어나는 첫걸음이 되어주고 결국은 우리의 삶을 바꾼다.

미국 UCLA대학교 연구자들이 대학생을 대상으로 실험했다. 한 집단에게는 기분이 좋아지게 하는 대본을 하루 종일 읽게 하고, 다른 집단에게는 우울한 생각이 드는 대본을 하루 종일 읽게 한 후 혈액을 뽑아 살펴보았다. 앞의 집단은 면역세포가 풍성하고 혈류의 흐름이 활발했지만 뒤의 집단은 면역세포에 윤택이 없고 혈류의 흐름이 활발하지 않아 감염에 취약했다. 단 하루, 단 하나의 가상 시나리오에 노출된 결과였다.

수많은 심리학자들에 의해 재인용된 유명한 연구가 있다. 하버드대학교의 심리학자 엘렌 랭어Ellen Langer 교수는 혈압이 높고 과체중이며 배가 나온 호텔 청소부 84명을 면담했다. 이들은 모두 너무 바빠서 운동할 시간이 없다고 하소연했다. 랭어 교수는 이들

중 절반을 따로 불러 청소 작업의 운동 효과에 대해 설명해주었다. 15분 시트 갈기 40칼로리, 15분 진공청소기 돌리기 50칼로리…. 이런 식으로 설명하면서 하루에 15개 방을 청소하면 2시간 30분 동안 운동하는 것과 똑같다고 일러주고 한 달 후 다시 그들을 만났다. 설명을 들은 42명은 따로 운동을 하지 않았는데도 건강검진 결과 배가 쏙 들어가고 혈압도 떨어졌다. 몸의 변화를 긍정적으로 바라보며 청소한 사람은 실제로 몸에 변화가 왔고, 그렇지 않은 사람들은 피로만 늘어났다. 스트레스 상황에서 우리가 어떤 식으로 세상을 바라봐야 할지 가르쳐주는 매혹적인 실험이다.

긍정적으로 생각할 수 있는 일, 즉 감사할 일이 손톱만큼이라도 있다면 다행이라 생각하고 딱 3년만 엄마 역할에 몰입해보자. 하늘이 무너졌어도 당신은 이미 솟아났다는 사실을 알게 될 것이다. 1장에서 소개한 명우 엄마는 아이가 아직 돌이킬 수 없는 이성 문제까지는 가지 않았음에 감사하며 곧장 아이와의 관계를 다시 시작했다. 별이 엄마는 태권도를 시키고 밥은 먹여주던 남편과 시어머니에게 감사하며 다시 아이를 키우기 시작했다. '누구 때문에 내 꼴이 이 모양이 되었네' 식의 감정의 쓰레기를 주우러 다시는 되돌아가지 않았다. 오직 자신이 해야 할 일에만 전념했다. 역경을 극복한 사람들은 한결같이 그때 그 상황에서 감사할 것을 찾아낸다.

살아 있는 한 당신의 자궁과 유방에서는 옥시토신이 계속 솟아날 것인데, 누군가가 밉다고 아이를 방치하며 옥시토신을 굳게 한다면 당신은 망부석과 다를 바 없다.

별이 엄마도 그랬다. 아이를 남편에게 보내고 몸은 보전했지만 마음은 돌처럼 굳어 감정을 전혀 느낄 수 없었다. 코미디를 보아도 웃기지 않았고 슬픈 영화를 봐도 눈물이 나지 않았다. 하지만 별과 다시 만난 후에는 전화벨만 울려도 아이에게 사고가 났을까 봐 심장이 덜컥 내려앉았고 학교에 쳐들어갔을 때는 심장이 쿵쾅거려 약을 먹어야 했다. 대학교에 입학할 때는 일주일 내내 눈물을 흘렸고, 주변의 축하 인사에 또 눈물을 흘렸다. 그녀는 이제야 비로소 편안해졌다. 혼자 살 때보다 돈도 더 들고 신경 쓸 일도 많지만 이제야 사람 사는 것처럼 제대로 숨 쉬며 살고 있다. 옥시토신의 시발점이자 종착점인 아이가 옆에 있기 때문이다.

엄마에게도 아이가 답이다

엄마들 사이에 제대혈을 보관하는 게 유행한 적이 있다. 제대혈을 보관하는 것은 만에 하나 아이가 위중한 병에 걸렸을 때 치료하는 데 사용하기 위해서이다. 그런데 부모에게도 심리적 제대혈이 있으니, 바로 아이이다. 자식은 부모의 원기를 돋게 해준다. 심지어 부모의 목숨을 살리기도 한다. 심각한 스트레스나 병으로 인생을 포기하고 싶을 때, 자식은 우리가 삶의 끈을 놓지 않도록 강력한 동기와 의지를 불러일으킨다.

조선 시대에나 어울릴 고리타분한 이야기 같지만 몸이 아플 때 우리 부모님들은 말한다. "자식을 생각해서라도 벌떡 일어나라"라고. 남편과 싸운 후 마음의 고통을 이기지 못하고 이혼을 생각할 때 부모님은 여전히 "자식을 생각해서 참아라" 하신다. 그런 말을 들은 엄마들이 화가 나서 소리친다.

"그럼 내 인생은? 내 인생은 뭔데?"

그런데 자식이 정말로 어미의 목숨을 살린다는 사실을 경험한 적이 있다.

40대 중반, 간단한 부인과 수술을 한 후 이상하게 몸이 회복되지 않아 3년 정도 고생한 적이 있었다. 특히 처음 1년이 가장 힘들었는데 아주 심각하진 않았지만 전신 무력증 같은 증상이 생겼다. 그러다 보니 '이렇게 살다가 어느 날 갑자기 죽을 수도 있겠구나' 하는 생각이 들었다. 죽음이 우리가 정한 시간에 오지 않는다는 사실이 새삼스러워지며 만약 내일 아침에 눈을 뜨지 못하면 어떻게 하나 싶었다. 상상만 해도 두려움, 분노, 우울, 불안, 무력감 등 복잡한 감정이 밀려왔다. 그런데 누군가의 아내, 딸, 형제, 스승, 제자, 친구의 자리는 어떻게 해서든 정리가 될 것 같은데 아무리 생각해도 아직 어린 아이들의 엄마 자리를 정리하는 것은 상상조차 되지 않았다. 그 생각이 너무나 무겁게 마음을 짓눌렀다.

비가 오는 어느 토요일, 유난히 감상적으로 되어 친구에게 전화를 걸어 말했다.

"애 엄마가 죽으면 애들은 어떻게 해야 할까?"

너무 무거운 질문이었는지 가만히 듣고 있던 친구가 한참 만에 입을 뗐다.

"어른이 되기 전에 어미 없는 자식이 된다면 그건 그 아이의 운명이겠지. 하지만 네 아이는 행운이 넘치는 얼굴이었으니 아이의 힘을 믿고 몸을 추스르자."

친구는 결혼도 하지 않고 자식도 없어서 그렇게 냉정하게 얘기하나 보다 하는 생각이 잠시 들었는데, 이내 그 친구의 말이 옳다는 깨달음에 가슴이 뻥 뚫리는 것 같았다. 사람은 누구나 혼자 죽지만, 죽음의 최종 단계에 이르기까지는 혼자가 아니다. 내 죽음은 나만의 문제가 아니라 상실감에 빠져 힘들게 살아갈 아이의 문제이기도 하다. 그렇기에 아이는 누구보다 내가 건강해지기를 원할 것이다.

그러고 보니 수술 이틀 전, 열 살이던 아들이 특별한 이유도 없이 두드러기가 났던 것도 이해가 되었다. "안 그래도 심란한데 얘까지 나를 힘들게 하네" 하고 푸념했는데 다시 생각하니 감수성이 예민한 아이가 엄마가 잘못될까 봐 불안해서 온몸으로 엄마의 건강을 염원했던 것이다. 일곱 살 딸아이 또한 엄마가 수술한 날 밤, 처음으로 엄마와 떨어져 자면서 펑펑 울었다고 한다. 박완서 작가의 표현대로, 콩꼬투리만 하지만 생명의 무게는 어른과 같은 것이 아이들이다.

'그래, 나 일찍 죽으면 너희들만 손해니까 엄마 얼른 나으라고 기도 많이 해라.'

'얘네들이 더 어렸다면 내가 얼마나 더 힘들었을까.'

'엄마의 빈자리를 느끼고 그 감정을 표현할 정도로 자란 다음 내가 아팠으니 얼마나 감사한가.'

그렇게 마음의 짐을 내려놓으니 비로소 몸이 회복되기 시작했다.

다시 문장완성검사가 생각난다. 많은 아이들이 '내가 제일 걱정하는 것은 엄마 아빠가 아픈 것'이라고 쓴다. 아이들이 그렇게 원하고 우리 부모도 원한다면 우리는 건강하게 다시 일어날 것이다. 그러니 아이들이 우리 목숨을 구한다는 것은 틀림없는 사실이다.

현명한 사람이라면 기본적으로 다른 사람을 존중하고 내면의 힘을 무서워할 줄도 안다. 마찬가지로 현명한 엄마라면 자식을 무서워할 줄 알아야 한다. 우리는 영원히 젊거나 힘이 세지 않다. 언젠가는 자식이 우리보다 더 힘이 세지는 날이 반드시 온다. 우리 아들은 중학교 1학년 때 내 키를 넘어섰고 지금은 나를 번쩍번쩍 든다. 그래도 아들이 아기 같아서 매일 잔소리를 하지만 언젠가는 거꾸로 아들의 잔소리를 듣는 날이 올 것이다. 자식이 약할 때 정성껏 지켜주면 잘 자란 자식은 당신이 약해졌을 때 애타는 마음으로 지켜주려 할 것이다. 자식은 당신에게서 배운 대로 살기 때문이다.

당신의 마음이 지쳐서 기도조차 할 수 없고 눈물이 빗물처럼 흘러내릴 때… 아이가 밥을 달라고 한다. 그때 당신은 "이런 판국에 밥이 문제냐. 너까지 나를 못 잡아먹어 안달이냐. 도대체 인생에 도움이 안 된다"라며 화를 내고 싶을 것이다. 하지만 그때의 아이는 당신을 살리기 위한 천사이다. 온 힘을 다해 일어나 밥을 지어 아이에게 먹여라. 당신도 배가 고파서 한술 뜨게 되고, 그러다 보면 뇌에 포도당이 공급되어 머리도 다시 정상적으로 돌아간다. 그러다 보면 거울도 쳐다보고 그러다 보면 머리도 감으면서 그렇게 삶은 다시 바퀴를 돌린다. 그렇게 당신은 다시 살아난다. 신은 천사를 통해 당신에게 살길을 가르쳐준다. 천사가 즐겁고 행복해하는 길을 따라가 보라. 천사가 밖에 나가자 하면 손잡고 나가라. 당신에게 햇빛을 주려는 것이다. 천사가 돈가스를 먹고 싶다는데 남편이 돈 없다고 소리를 지르면 마트에서 4시간 일을 해서라도 사줘라. 당신의 마음의 힘을 찾게 하려는 것이다. 밥을 먹고 햇빛을 쬐어 얼굴에 혈색이 돌고 머리를 감아 단정해지고 자기 힘으로 돈가스 100개를 사 먹일 정도가 되면 사람들은 당신 마음의 힘에 놀라 다시 매력을 느낄 것이다. 천사가 이끄는 길 위에서 당신은 해답을 얻을 것이다. 아이에게 엄마가 답이듯 엄마에게도 아이가 답이다. 살다가 어려운 상황이 닥치더라도, 당신을 상처투성이로 만든 생각에 빠져 허우적대기만 하면서 엄마 냄새를 가두지 말고 본능과 감각으로 뭉친 순수한 영혼을 따라 그 터널을 빠져나가자.

아이 키우기를 어떻게 몇 마디 말로 정의할 수 있을까? 아무리 이웃을 사랑하려고 해도 우리 애를 때린 이웃을 용서하고 사랑하기란 쉽지 않다. 아무리 무소유로 살고 싶어도 먹을 거 달라고, 예쁜 옷과 멋진 장난감을 사달라고 졸라대는 아이들을 무시할 수 없다. 어떨 때는 예수님은 결혼도 하지 않았고 애도 없으니 그런 홀륭한 말을 할 수 있었고, 부처님은 공식적으로 아예 가족을 떠났으니 성불할 수 있었겠지 생각한다.

심리학용어 가운데 '피그말리온 효과'가 있다. 피그말리온이라는 왕이 자신이 만든 조각상을 너무 사랑해 사람이 되게 해달라고 밤낮으로 기도했더니 신이 소원을 이루어주었다는 그리스 신화에서 비롯된 용어로, 간절히 원하면 이루어진다는 의미이다. 신은 그처럼 인간이 최선의 노력을 다한 후, 최후의 순간에 나타난다. 자신이 조각한 아이가 올바르고 행복한 사람이 되게 해달라고 밤낮으로 기도하고 애쓰면 신이 반드시 소원을 이루어주실 것이다. 한데 왜 자꾸 피그말리온이 '피를 말리는'으로 들리는지.

이 책에서는 아이의 발달에 대해 집중적으로 말했지만 발달은 성인이 되어서도 계속된다. 심리학자 에릭 에릭슨Erik Homberger Erikson은 연령대별로 심리적 과업이 있는데 20대 중반에서 50대 중반까지는 '생산'을 해야 한다고 했다. 성인이 되어 아이를 낳는 것, 일하거나 돈 버는 것, 예술 작품을 창작하는 것 등 어떤 식으로든 생산하지 못하면 침체되고 황폐한 삶을 살게 된다. 그리고 50대 이후에는 '통합'해야 한다고 했다. 여기서 통합이란 잘 살았든 못 살았든 자신의 인생에 대해 만족하고 정리하는 것으로, 통합이 안 되면 절망감에 빠져 죽음을 두려워하며 불안하게 살다 간다.

엄마가 되었다면 이미 당신은 생산이라는 과업을 이룬 셈이다. 자, 그럼 어떻게 해야 통합을 성공적으로 하여 인생을 마무리할 수 있을까? 아이가 부모 없이도 스스로의 삶을 살아갈 수 있도록 하는, 부모의 간절한 기도의 끝을 보아야 가장 만족스러운 통합이 될 것이다.

어릴 때 짜장면을 먹고 도망갔던 사람이 30년이나 지난 후에 돈을 돌려주고 용서를 구하는 이유는 자신의 잘못을 누구보다 스스로 가장 잘 알기 때문이다. 자신의 기도와 맹세 또한 자신이 가장 잘 안다. 우리는 기도와 맹세의 끝을 보아야 편히 눈을 감을 수 있다. 질병과 사고로 끝을 보지 못하고 눈감는 경우가 아니라면, 그들이 간절히 원했던 내일인 오늘을 살고 있는 엄마들은 감사하고 행복해하며 이 길을 끝까지 가보았으면 한다.

맺는말

지금에만
가능한 시간들이 있습니다

《하루 3시간 엄마 냄새》 개정판을 준비하는 중에《아이가 10살이
되면 부모는 토론을 준비하라》를 먼저 출간하게 되었습니다. 양육
기간을 20년으로 볼 때, 앞의 책은 전반 10년에, 뒤의 책은 후반
10년에 좀 더 초점을 맞추었습니다. 후반 10년의 양육 방법을 다
룬 책까지 쓰고 나니 비로소 아이의 성장에 대한 전체 윤곽이 어느
정도 잡히는 듯합니다. 제가 깨달은 아이의 성장에 대한 큰 그림은,
아이는 열 살까지는 부모와 같은 사람이 되려고 하고 이후 스무 살
까지는 부모와 다른 사람이 되려고 한다는 것입니다. 부모와 다른
사람이 되려 한다는 것은 인간의 궁극적 지향점인, '유일무이한'
존재가 되기 위한 '독립'의 준비를 시작한다는 뜻입니다. 열 살을

넘겨 사춘기에 들어선 아이가 부모에게 맞서 반항적인 모습을 많이 보이는 것도 이 독립의 과정에서 불가피하게 발생하는 일이라는 사실을 받아들이면 애들에 대한 감정적 동요가 많이 가라앉습니다. 반면, 부모와 같은 사람이 되려 하는 것은 스스로 독립할 자신이 없으니 먹여주고 입혀주는 부모에게 100퍼센트 의존해야 하기 때문입니다. 여기까지 성찰이 되니, 아이에게 부모의 사랑을 전하는 '시간'을 만들라는 이 책의 메시지를 말하고자 할 때 개정판에서는 초판에 비해 마음가짐이 다소 달라짐을 느낍니다.

초판을 낼 때는 '이렇게 흔한 얘기를 책으로 쓸 가치가 있을까? 설사 책으로 낸다 해도 누가 읽기라도 할까?'라는 생각으로 좀 조마조마했다면, 개정판을 내는 지금은 한결 여유가 있고 자신감도 어느 정도 생겼습니다. 아이가 부모를 닮고자 할 때 부모가 시간을 충분히 주는 게 옳을 테니까요.

이 책은 아무래도 열 살 이전의 아이를 둔 부모님들이 많이 읽으실 거라 생각합니다. 지금도 이미 한계치를 초과할 정도로 힘에 부쳐 나중의 삶에 대해서는 생각조차 할 수도 없겠지만 한 가지는 확실히 아실 필요가 있습니다. 지금의 힘든 시간들이 나중에 생각해보면 그래도 천국이었다는 걸요. 그래도 양육의 1막에 해당하는 지금은 부모가 어떤 상황, 어떤 모습이든 상관없이 아이가 사랑하고 존경하며 따릅니다. 그리고 당연히 부모와 같이 있으려 하구요. 하지만 양육의 2막으로 들어가면 부모가 시간을 준다 해도 아이가 거부합니다.

아이가 부모를 닮고자 하는 초기 10년은 아이의 인성 틀을 거의 완벽하게 짜놓아야 하고 아이가 꼭 지켰으면 하는 부모의 가치관도 어김없이 가르쳐야 하므로 시간이 많지 않습니다. 다행히 아이 또한 초롱초롱한 눈으로 부모의 가르침을 스펀지처럼 빨아들입니다. 무엇보다도, 1막에서 부모가 충분한 사랑의 시간을 아이에게 주면 아이는 사춘기에 해당하는 2막에서 태풍의 강도를 최대한 약하게 하는 걸로 보답합니다. 이후의 놀랄 만한 발전은 덤이고요. 그러니, 아이가 열 살이 될 때까지 지금의 이 시간들은 비록 심히 노곤하긴 하나, 부모와 아이의 미래 행복의 측면에서 보면 분초가 아까울 정도입니다. 하루라도 빨리 아이가 사랑이 가득 담긴 부모 냄새를 만끽하게 하십시오. 다소 감상적으로 들릴지도 모르겠지만, 이후의 모든 성과와 영화榮華를 합쳐봐도 고사리 같은 손으로 소꿉놀이를 하던 아이가 나를 보고 활짝 웃었던 때만큼 신이 나와 함께한다는 느낌을 가지는 순간이 거의 없음을 좀 더 멀리 살아본 선배의 입장에서 말씀드릴 수 있습니다. 인생에는 지금에만 가능한 시간들이 분명히 있습니다.

하루 3시간, 가족의 행복을 위한 골든타임을 잘 지켜내시기를 바랍니다.

수많은 양육서가 차고 넘치지만 큰 시각에서 또 하나의 양육서를 출간해주었던 김영사에 감사하는 마음이 가득합니다. 몇 해가 흘러, 누가 읽어봐도 책을 처음 내는 사람이 썼다는 걸 알 수밖에 없는 거칠고 산만한 글을 다시 다듬고 좀 더 성숙한 시각에서 수정할 수 있는 기회를 주신 고세규 사장님과 편집부에 다시 한 번 감사드립니다.

2019. 5.
이현수

아이를 키울 때 명심해야 할 사항 점검하기

> **양육의 333 법칙**
>
> • 하루 3시간 이상 아이와 같이 있어주어야 하고,
>
> • 발달의 결정적 시기에 해당하는 3세 이전에는 반드시 그래야 하며,
>
> • 피치 못할 사정으로 떨어져 있다 해도 3일 밤을 넘기지 않아야 한다.

☐ 아기의 뇌는 태어난 후 완성되므로 출산 기간은 아기가 태어나서 부터 3년이다.

☐ 미완의 상태로 태어난 아이는 생후 3년까지는 여전히 양수 속에 서 보호받는 느낌을 가져야 온전하게 발달하므로 엄마 품과 엄마 냄새를 최대한 주어야 한다.

☐ 아이는 냄새로 엄마를 각인하고, 엄마 냄새는 아이에게 행복 호르 몬을 부른다.

☐ 결정적 시기critical period인 3년 동안 충분한 사랑과 시간을 주어 안정된 애착을 형성해야 아이가 문제없이 자란다.

☐ 부모는 돈이 필요하지만 아이는 애착을 형성할 시간이 필요하다.

☐ 아이가 세 살이 될 때까지는 엄마가 아이 옆에 하루 종일 있어주 는 게 맞다. 그럴 수 없다면 하루에 최소 3시간은 반드시 주어야 한다.

☐ 아이를 공동 보육기관에 보낼 수 있는 최적의 나이는 36개월이 지나서이며 그전에 보낸다면 최대한 빨리 집에 오도록 해야 한다.

- [ ] 직장 일이 끝나면 아기가 하루 종일 그리워했던 엄마 냄새를 한 시라도 빨리 줄 수 있도록 해야 한다.
- [ ] 저녁에는 부모 중 한 사람이 반드시 아이와 있어야 한다. 이는 아이를 전담해서 키워줄 대리 양육자가 있더라도 마찬가지이다.
- [ ] 할머니에게 아이를 맡기고 가끔씩 보러 간다면 아이는 안정되게 자라지 못한다.
- [ ] 열 살까지는 지능을 개발하는 것보다 정서적으로 안정되게 키우는 것이 최우선이다.
- [ ] 열 살까지는 책상에 앉아 공부하는 것보다 마음껏 뛰어놀아야 뇌가 더 튼튼해진다.
- [ ] 사춘기는 두 번째 뇌 폭발기이므로 정서적으로 안정되도록 해주어야 한다.
- [ ] 아이는 안전하다고 느껴야 최상의 뇌 발달을 해나간다.
- [ ] 조기유학은 부모 냄새와 단절되고 엄청난 스트레스를 유발하는 '안전하지 않은' 환경이므로 득보다 실이 많다.
- [ ] 조기유학은 영어 뇌는 발달시키지만 통합적인 뇌를 발달시키는 데에는 좋지 못하다.
- [ ] 조기교육은 오히려 아이의 공부 동기를 떨어뜨린다. 최고의 공부법은 적기교육이다.
- [ ] 너무 빠른 문자 학습은 오히려 독이 된다.
- [ ] 과잉 학습을 시키면 장기적으로는 오히려 학습 부진 상태가 될 수 있으며 우울증에 걸릴 위험이 높다.

□ 초등학교 4학년이 공부를 본격적으로 시작할 나이이다.

□ 잠을 충분히 자지 않으면 공부한 것이 제대로 저장되지 않는다.

□ 아이가 잘못 가고 있다면 전문가의 도움을 받아 해결 방법을 찾되 아이의 결핍감을 먼저 채워주어야 한다. 아이 마음의 병은 자신이 '사랑받지 못한다'는 결핍감 때문에 시작되는데 부모에게서 사랑을 전혀 받지 못한 때뿐만 아니라 '부모가 주는 사랑'과 '아이가 받고 싶은 사랑' 간의 갭이 클 때도 생겨난다.

□ 힘들어도 돌아가도 아이에게는 엄마가 답이다

□ 엄마에게도 아이가 답이다. 자식은 부모에게 강력한 삶의 동기와 의지를 불러일으킨다.

□ 심리학자 에릭슨이 말했듯, 어른이 되면 '생산(출산, 일하거나 돈 벌기, 창작 활동 등)'을 해야 하고 50대 이후에는 '통합'을 준비해야 삶이 완결된다. 부모가 되어 아이를 키우고 있다면 가치 있는 생산을 이미 한 것이며 아이에게 행복감까지 누리게 해준다면 삶을 통합하는 여러 길 중 아주 큰 부분을 완성하는 것이다.

이현수 박사의 깨알 꿀팁 특히 예비부부, 예비부모라면 배우자와 위의 사항들에 대해 꼭 얘기를 나누어 '엄마 냄새'를 출산 준비물로 마련하세요. 부부가 수긍하고 같이 노력하면 결혼 생활이 보다 평화롭고 행복할 것입니다. 혹시라도 배우자가 이해를 못 하거나 수긍하지 않는다면 더 진지하게 얘기해보세요. 서로에게서 사랑스러운 면만 보게 되는 지금이야말로 삶의 큰 계획을 토론하기에 가장 좋은 시간이니까요. 육아는 삶의 가장 큰 계획, 아니 삶 그 자체이니까요.

행복한 육아법 실천하기

아래 사항들을 하나씩 점검해보세요. 지금 당장 체크한 내용이 적다고 실망하거나 좌절하지 마세요. 조금씩 천천히 늘려가는 것을 목표로 하면 됩니다.

평소 생활에서

이현수 박사의 깨알 꿀팁 아래 사항들은 모든 연령대의 아이에게 필요한 것이지만 특히 6세 이전의 아이에게는 반드시 필요합니다. 6세 이전의 아이를 가진 부모라면 더욱 주의 깊게 살펴보세요.

나는 오늘 내 아이 _____와 ___시간을 함께 보냈다.

☐ 나는 오늘 3시간 이상 아이와 시간을 보냈다.

☐ 피치 못할 사정으로 아이와 3시간을 보내지 못한 날이 3일을 넘기지 않았다.

☐ 아이와 3시간을 보내지 못하는 주된 이유는 _____이다.
이것을 해결하기 위해 _____해보겠다.

☐ 아이가 배고파하거나 울거나 보챌 때, 기저귀를 갈아줘야 할 때 즉시 아이의 필요를 채워주었다.
만약 즉시 달려가지 못했다면 _____ 때문이다.

☐ 주말에 한두 시간 아이를 데리고 자연으로 나갔다.

□ 하루 일과 중에 아이에게 특별한 이유 없이 웃어준 적이 있다.

□ 아이가 말을 듣지 않을 때, 혹은 (어린 아기라면) 울음을 그치지 않을 때, 피곤과 짜증을 누르고 아이를 잘 타이르고 달랬다.

□ 저녁에 텔레비전 켜놓는 시간을 줄이고 아이와 눈 맞추며 대화하는 시간을 늘렸다.

□ 아이와 보내는 3시간 중 15분 정도 책 읽어주는 시간을 가졌다.

□ (아들이 있는 경우 특히 더) 활동적인 놀이를 할 수 있는 환경을 제공했다.

□ (아이가 네 살 이상이라면) 아이가 어떤 것을 요구할 때 15분 기다려보는 연습을 함께했다.

□ (위의 사항과 관련하여) 아이가 15분 참지 못한다고 잔소리하거나 버럭 소리 지르지 않았다.

□ 아이가 이유 없이 짜증 내면 똑같이 짜증으로 대응하기 전에 아이가 왜 짜증을 내는지 알기 위해 노력했다.

□ 아이가 잘못한 일을 엄히 꾸짖었다. 아이가 진심으로 뉘우친 뒤에는 안아주면서 그럼에도 너를 사랑한다고 말해주었다.

이현수 박사의 깨알 꿀팁 특히 아이가 자신을 해치는 행동을 할 때나(안전을 무시하고 멋대로 행동), 친구나 다른 가족을 해치는 행동을 할 때는(때리고 욕하고 비방함) 매우 엄하게 야단쳐야 합니다. 그다음에는 올바른 행동 방식을 다시 찬찬히 가르치되 아이가 완전히 이해하고 실천할 때까지 되풀이해야 합니다. 한 번에 알아듣고 실천하는 아이는 절대로 없으니까요.

□ 잔소리를 최대한 줄이고 꼭 야단쳐야 할 때만 소리를 높였다.

☐ (아이가 네 살 이상이라면) 골드 스탠더드를 정하여 우리 집의 일관된 기준으로 삼았다.

☐ 아이가 통제감을 느끼도록 도와주었다. 스스로 해보는 기회를 주거나 어떤 일을 할 때 그 과정이 일관되도록 도와주고 잘 설명해주었다. (예를 들어, 신발 끈 묶는 방법을 일관된 순서로 여러 번 보여주면서 설명한 뒤 혼자 해보게 해주었다).

☐ 아이가 자주 웃도록 해주었다. 아이가 좋아하고 즐거워하는 일을 찾아 최대한 할 수 있도록 허용해주었다.

☐ 아이가 기분이 좋지 않을 때는 부정적인 감정을 빨리 털어버릴 수 있도록 얘기를 나누면서 도와주었다.

이현수 박사의 깨알 꿀팁 아이의 얼굴이 어두워 보이거나, 밥을 잘 먹지 못하거나, 자면서 큰 소리 지르거나, 심지어 잘 가리던 오줌 지리는 등의 행동을 보이면 스트레스를 크게 받고 있는 것입니다. 절대로 그냥 지나치지 말고 아이가 처한 상황을 잘 헤아려보세요. 그리고 감정을 털어버릴 수 있도록 도와주세요. 부모가 노력을 했는데도 아이가 여전히 불안해한다면 이는 아이의 감정 이전에 상황을 먼저 변화시켜야 한다는 신호가 됩니다.

☐ 온 가족이 신나게 웃는 시간을 가졌다.

☐ 잠을 충분히 재웠다.

☐ 아이가 다칠 위험이 있는지 상황을 수시로 점검하여 안전하게 생활할 수 있도록 했다.

☐ 아이가 과잉 자극을 받고 있지 않은지 점검하여 차분하게 몰입할 수 있는 환경을 만들어주었다.

☐ 스트레스를 아이에게 풀지 않았다.

☐ 아이에게 짜증이 나거나 막말하려는 충동이 일어날 때 아이를 사랑손님이라고 생각해보았다.

☐ 긍정적인 말을 많이 하고 언행일치가 되게끔 노력했다.

☐ 자식의 멘토가 되겠다고 다짐했다. 멘토로서 아이에게 어떤 말을 지속적으로 해줄지 생각해봤다.

☐ (엄마라면) 내가 아이를 위해 하는 일 중에 남편이 할 수 있는 일은 _____이다. 남편이 그 일을 해보도록 요청했다.

　(아빠라면) 아내가 아이를 위해 하는 일 중에 내가 할 수 있는 일은 _____이다. 아내 대신 그 일을 하겠다고 제안했다.

☐ 내 아이뿐만 아니라 아이 친구들도 즐겁게 지내도록 배려했으며, 올바른 육아를 위한 사회적 변화를 이끌어내는 방법에도 관심을 기울였다.

공부와 관련된 상황, 혹은 문제해결이 필요한 상황에서

이현수 박사의 깨알 꿀팁 　아이가 초등학생이 될 무렵이면 이제 서서히 중요한 판단을 내려야 할 일이 많아집니다. 아래 사항들을 명심하여 양육의 큰 그림에서 지혜로운 결정을 내려봅시다.

☐ 한글 학습은 너무 빠르지도 느리지도 않은 초등학교 입학 1년 전에 시작했다.

☐ 학교 숙제만큼은 반드시 하도록 했다.

☐ 내 아이는 ___ 살이다. 열 살이 안 되었다면 책상 앞에 앉아 있는

시간을 최소한으로 줄이고 많이 걷고 뛰어놀게 했다.

☐ 잠 못 자게 하면서까지 공부를 시키지 않았다.

☐ 아이가 학교 공부에 흥미를 보이지 않으면 다른 몰입거리를 찾아 주려고 했다.

☐ 무언가를 시도했는데 아이가 거부반응을 보이거나 '싫다'고 하면 일단 멈추었다. 그리고 다음 기회에 시도하기로 했다.

☐ 아이가 문제 행동을 보일 때 진지하게 지켜보고 원인을 찾아 해결하려고 했다.

이현수 박사의 깨알 꿀팁 평소와 다른 모습, 또는 문제 행동이 3일 이상 지속되거나 드문드문 3회 이상 나타나면 반드시 개입해야 합니다. 부모가 신경 써서 노력했는데도 변화가 없다면 아이 마음을 이해하기 위해 한 번쯤 심리검사를 받아볼 것을 추천합니다. 단, 검사를 받을 때는 반드시 자격 있는 전문가에게 받으세요. 아울러 집에서 '문장완성검사'를 실시해보는 것도 좋습니다. 부모에게 직접 말하기 어려웠던 것을 검사지에는 편하게 쓰기도 하니까요. 하지만 부모는 전문가가 아닌 가족이므로 주의해야 할 부분도 있습니다. '내 마음 알기 글짓기'(346쪽)를 참고하여 실시해보세요.

☐ 혹시라도 아이가 잘못 가고 있다면, 모든 것을 멈추고 지금 아이가 할 수 있는 것이 무엇인지 생각해보았다. 거기에서부터 아이를 다시 키운다고 마음먹었다.

☐ 아이와 관계가 어그러진 상황에서도 '미안합니다, 고맙습니다, 사랑합니다'의 주문을 외우며 감사의 태도를 가지기 위해 노력했다. 아이에게도 이 말을 자주 해주었다.

욕구지연훈련이란?

아이의 통제력을 키워주는 훈련입니다. 어렸을 때 단 15분이라도 욕
구를 참고 기다릴 줄 알게 되면 이후 청소년이나 성인이 되었을 때 참
지 못했던 아이들에 비해 공부도 더 잘하고, 더 건강하고 행복하며 성
공한다고 수많은 연구를 통해 입증되었습니다. 그것도, 딱 한 번만 성
공해도요. 우리 아이에게 안 해볼 수 없겠죠?

방법

• 만 4세가 되었을 때
• 아이가 좋아하는 것(과자 등)을 보여주고
• 15분 참으면 두 개를 주겠다고 한다.

tip 1 "○○야, 오늘 재미있는 놀이해볼까? 여기 네가 좋아하는 쿠
키가 있는데 이걸 바로 먹지 않고 15분 참으면 두 개를 줄게.
어때, 해볼까?"

tip 2 15분이 지났을 때의 시곗바늘 위치를 가르쳐준다. 분침이 똑
딱똑딱 넘어가는 것을 보게 해주면 효과가 더 좋다.

• 15분 동안 반드시 앞에 앉아 있을 필요는 없으며 다른 곳에 가 있거
나 다른 활동을 해도 된다.
• 15분을 참으면 크게 칭찬하면서 두 개를 준다.

- 못 참고 바로 먹으면 웃는 표정으로 "빨리 먹고 싶었구나"라고 말해 주며 더 이상 이에 대해 거론하지 않는다. 3~6개월 정도 후 자연스럽게 다시 시도한다.
- 참아보다가 15분이 지나기 전에 먹어도 아낌없이 칭찬한다. "이만큼 참은 것도 정말 대단해. 다음에는 15분도 참을 수 있겠다."
- 책 등으로 하는 것도 좋다. 예를 들어, 엄마가 바쁠 때 책을 읽어달라는 아이에게 "엄마가 이걸 치우는 동안 15분만 참으면 책 두 권 읽어줄게"라고 말한다.

주의할 점
- 반드시 약속대로 두 개를 주어야 한다.
- 초등학교 들어가기 전까지만 성공하면 되므로 조급하게 하지 말자. 여유 있게 놀이하듯이 해야 하며 강박적으로 하면 안하는 게 낫다.

골드 스탠더드란?

'황금 기준'이란 뜻으로 두 가지 의미가 있습니다. 첫 번째, 아이가 꼭 새겼으면 하는 덕목이나 가훈 등의 의미로, 부모가 충분히 토의하여 만들면 됩니다. 두 번째, 부모와 아이 간에 갈등이 발생하는 문제에 대해 바람직한 행동을 조성하는 기준점으로, 아이에게는 최대한 권한을 부여하고 부모는 잔소리를 줄여서 가족의 행복감을 높이기 위한 방법입니다. 첫 번째 의미와 달리 부모가 일방적으로 정하는 게 아니라 아이와 타협을 해서 정해야 하므로 아래 방법을 먼저 꼼꼼히 읽어보세요.

방법
1. 적절한 시기
• 아이가 만 6세를 넘고 언쟁이 잦아지기 시작할 때

2. 문제 상황 고르기
• 최근 잔소리를 많이 하게 되었던 일들을 떠올려본다. 그 일에 대해 어떻게 하면 서로 갈등을 줄이고 부모도 잔소리를 줄이게 될지 방법을 찾아본다. 이해를 위해 '게임 시간 조정'을 예로 들어보겠다.

3. 지켜야 할 사항과 기준점(골드 스탠더드) 의논하여 정하기
• "엄마는 ○○가 즐겁게 지내면서도 책도 읽고 운동도 했으면 해. 그런데 요즘 게임을 너무 많이 하는 것 같아. 엄마가 잔소리하게 되고

그러면 너도 기분 나쁘지? 학교에서 돌아온 후 30분씩만 하는 것으로 정해보자. 그러면 엄마도 네가 게임하는 동안에는 절대로 아무 말도 안 할게. 그리고 네가 이것을 금요일까지 잘 지키면 토요일, 일요일에는 20분 더 하게 해줄게. 어때. 우리 한번 해볼까?"

4. 골드 스탠더드 게시하기

- 기준점이 합의되면 큰 종이에 '게임은 하루에 30분만 한다'는 글을 적어서 거실에 하나, 아이 방에 하나 붙인다. 앞으로 아이가 게임을 시작할 때 "지금부터 몇 시까지지?"라고 물어서 확인시킨다. 알람을 켜놓아도 좋다.

- 30분이 되었는데도 아이가 멈출 생각을 안 하면 야단을 치는 대신 게시판의 내용을 언급하며 경고를 한다. "○○야, 우리가 약속한 시간이 다 됐어."

- 처음부터 단박에 지켜지지 않을 가능성이 더 높다. 야단치거나 좌절하지 말고 계속 시도하라. 감정적으로 나무라지 말고 차분하게 경고만 한다.

5. 실천 효과를 높이기 위한 상벌 시스템 만들기

- 잘 지키면 파란색 표식을 한다. 냉장고 부착용 다이어리나 스티커 등을 활용하면 좋다. 표식이 몇 개 이상 되면(몇 개로 할지 미리 정한다) 약속한 대로 주말에는 20분 게임 시간을 보너스로 준다. 1~3개월 사이는 좋은 습관을 형성하는 데 매우 중요한 시기이므로 이 기간

동안에는 계속 잘 지키면 가끔씩 상을 추가해도 좋다.

• 잘 안 지키면 빨간색 표식을 한 후 몇 개 이상 되면 벌칙을 받기로
정한다. 어떤 벌칙을 받을지는 미리 정한다.

6. 주의할 점

• 잘 지킬 때는 당연히 칭찬을 해야겠지만 안 지킬 때라도 비난하지
말고 게시판을 짚어주거나 표식이 몇 개가 되었다는 말만 중립적으
로 해준다.

• 1개월 정도 지났는데도 아이의 행동에 변화가 없다면 엄한 태도로
"약속을 지키지 않아서 좀 실망스러워"라고 말한 후 왜 못 지키는지
이유를 들어본다. 기준이 너무 엄격하거나 상황적으로 지키기 어려
운 점이 있다면 내용을 수정한다.

• 행동에 대해서는 엄하게 지적하되, 마지막에는 "그래도 너를 믿고
사랑해"라는 말을 꼭 해준다.

7. 기타 유의할 사항

• 골드 스탠더드는 필요에 따라 여러 개 만들 수 있지만 다섯 개를 넘
지 않도록 한다. 지켜야 할 항목이 너무 많으면 실행력이 떨어진다.

• 가끔씩 내용을 바꾸어야 할 때가 있다. 아이가 성장함에 따라 갈등이
유발되는 상황이나 기준점이 변하기 때문이다. 이를테면 초등학교
고학년이나 중학생이 되면 게임 시간을 좀 더 늘려주어야 할 수도 있
다. 단, 한번 정한 사항은 3~6개월 정도는 지키게 해야 한다.

- 이 방법이 효과가 없더라도 실망할 필요가 없다. 아이를 올바로 키우는 방법은 이 외에도 수도 없이 많으므로 다른 방법을 찾으면 된다. 다만 6세 때는 안됐는데 7세나 8세를 넘어서는 될 수도 있으므로 지나치게 조급해하지 말고 꾸준히 시도하면 양육이 훨씬 수월해질 것이다.

이 질문지는 심리검사 중 하나인 '문장완성검사'의 일부 내용을 변경하여 구성하였습니다. 복사하여 공적으로 사용하는 것을 금합니다.

부모님이 먼저 읽어보세요.

• 편안한 분위기에서 실시하세요.

• 다음 질문지를 아이에게 주고 생각나는 대로 써보라고 하세요.

• 아이가 쓴 내용에 대해 "왜 그렇게 썼냐"며 지나치게 질문을 하거나 비판하면 안 되며 아이의 생각을 파악하는 목적으로만 사용해야 합니다. 아이에게 무언가 문제점이 있다고 생각되거나 좀 더 정확한 의미를 알고 싶다면 전문 상담 기관에서 상담하십시오.

• 아직 글을 쓸 수 없는 어린 아동에게는 두세 개 항목 정도를 간단하게 물어보는 방법을 사용할 수 있습니다. 너무 많은 항목을 물어보지는 마세요. 추천항목은 1, 5, 12번입니다.

· 내 마음 알기 글짓기 ·

지금부터 짧은 글짓기를 해볼 거예요. 아래에 적혀 있는 글에 이어서 문장을 완성해보세요.

❶ 내가 가장 행복한 때는 _____

❷ 다른 사람들은 나를 _____

❸ 우리 엄마는 _____

❹ 나는 _____

❺ 내가 제일 걱정하는 것은 _____

❻ 내가 가장 좋아하는 사람은 _____

❼ 내가 가장 싫어하는 사람은 _____

❽ 우리 아빠는 _____

❾ 내가 가장 슬플 때는 _____

❿ 나는 공부를(가) _____

⓫ 우리 엄마 아빠 사이는 _____

⓬ 나의 세 가지 소원은

　　첫째 _____

　　둘째 _____

　　셋째 _____

열콩맘a

겁이 조금 많은 아이, 용기를 키워주려면 어떻게 해야 할까요?

　자연으로 자주 데려 나갈 것을 권합니다. 자연에서는 길 자체가 오르락내리락 자연스럽게 이어지고 작은 돌과 계단 등 조심해야 할 것이 끊임없이 있으면서도 탁 트여서 시야가 넓어지는데 이런 환경에서 걷고 달리다 보면 겁이 많이 없어집니다. 자연에서 만나는 또래 아이들과 물장구를 친다든지 흙 놀이 등을 같이하다 보면 저절로 활발해지고 용기도 갖게 됩니다. 부모가 자주 아이를 자연으로 데리고 나가 주말농장 같은 곳에서 식물의 성장 과정이나 강가의 개구리알이 있던 장소를 주기적으로 방문해서 알이 올챙이가 되고 개구리가 되는 생명의 변화를 직접 보게 해주면 느긋하고 담대한 성향이 키워집니다. 한 가지 더, 겁이 많은 아이들은 부모가 겁이 많은 경우가 종종 있더라고요. 엄마가 습관적으로 겁을 먹고 소리를 지르거나 움찔하면 아이도 그런 모습을 내재화하게 되니 부모의 행동도 스스로 잘 살펴보셨으면 좋겠습니다.

탐서가

아이의 반복적인 행동이 얘기만으로는 변화하지 않아 답답하고 화도 나서 본의 아니게 아이가 속상할 수도 있는 말을 뱉었던 게 계속 마음 한구석에 불편하게 자리하고 있습니다. 아이가 크면서 스스로 인지하지는 못하더라도 상처로 담아두고 내내 마음 쓸까 봐 걱정이에요. 조금이라도 해소시켜 줄 방법이 있을까요? 혼내도 칭찬해줘도 엄마가 좋다는 아이의 말에 부끄러운 엄마입니다.

네. 방법이 있습니다. 다만 한 가지, 스스로에게 약속을 먼저 하고 해야 효과가 있습니다. '다시는 후회할 말을 반복하지 않겠다'라고요. 방법은 '좋은 기억으로 덮기'입니다. 비록 한때 부모로부터 상처가 될 만한 말을 들었더라도 이후 좋은 기억만 있다면 전혀 문제되지 않습니다. 새로운 기억이 과거의 기억을 대체하기 때문입니다. 좋은 기억이란, 아이와 같이 깔깔대며 웃는 시간을 많이 만들고 수시로 안아주고 사랑한다고 말하는 것입니다. 그리고 아이가 대화할 수준이 되었다면 편한 분위기에서 과거의 일을 갖고 한번 얘기해보세요. '그때 네 기분이 어땠니. 그랬구나, 힘들었겠다. 엄마가 그때 감정이 많이 상해서 맘에도 없는 말을 했는데 미안하게 생각해. 다시는 그러지 않을게'라는 식으로 대화하는 겁니다. 혼내도 여전히 엄마가 좋다는 말을 하는 걸 보면 아이가 엄마를 많이 사랑한다는 걸 알 수 있죠. 그러니 엄마가 사과까지 한다면 얼마나 마음이 개운하고 기쁠까요. 다만, 이렇게까지 하고 또 후회할 말을 한다면 그때는 아이가 부모를 소화하기 힘들어 혼란감만 더해지니 스스로에게 약속을 먼저 하라고 말씀드리는 겁니다.

찐찐

요 며칠 무리를 한 건지 몸을 움직이기 힘들 정도로 통증이 심해서 이틀 동안 아이를 안아줄 수가 없었어요. 그래도 항상 한 공간에 같이 있어주려고 노력 중인데 놀다가도 안아달라고 하면 엄마가 아파서 다 나으면 안아주겠다고 달래고 있어요. 근데 행여나 안아주지 않아서 상처받지는 않았을지

괜스레 걱정이 됩니다. 아무 조건 없이 그저 한 공간에 있는 것만으로도 아이 정서에 좋은 영향을 미칠 수 있는 걸까요?

그럼요. 엄마가 아무것도 안 해주어도, 엄마 냄새를 맡게만 해도 정서에 좋은 영향을 줍니다. 안아주지 못할 때는 살짝 발바닥을 간지럼 태운다든지 볼을 살짝 꼬집는 등의 행동으로도 교감할 수 있습니다. 까꿍 놀이도 좋고요. 제 지인도 비슷한 상황에 처했던 적이 있었어요. 물론 이분의 아이는 40개월이 넘어서 찐찐님처럼 아이가 어릴 때는 아니었지만 여전히 엄마에게 매달릴 나이였죠. 이분이 그날 낮에 몸이 너무 아파서 잠을 좀 자려고 아이와 자신의 팔목을 긴 스카프로 묶고 "엄마가 몸이 많이 아파서 아주 잠깐만 잘게. 다른 데 가지 말고 엄마 옆에서 그림 그리고 있어줄래?"라고 했답니다. 아이는 알겠다고 했고 엄마는 잠이 들었는데 언뜻 정신이 들자 상당히 시간이 지난 느낌이 들더라는 거예요. 엄마가 소스라치게 놀라 눈을 떠보니 2시간이나 잠을 잤더랍니다. 더 놀라운 것은 아이가 한쪽 손을 스카프에 묶인 채 다른 손으로 2시간 동안 계속 도화지를 바꿔가면서 그림을 그리고 있었다는 거예요. 이 아이는 자라서 명문대학교 미대생이 됩니다. 눈물 나도록 감동적인 꼬마의 행동은 사실 모든 아이들의 모습이기도 합니다. 엄마가 진심으로 사랑하고 아껴주면 아이도 다 압니다. 엄마와 아이는 초물리적으로 연결되어 있습니다. 그러니 너무 걱정하지 마세요.

익명

별거 중이라 아이가 시부모님과 살고 있어요. 전업주부였고 친정과 시댁이

멀리 떨어져 있어 2주에 한 번씩 아이를 만나고 있어요. 세 살 아들에게 많이 미안해요. 이렇게 된 지 3개월 정도 되었어요. 그전엔 제가 주양육자였고요. 이미 상처받은 아이가 앞으로 어떻게 하면 덜 상처받을까요?

질문만으로도 마음이 아픕니다. 아이와 만나는 시간 동안 최대한 아이를 즐겁게 해주고 사랑하는 마음을 표현하시면 상처를 덜 받을 것입니다. 엄마가 옆에 있는 것이 가장 좋지만 불가피한 경우에는 규칙적으로 만나는 것이 중요합니다. 예를 들어 '몇째 주 토요일 아침 9시에는 반드시 엄마가 온다'는 것을 아이가 기대하고 그 기대가 규칙적으로 이루어지면 아이는 엄마와 만날 날을 선물처럼 여기면서 허한 마음을 달랠 수 있습니다. 아이와 만나면 시부모님에 대해서는 절대로 나쁜 얘기를 하시면 안 됩니다. 어쨌거나 현재 아이 옆에 계시고 밥을 차려주시므로 그분들 또한 아이가 존경하고 사랑해야 아이도 사랑받고 올바른 품성을 갖게 됩니다. 아이가 많이 어렵습니다. 좀 더 자주 만날 수는 없을까요?

Kiki

안녕하세요. 박사님의 책을 진작 봐왔었고 지금도 육아서로 가지고 있어요. 저의 고민은, 신랑과 시어머니의 관계가 좋지 않았기에 아이와 신랑의 관계를 많이 걱정한 시기가 있었어요. 시어머니가 교사였고 일을 해야 해서 첫째인 신랑을 외할머니댁에 맡기고 일주일에 한 번 찾아가다가 신랑이 엄마를 반기지 않자 데려오게 된 사연이 있거든요. 약 2년 정도는 그렇게 보내신 것 같아요. 그런데 지금 봐도 신랑과 시부모 사이는 선생님과 제자의 관계처럼 형식적이고 딱딱한 부분이 많아요. 사랑은 제외되어 있는 집처럼 말이죠.

지금 저희 아이가 다섯 살인데도 신랑이 누군가와 밀접한 관계를 맺어본 경험이 적어서 그런지 아이와 관계를 맺는 것을 많이 어려워합니다. 첫 번째로는 자기중심적인 성향이라 (본인이 생각하기에는 자기 이외에 누군가 자기를 지켜줄 대상이 없었기에 그렇다고 하는데) 아이가 징징대고 자신의 기준에서 벗어나면 이해하기보다는 무조건 통제하려고 하고 화를 낼 때가 있어요. 지금은 많이 나아졌고 저도 종종 이야기해볼 때가 있는데 보통 아빠에 비하면 여전히 사랑 표현과 상호 관계에 아쉬운 부분이 많아요. 어떻게 하면 이런 신랑과 딸아이의 사이를 더욱 돈독하게 하고 저와도 잘 지낼 수 있을까요? 시부모와 저의 관계, 신랑과 저의 관계, 저의 가정 문제 등 모든 부분이 엮이게 되기에 지난날 스트레스가 너무 많았어요. 정서가 정말 중요하다고 생각하게 된 것도, 제가 일을 포기하게 된 것도 다 이런 상황 때문이었는데 정작 생각처럼 모든 게 적당히 고쳐지지 않아서 늘 속상한 시간이었어요. 제가 기대가 컸던 건지, 상대방이 문제의식을 느끼지 못하는 것인지 헷갈리기도 했고요. 그래서 저 혼자라도 스스로 책을 보며 올바른 육아를 위해 더 힘쓰며 살고 있습니다.

부디 저희 같은 가정도 적지 않게 있을 테니 짧더라도 답변 주시면 감사하겠습니다.

고민이 많이 되시겠습니다. 남편분과 시어머니와의 문제가 장기적이고 무의식적인 부분도 있어서 Kiki님이 설득하는 데에는 한계가 있습니다. 다행히 남편분이 많이 나아지셨다니 시간이 지날수록 더 좋아질 거라고 생각하며 계속 조곤조곤 이야기하셨으면 좋겠어요. 하지만 어떤 부분은 포기도 하셔야 합니다. 남편분의 문제가 하루 이틀에 해결될 것이 아닌데 그럴 때마다 Kiki님이 서운해하고 화를 낸다면 가정의 평화에 오히려 도움이 안 되겠지요. 아이가 두 분의 극진한 사랑을 받으면 당연히 좋겠지만 한 분만으로부터도 사랑을 충분히 받으면 아무 문제없습니다. 설사 아빠한테 상처를 받는다 해도 엄마가 달래주고 합리적으로 설명해주면 앙금이 남지 않습니다. 남편에게 "당신을 이해하려 하고 당신의 좋은 점만 보면서 살겠다"라고 말하여 먼저 기를 살려주세요. 단, 연약한 아이에게 자기감정을 그대로 쏟는 것은 아이 엄마로서 받아들일 수 없다는 점도 명확하게 이야기하시고 아이에게 화를 내고 싶을 때 다른 공간이나 밖에 나가는 식으로 절충안을 만드시기 바랍니다.

돌핀

아기와 공감 없이 곁에 있어만 주어도 '엄마와 매일 3시간 환경'이 형성됐다고 볼 수 있는 건가요? 다른 육아서에서는 아이와의 교감을 중시하던데 질보다 양적인 문제라고 보시는 건지요? 그렇다면 근거가 무엇인지 궁금합니다.

귀하게 온 아이라 전업맘을 선택했습니다. 하지만 이렇듯 힘들 줄 예상 못 했어요. 출퇴근 시간이 없는 집안일과 육아로 정신적, 육체적 피로가 쌓여갑니다. 아기와 종일 함께 있지만, 아기 곁에 앉아서 멍하게 있고 휴대폰을 만지작거리고 때론 기절하듯 졸기도 합니다. 곁에 종일 있는 환경임에도 아기에게 온전히 집중할 수 없습니다. 엄마가 된 이후로 이미 너무 피곤하고 힘든데, 아기에게 최선을 다하지 못했다는 죄책감까지 생깁니다. 주신 답변이 쌓여가는 불편한 감정의 해소에 작은 실마리가 되지 않을까 기대해 봅니다.

두 가지 질문으로 보고 답변을 드리겠습니다. 첫째, 엄마라는 존재는 옆에 있어주기만 해도 자동으로 엄마 냄새를 풀풀 풍겨 아이를 안정시킵니다. 둘째, 질과 양 다 중요합니다. 그리고 저는 아이가 세 살이 되기까지는 질보다 양이 더 중요하다고 주장합니다. 학교에서 공부를 할 때 우리는 왜 질로만 하지 않고 몇 시간 내내 할까요? 배워야 할 교과서의 분량이 있으니까요. 아이에게 이 세상은 온통 배움의 대상으로 교과서 몇 권과 비교조차 불가능합니다. 더 중요한 것은 그 배움의 현실적인 통로가 부모라는 점입니다. 아이는 부모의 행동, 말, 웃음, 화내는 표정 등을 보고 듣고 느끼면서 무엇을 발달시킬지 말지를 결정합니다. 특히 생후 3년 동안은 인간으로서 기초를 쌓는 데 너무도 중요한 시기라 전 생애 중 뇌가 가장 폭발적으로 발달합니다. 따라서 이때의 배움은 매우 중요합니다. 세상을 배우는 데 있어 길잡이가 되는 부모가 양적으로도 충분한 시간을 내어야 아이가 올바로 자랍니다. 지금 어머님이 얼마나 아이에게 귀중한 시간을 주고 있는지 다시 한 번 생각해보시고 최소한 휴대폰만이라도 아이와 놀 때는 과감하게 엎어놓으시기를 바랍니다. 다시 첫 번째 질문으로 돌아가, 옆에 있어주기만 해도 3시간 환경이 되긴 합니다만, 왜 아이에게 공감하기가 어려운지 원인을 찾아보세요. 피로가 쌓여서 그렇다면 가족들에게 도움을 요청하여 잠깐씩이라도 쉬어야 하겠고요. 아이와 생활의 리듬을 맞추세요. 아이가 잘 때 눈 붙이고 아이가 놀 때 휴대폰 끄고 같이 놀고 아이가 먹을 때 같이 식사하세요. 그러면 덜 피곤하실 거예요. 아이가 커서 어린이집에 갈 때까지는 집 좀 대충 치워도 됩니다. 손님 안 부르면 됩니다. 더운 날에는 애 보랴, 식사 준비하랴 하지 마시고 시원한 데 가서 외식하세요. 아이 키울 때는 1년 생활비 중에 한여름과 한겨울의 외식비 비중을 아주 크게 잡아야 합니다. 부모가 죽을 지경이면 아이가 예쁠 수가 없습니다. 엄마가 잠을 자고 있어도, 아이가 엄마 등밖에 못 봐도, 아이는 엄마가 옆에 있기만 하면 안심합니다. 그래도 놀라운 발달을 보시려면 공감을 꼭 해주십시오. 아이는 계속 엄마를 주시하고 있답니다. 어머니가 휴대폰을 보거나 멍 때리는 그 순간에도 아이 뇌 속의 1,000억 개 뇌신경세포는 접속과 분리를 반복하면서 자신을 낳아준 부모가 흡족해할 만한 최적의 뇌를 만들어가고 있습니다. 말로 표현할 수 없을 정도로 힘들지만, 그렇기에 더욱 아름다운 엄마의 길을 응원합니다.

doona09

아이가 애착이 심한지 엄마와 외할머니에게만 가려고 해요. 고모나 이모, 할아버지 등 다른 가족이 가까이하려고 하면 숨어버리고, 울어버립니다. 엄마와 떨어지지 않으려고 하는 바람에 엄마가 어딜 가지 못하는 상황까지 왔어요. 몇 살까지 이럴지, 방법은 없는지 궁금합니다.

　엄마와 떨어지지 않으려 하는 정도가 얼마큼 심한지는 모르겠으나 아이가 낯가림 시기에 있는 것으로 보이며, 이는 충분히 정상범위의 행동입니다. 익숙하고 안전감을 느낄 수 있는 사람을 통해 기본 적응력을 먼저 키우고 이후 점점 관계를 넓혀가는, 본능적인 자기보호 행동의 하나입니다. 늦어도 36~48개월 안에 이런 행동이 거의 사라지긴 합니다만 아이가 예민하고 수줍음이 심하다면 좀 더 길어질 수도 있습니다. 다른 가족이 덥석 아이에게 다가가거나 안으면 아이는 겁을 먹게 됩니다. 가족들이 아이가 좋아하는 엄마와 외할머니 뒤나 옆에서 미소를 지으면서 자연스럽게 접근하고, 아이가 좋아하는 물건을 살며시 내민다든지 좋아하는 놀이를 즐겁게 같이해주면 서서히 낯가림이 없어집니다.

어흥이

퇴근 후 하루 3시간을 아이와 온전히 보내려고 하는데 몸이 너무 힘들어요. 매일 극기 훈련 하는 기분이에요. 쉽게 지치지 않고 '333 법칙' 롱런하는 비법 없을까요?

네, 정말 많이 힘드시죠. 퇴근 후에는 손가락 하나 까닥하기 싫은데 또 할 일이 있으니 극기 훈련 하는 기분이 드는 게 당연합니다. 오죽하면 엄마들이 병원놀이, 시체놀이 등을 하면서 최대한 누워 있으려 하겠습니까. 그런데, 방금 롱런할 수 있는 팁을 하나 말씀드리긴 했는데요. 아이와 엄마가 '같이' 즐길 수 있는 활동을 찾아보셨음 합니다. 육아를 하면 어차피 운동할 시간이 없는데 운동하는 셈 치고 아이와 같이 스트레칭이나 달리기 등을 하는 겁니다. 블록 같은 완구도 난이도가 있는 것은 단순히 아이들의 장난감 수준을 넘어 어른들에게도 두뇌 회전 및 스트레스 완화, 치매 예방에 도움이 됩니다. 엄마의 하루 스트레스를 푼다는 마음가짐으로 아이가 하는 놀이에 같이 몰입해본 다면 덜 지칠 것입니다. 책 읽어주기도 아동용 책이라고 우습게 보지 말고 엄마의 어릴 때 경험을 떠올리면서 몰입해서 읽어주고 아이의 반응도 잘 살펴보세요. 생각보다 재미있다는 것을 알게 되고 이런 경험이 나중에 동생을 키울 때나 다른 엄마들에게 큰 도움이 될 수도 있습니다. 이를테면 '연령별 독서 추천' '아이가 흥미를 보이는 책들' 같은 유익한 정보를 갈무리하는 기회가 될 것입니다.

baram0777

아무것도 하지 않는 3시간도 좋지만 엄마와 같이 있을 동안 더 좋은 시간을 보내는 방법이 있을까요? 참고로 저는 120일 된 아기를 키우는데 저와 아이 둘만 있을 때 옹알이 들어주며 반응해주어도 그것만으로는 시간이 참 더디게 가더라고요. 독백도 이상하고요. 활동적인 놀이, 책 읽기… 이런 거 말고 다른 것도 있을까요?

베이비 마사지를 추천합니다. 전문서도 쉽게 구할 수 있고 문화센터 등에서 직접 배우면 더욱 좋습니다. 아이의 신체발육에 좋은 것은 당연하고 정서적 교감에도 아주 좋습니다. 다른 것으로는, 이제 서서히 아기가 특정한 물건이나 사람에게 시선을 고정하기 시작할 것입니다. 예를 들어 시계나 아빠 얼굴, 장난감 등에 말이죠. 이전까지는 허공을 바라보며 옹알이를 할 때가 많았을 테니 엄마가 옹알이에 반응하는 것도 한계가 있었을 거예요. 하지만 아이가 특정 사물에 시선을 고정하기 시작할 때 엄마가 "아이고, 우리 ○○이 시계를 보고 있구나. 똑딱똑딱 소리가 나지? 시계는…" 이런 식으로 얘기를 해주면 막막함이 덜할 것입니다. 너무 강박적으로 하면 안 되고 아이의 표정을 보면서 놀이하듯이 즐겁게 하는 게 중요합니다. 이것을 사물의 단어를 가르치는 조기교육의 관점에서 하면 오히려 위험합니다. 아기가 어떤 대상을 한참 바라볼 때는 세상을 익히는 중입니다. 그런 성장의 순간을 부모가 기쁜 마음으로 지켜본다는 반응을 해주는 것, 그것으로 충분합니다.

라꾸라꾸별

오늘부터 3시간씩 아이들 옆에 앉아 있기만이라도 해야지 했다가 5분도 지나지 않아 자매가 싸우는 소리에 '버럭' 하게 됩니다. 그 후에 혼자 또 자책하게 되고요. 한 명씩 돌보면 정말 착한 엄마가 될 수 있는데 둘을 합치면 악마로 변합니다. 그런 제가 싫어지고요. 편안하고 여유로운 마음을 가지기 위해 할 수 있는 방법은 정말 없는 걸까요?

우선, 자매가 싸울 때 몸이 다칠 것 같거나 너무 심한 말을 하는 경우가 아니라면 관여하지 않겠다고 마음먹으세요. 아이들에게도 "앞으로는 너희들 싸울 때 엄마는 신경 쓰지 않을 거니까 너희 문제는 너희가 알아서 해. 단, 동생(혹은 언니)을 다치게 하거나 심한 말을 하면 그때는 엄하게 야단칠 거야. 그리고 너무 힘들다 싶으면 그때는 엄마에게 와서 얘기해" 이런 식으로 미리 말해놓으세요. 그렇다고 신경을 쓰지 않으면 안 되겠죠. 첫 번째, 멀찍이서 상황은 계속 파악하되 매 순간 개입하지 말라는 뜻입니다. 두 번째, 잦은 싸움이 벌어지는 원인을 찾아보고 둘 다 만족할 만한 가이드라인을 찾아주세요. 세 번째, 그럼에도 싸움이 벌어지면 즉각 활동을 중지시키고 다치지 않을 작은 공간에 둘 다 집어넣으세요. 물론 사전에 경고해야 합니다. 둘이 화해하거나 해결책을 찾을 때까지는 그 공간에서 나오지 못한다, 간식도 못 먹는다 같은 체계적인 상벌 관리법을 만들어보세요. 가정마다 상황이 다 다르니 아이들이 수긍할 만한 방법을 찾아보기 바랍니다.

영그린나래

사랑한다는 말과 스킨십이면 아이에게 사랑이 전해질 수 있을까요? 성장 과정에서 아이가 사랑받았다는 것을 기억하고, 따뜻한 사랑을 마음에 오래 간직할 수 있도록 밑바탕을 단단하게 만들 수 있는 방법은 무엇인지 궁금합니다.

물론입니다. 사랑한다는 말과 스킨십만으로도 사랑이 충분히 전해질 수 있습니다. 좀 더 보태본다면 부모의 웃는 표정, 칭찬하기가 있겠네요. 아이와 같이 낄낄대고 웃는 시간이 많을수록 부모의 따뜻한 사랑을 오래 간직합니다. 조금 더 나이 들면 맛있는 음식을 같이 먹고 여행이나 자전거를 같이 타는 것같이 의미 있는 시간을 함께하고 근사한 선물을 주는 일 등을 해보세요. 한마디로 아이가 즐거워하는 것, 긍정적인 성장을 돕는 의미 있는 일을 제공하거나 같이해주시면 좋겠습니다.

토실이

18개월 여아를 키우는 전업주부입니다. 현재 시부모님과 함께 살고 있어요. 처음부터 할아버지, 할머니와 함께 자라서인지 낯가림은 다른 아이들에 비해 덜한 것 같은데 할머니와 엄마에 대한 애착이 강한 것 같아요. 시도 때도 없이 "엄마, 엄마" 하며 찾고, 안 보이면 소리 지르고 짜증 내고 옆에 같이 있어도 계속 불러요. 찾을 때마다 얼굴 보고 답해주는데 수십 번씩 반복되니 좀 힘들 때도 있어요.

두 돌쯤 되면 어린이집에 보내고 일을 시작할 생각인데, 그곳에는 엄마도 없고 할머니도 없어서 지금 같은 상황이면 힘들 것 같아요. 혼자 외출하게 되면 어머님께 맡기고 다녀오는데, 책을 보니 아이에게도 떨어지는 훈련이 필요하다고 해서 엄마 혼자 외출 시에도 몰래 나가지 말고 아이에게 다녀올게 인사하고 나가려고 해요. 그때마다 가지 말라고 소리 지르고 어머님과 함께 있을 때는 소리를 질러요. 시간이 지나서 진정되면 또 그대로 잘 논다고 해요. 이맘때 아이들은 다 이런가요? 어떻게 해야 할까요?

    네, 정상적인 행동입니다. 18개월쯤 되면 세상에 나가려는 마음과 안정적인 대상 옆에 있고 싶어 하는 마음의 갈등이 극에 달합니다. 그래서 혼자 걸어가다가도 꼭 뒤를 보면서 엄마를 찾는 행동을 하곤 하죠. 얼굴을 보여주실 때 더 편하게 웃는 모습으로 대해주시고 아이가 차분하게 있을 때 대견하다고 칭찬하면 시간이 지날수록 안정될 것입니다. 다만 곧 어린이집에 갈 거라면 지금부터 떨어지는 연습을 하면 좋겠습니다. "지금부터 엄마랑 잠깐 안보기놀이 할 거야"라고 말한 후 아이의 눈을 손으로 가려 엄마를 1분 정도 못 보게 하는 것에서 시작하여 "빠이빠이" 한 후 5분 정도 문 밖이나 가구 뒤에 숨어 있기 등의 놀이를 하면서 엄마와 떨어지는 게 그렇게 두렵지 않다, 엄마는 언제나 곁에 있다는 것을 알게 하세요. 10분, 30분씩 아이가 견딜 수 있는 만큼 시간을 늘리시고 좀 오래 외출할 때는 "이번에는 엄마가 좀 오래 있다가 나타날 거야. 그래도 될까? 엄마가 돌아올 때 ○○이가 좋아하는 빵을 사 가지고 올게"라고 말하는 방법도 좋겠습니다. 한 가지 살펴볼 것은, 전업주부이시고 조부모님까지 집에 계시는데도 아이가 시도 때도 없이 엄마를 찾는다면 질적인 교감이 좀 부족한 건 아닌지 생각해봐야 할 것 같아요. 집에 같이 있다고 너무 안심하지 마시고 눈을 보며 집중해서 얘기를 들어주고 많이 웃어주고 안아주시면서 심리적 안정감을 확실히 주십시오.

loveyoui21

출산 후 100일 만에 출근한 3교대 간호사입니다. 아이와의 애착 형성을 위해 퇴근 후에는 늘 아이와 함께했습니다. 밥 먹이고 씻기고 재우는 게 애착 형성을 위한 거라 생각하여 모두 제가 했습니다. 1년이 지나 휴직하였고 내년이면 다시 출근해야 합니다. 아마도 이전 워킹맘 때보다 더 바쁜 병원 생활이 될 것 같습니다.

궁금한 것은 돌 이전에는 아이가 제가 같이 자는 날은 푹 자는데 새벽에 출근하려고 방에서 나오면 어김없이 따라서 깨곤 했습니다. 아이는 자고 있을 때도 엄마 냄새를 맡는 건가요? 그렇다면 자는 도중 아이가 엄마 냄새와 멀어져 불안함을 느끼진 않을까 궁금합니다.

그럼요. 민감한 아이는 자고 있을 때도 엄마 냄새를 알지요. 특히 같이 잘 때 엄마 냄새를 아주 진하게 맡을 수 있는데 엄마가 출근하려고 방에서 나오면 달콤한 향기가 옅어지니 깨곤 하는 거지요. 하지만 집 안에는 엄마 냄새가 배어 있기 때문에 자는 도중 엄마 냄새와 아주 멀어지는 것은 아닙니다. 낮에 엄마와 장시간 떨어지면 엄마 냄새가 가물가물해지니 불안하긴 하겠지만 엄마가 하루 종일 있어줄 수 없으니 아기도 적응해야 합니다. 엄마가 퇴근 후 지금처럼 아이와 함께해주고, 3교대일 때는 그 상황에 맞춰 규칙적으로만 아이와 같이 있어준다면 큰 문제는 없을 테니 안심하십시오.

chicpuppy2

저와 신랑은 프리랜서(번역가)라 집에서 육아를 함께합니다. 아기가 안정기에 들어서인지 신생아 때부터 지금(생후 84일)까지도 밤에 통잠을 자거나 깨더라도 한 번 정도 깹니다. 그런데 신랑과 저는 직업 특성상 집에서 작업을 하기 때문에 아기가 크면서 3시간을 함께하더라도 일을 해야 하니 아이가 혼자 노는 시간이 생길 텐데 그 상황을 아이가 어떻게 받아들일지 고민입니다. 아이가 혼자 노는 것이 정서적으로 나쁜가요? 꼭 친구나 부모가 같이 놀아줘야 하나요? 아이에게 자기만의 시간을 갖게 하는 게 필요하지는 않은지, 필요하다면 어느 시기부터 가능한지 궁금합니다.

글쎄요. 아이는 언제가 되어야 혼자 놀 수 있을까요? 어른도 혼자 노는 걸 싫어하는데요? 자기만의 시간을 갖게 하는 게 필요한지 아닌지를 떠나 아이는 그렇게 있을 수가 없어요. 아이가 부모를 찾지 않을 때는 친구, 강아지, 텔레비전, 스마트폰 등 다른 대상이 있을 때이지 결코 혼자 있으려 하지 않습니다. 그래서 바쁜 부모들이 아이 손에 스마트폰을 쥐어주면 아이는 스마트폰을 사랑하게 되어 나중에는 통제가 안 되는 일이 벌어지기도 하죠. 다섯 살쯤 되면 30분 정도는 인형, 로봇 등을 만지면서 잠시 혼자 있을 수도 있겠지만 그 이상은 무리입니다. 두 분은 재택근무를 하시니 일반적인 워킹맘처럼 일하는 시간을 확보하기가 어렵겠네요. 방 하나를 사무실처럼 해서 부모님이 일할 때는 무슨 일이 있어도 아이가 들어가지 못하도록 할 것을 제안합니다. 하지만 두 분이 동시에 일을 하면 안 되겠지요. 3시간씩 혹은 오전과 오후를 번갈아 일하면서 한 분은 아이와 같이 놀아주십시오. 저녁이나 주말에는 온 가족이 같이 노시고요. 아이가 밖에서 다치거나 싸우지 않고 친구와 같이 놀 수 있는 나이가 되어야 부모가 안심하고 '혼자 놀게' 할 수 있겠죠.

슈퍼마르쎄

아이와 함께 있어주는 공간이 어떤 형태이냐가 중요하다는 생각이 듭니다. 단지 곁에만 있어주어도 평온을 느낀다는 책 구절에 공감했습니다. 하지만 아이가 어떤 환경에 둘러싸여 엄마와 교감을 느끼느냐는 또 다른 문제 같아요. 2년여 전 한 사진전에서 본, 햇살이 달콤하게 비춰지는 나무 밑에서 상반신을 노출한 엄마가 아이에게 젖을 물리는 특이하면서도 아름다운 광경의 사진이 잔상에 깊이 남아 있습니다. 일반적으로 조용하고 아담하며 포근한 실내에서의 대면을 떠올리겠지만 새들의 노랫소리와 나비가 어울리는 야외에서 맡는 엄마 냄새는 더없이 좋을 것 같습니다. 잔디 위에서 혹은 백사장에서 바닷바람과 섞여 체감되는 엄마 냄새는 어떨까요. 성인의 입장에서 낭만적으로 치우친 연출적 기대일까요? 박사님께 묻고 싶습니다. 엄마와의 잊혀지지 않을 3시간의 교감… 어떤 환경에서 나눠야 할까요?

　　그런 공간에서 엄마 냄새를 준다면 더할 나위 없겠지만 아이가 어릴 때는 엄마 외에 주변 환경까지는 인식을 잘 못해요. 막연히는 알겠지요. 밖으로 나가면 확실히 집 안에 비해 공기가 더 좋고 자연 특유의 조화로운 소리와 색깔이 있으니까요. 또한 낭만적인 환경에 있으면 부모가 기분이 좋을 테니 아이에게도 더 기분 좋게 대해주시겠죠. 하지만 아이는 엄마 품, 엄마 미소 하나만 있으면 됩니다. 사막에 있어도, 남극에 있어도 그곳에 있는 부모가 힘들지 품에 안겨 있는 아이는 두려움을 몰라요. 그 정도로 부모는 대단한 존재이지요. 5세경이 되면 세상에 대한 인식력이 활발해지기 시작하니 멋진 환경에서 놀아주면 더욱 좋겠습니다만, 깨끗하고 잘 정돈되어 있고 좋은 냄새가 나는 환경이면 충분합니다.